KÖHLERS FLOTTENKALENDER

Internationales Jahrbuch der Seefahrt

2027

Begründet 1901

Herausgeber: Dr. Guntram Schulze-Wegener

Koehler

Köhler & Koehler

Uns erreicht immer wieder die Anfrage, warum es „Köhlers FlottenKalender“ (mit „ö“) heißt, obwohl der Verlag mit „oe“ geschrieben wird. Die Antwort: Beide haben nichts miteinander zu tun! „Köhlers FlottenKalender“ erschien seit 1901 in dem in Minden/Westfalen beheimateten Wilhelm Köhler Verlag und avancierte im marinebegeisterten deutschen Kaiserreich zu einem Flaggschiff des Unternehmens. Im Jahr 1967 übernahm die auf Schifffahrtsliteratur spezialisierte Hamburger Koehlers Verlagsgesellschaft den FlottenKalender. Seit 2016 mit dem Maximilian Verlag der Unternehmensgruppe Tamm Media verschmolzen, ist Koehler eine renommierte Buchmarke für maritime Themen – und nach wie vor Heimathafen für den „Köhlers FlottenKalender“.

Ihre Meinung ist gefragt:

Wir freuen uns über Ihre Teilnahme an unserer Leserbefragung (siehe Innenteil Seite 81)

EDITORIAL

Foto: Gabriele Mühlen

Dr. Guntram Schulze-Wegener
Herausgeber

Liebe Leserinnen und Leser,

herzlich willkommen beim „FlottenKalender“ 2027, der auch im Zeichen der weltweiten Krisen und Kriege steht. Als Motor von wirtschaftlicher Leistung und Prosperität unterliegt die Schifffahrt wie kein anderer Handels- und Verkehrszweig globalen Schwankungen. Diese spiegeln sich nicht zuletzt in den Absatz- und Umschlagszahlen von Werften und Reedereien.
Doch obwohl der Handel insgesamt unter gestiegenen Rohstoffpreisen und geringeren Margen leidet, gibt es Hoffnung; die deutschen Schiffbauer jedenfalls blicken trotz aller Verwerfungen mit einigem Optimismus in die Zukunft.
Weniger optimistisch, aber dennoch zuversichtlich, ist der Inspekteur der Deutschen Marine, Vizeadmiral Jan Christian Kaack. Auf der Historisch-Taktischen Tagung der Marine im Januar 2026 in Rostock gab er mit Blick auf die Bedrohung durch Russland die Devise aus: „Wann wir kämpfen, entscheidet der Gegner, wie gut wir darauf vorbereitet sind, entscheiden wir!“ Um durchhaltefähig kämpfen und gewinnen zu können, müssen Flottillen und Geschwader gestärkt werden, „damit wir unseren Enkeln nicht vom Krieg erzählen müssen“. Unser Titelthema gibt einen konzisen Überblick über den derzeitigen Stand der Deutschen Marine.
Viele weitere interessante Themen aus der maritimen Welt mögen Sie, liebe Leserinnnen und Leser, etwas zerstreuen und auf andere Gedanken bringen! Dies wünscht

Ihr
Guntram Schulze-Wegener

Auf Kurs: Das innovative Fregattenkonzept MEKO A-400 von ThyssenKrupp Marine Systems

Foto: TKMS

Wieder an Bord: das Preisrätsel! Machen Sie mit und gewinnen Sie attraktive Preise! **Mehr dazu auf Seite 128**

Eine Legende

Unser Segelschulschiff *Gorch Fock* ist ein Statement. Dass das älteste und beliebteste Schiff der Deutschen Marine das geistige Auge des Betrachters passiert, selbst wenn wie hier lediglich sein stolzer Name auf dem Steuerrad zu sehen ist, unterstreicht seinen Rang und sein Selbstverständnis. Seit ihrer Indienststellung vor fast 70 Jahren ist die *Gorch Fock*, auf der Generationen künftiger Offiziere und Unteroffiziere die ersten Seebeine wuchsen und künftig noch wachsen werden, Teil der Erfolgsgeschichte der Marine. Sie steht für die Faszination Seefahrt, die mit Anekdoten, Legenden und wunderbaren Erlebnisse ebenso verbunden ist wie mit Tragödien und persönlichen Schicksalen. Vor allem aber steht sie für eine alle Stürme überdauernde Haltung und Werteordnung der freien Welt.

Von Wahrzeichen zu Wahrzeichen: *Gorch Fock* und Elbphilharmonie sind Sinnbilder großartiger Entitäten – der Deutschen Marine und der Hansestadt Hamburg. Näheres über ihre Verbindung auf den Seiten 112–117

Foto: Eggo Rettmer

Big Deal

Mitten in der Hochphase des deutsch-britischen Flottenwettrüstens erhielt die Royal Navy 1910 Zulauf von einem weiteren Schiff der *St-Vincent*-Klasse: *HMS Vanguard*, die bei Vickers in Barrow-in-Furness gebaut wurde (siehe Seiten 168–173) und die u.a. an der epochalen Seeschlacht vor dem Skagerrak 1916 teilnahm, an die wir auf den Seiten 228–235 erinnern. *HMS Vanguard* ist aber auch der Namensgeber jenes 1945 in Dienst gestellten Meeresriesen, der bis heute das letzte fertiggestellte Schlachtschiff der Welt ist. Nach allem, was wir wissen, wird sich dies aber bald ändern. Denn unabhängig von der strategischen Fragwürdigkeit von Kriegsschiffen dieser Art und Größe schmiedet der amerikanische Präsident Donald Trump Pläne zum Aufbau einer amerikanischen Schlachtschiff-Flotte. Die Vergangenheit lässt grüßen.

Das britische Schlachtschiff *HMS Vanguard* nach dem Stapellauf am 22. Februar 1909
Foto: NH 52620

Im Einsatz

Besatzungen der 60 Seenotrettungskreuzer und -boote der Deutschen Gesellschaft zur Rettung Schiffbrüchiger (DGzRS) haben 2025 insgesamt 1.723 Einsätze gefahren (Vorjahr: 1.775 Einsätze) und dabei nahezu 3.400 Menschen geholfen. Allein rund 460 Menschen retteten sie aus akuter Seenot oder befreiten sie aus Gefahr. Seit ihrer Gründung am 29. Mai 1865 hat die DGzRS bis Ende 2025 insgesamt 87.770 Menschen aus Seenot gerettet oder aus Gefahrensituationen auf See befreit – nach wie vor, ohne jegliche staatlich-öffentliche Mittel zu beanspruchen. Ein neues Gesicht wird die DGzRS in den kommenden Monaten in der Öffentlichkeit repräsentieren: TV-Moderatorin Laura Wontorra folgt als ehrenamtliche Botschafterin der Seenotretter auf den Erfolgsautor Klaus-Peter Wolf. Mehr zur DGzRS auf den Seiten 106–110.

Der Seenotrettungskreuzer *Felix Sand* bekämpft den Brand auf einer Segelyacht am 1. Oktober 2025 vor Travemünde
Foto: Die Seenotretter – DGzRS

AUFTRAG, SCHIFFE, EINSÄTZE

Kampfbereit!

Die Deutsche Marine ist ein flexibles, sichtbares und politisch steuerbares Instrument staatlicher Machtprojektion und der Krisenreaktion. Ihre Bedeutung wird angesichts zunehmender Unsicherheiten im internationalen System weiter steigen. Die 15.750 Frauen und Männer der Deutschen Marine stehen bereit, unsere Demokratie gegen jeden Aggressor zu verteidigen

Von Dr. Christian Jentzsch

Vor über 70 Jahren trat die Bundesrepublik Deutschland der NATO bei. Am 12. November 1955 wurde die Bundeswehr gegründet, die sich heute bewusst von der Wehrmacht abgrenzt. Die ersten Einheiten der Bundesmarine sind im Januar 1956 aufgestellt worden. Schnell erfüllte sie in der NATO wichtige Aufgaben in der Ostsee und zunehmend der Nordsee und trug damit zur erfolgreichen Abschreckung des Warschauer Pakts bei.

Eines war klar: Der Feind stand im Osten. Landes- und Bündnisverteidigung war der Kernauftrag der Besatzungen, der den Alltag in der Flotte bestimmte. In allen Dimensionen des Seekriegs war die Bundesmarine auf, über und unter dem Wasser bereit zum hoch intensiven Gefecht – in der Hoffnung „kämpfen zu können, um nicht kämpfen zu müssen!“ Seit 1987 übernahm die Flotte immer mehr Aufgaben im Rahmen des Internationalen Krisenmanagements, erst innerhalb und ab dem Jahr 1991 auch außerhalb des Bündnisgebietes.

Während im Zuge der „Friedensdividende“ der Bestand an Schiffen und Booten zu schrumpfen begann, nahm die Anzahl der Auslandseinsätze ab 2001 im Rahmen des Kampfes gegen den internationalen Terrorismus beständig zu. Immer

Übung „Spartan Arrow“ 2024: Die Korvette *Ludwigshafen am Rhein* verschießt einen Luftziel-Flugkörper RAM Rolling Airframe Missile aus dem vorderen Launcher
Foto: Bundeswehr/Tom Twardy

größer wurde die Einsatzbelastung für die Besatzungen und auch das Material. Konsequent wurde im Rahmen der Ausrichtung der Bundeswehr auf die Auslandseinsätze auch die Marine umstrukturiert. Man löste sich von der 150 Jahre lang deutsche Marinen bestimmenden Typorganisation und ersetzte sie durch die heutigen Einsatzflottillen.

Nordflanke der NATO

Doch seit der Besetzung der Krim durch Russland 2014 rückte die Landes- und Bündnisverteidigung wieder stärker in den Fokus der Allianz und der Marine. Dabei genießt die Nordflanke der NATO höchste Priorität, womit sie wieder an das alte Operationsgebiet aus dem Kalten Krieg anknüpft. Aber noch immer bestimmten die Auslandseinsätze im Rahmen des Internationalen Krisenmanagements die Einsatzrealität vieler Schiffs- und Flugzeug-Besatzungen.

Vizeadmiral Jan Christian Kaack, Inspekteur der Deutschen Marine, bei einem Übungsszenario, bei dem Einheiten der Bundeswehr das 196 Meter lange Transportschiff *Ark Germania* absichern

Foto: picture-alliance/Jens Büttner

Infolge des russischen Angriffskrieges gegen die Ukraine seit 2022 und der „Zeitenwende" begann eine Rekalibrierung der deutschen Sicherheitspolitik. Seitdem sieht man zusehends die Gefahr einer russischen Aggression gegen die Allianz. Deshalb rückte, wie im Kalten Krieg auch, die Abschreckung in den Fokus der NATO-Verteidigungsplanung. Im Februar 2022 stand die Deutsche Marine ihren Alliierten und Wertepartnern fest zur Seite, indem sie unverzüglich Schiffe und Boote in die östliche Ostsee verlegte. Der Inspekteur der Marine erklärte den Sinn der aktuellen Aufgaben Anfang 2026 anschaulich: „Damit wir unseren Enkeln nicht vom Krieg erzählen müssen!"

Geführt wird die Marine aus dem Marinekommando in Rostock. Es ist die höchste Führungsebene der Marine und direkt dem Bundesministerium der Verteidigung unterstellt. Neben der Führung der Marine ist es auch für die marinespezifischen und maritimen Aufgaben der Bundeswehr verantwortlich. Im Marinekommando haben der Inspekteur der Marine und der Befehlshaber der Flotte und Unterstützungskräfte (BdF) mit ihrem Stabspersonal ihren Sitz.

In den fünf Fachabteilungen: 1. Einsatz, 2. Einsatzunterstützung, 3. Planung und Konzeption, 4. Marinesanitätsdienst und 5. Personal, Ausbildung und Organisation erfolgen die Steuerung und Planung der Marine.

Dieser sind auch die vier Schulen der Marine als Ausbildungsstätten für den Führungsnachwuchs unterstellt:

Marineschule Mürwik
Marineunteroffizierschule Plön
Marinetechnikschule in Parow
Marineoperationsschule in Bremerhaven

Multinationales Führungskommando

Die Abteilung Einsatz führt die Flotte in Form der beiden Einsatzflottillen und des Marinefliegerkommandos. Überwacht und koordiniert werden diese durch das Maritime Operations Center in Glücksburg bei Flensburg. Herz der Kommunikation mit der Gesellschaft ist das ebenfalls in Rostock beheimatete Presse- und Informationszentrum der Marine.

Seit 2024 ist in Rostock mit dem Commander Task Force Baltic auch ein multinationales Führungskommando der NATO für den Bereich der Ostsee beheimatet, mit dem die Deutsche Marine aktiv

Zusammenarbeit: Sanitätskräfte der Bundespolizei nehmen per Seilwinde einen Verwundeten vom Hohlstablenkboot M 1090 *Pegnitz* während der Übung „Role2Sea“ im Rahmen der Übungsserie „Quadriga 2025“ in der Ostsee auf
Foto: Bundeswehr/Julia Kelm

eine lokale Führungsrolle in der Allianz übernimmt.

Eine weitere nachgeordnete Dienststelle ist die Marineschifffahrtleitung in Hamburg. Die ungehinderte Schifffahrt ist entscheidend für den Wohlstand des Industriestandorts Deutschland und wird durch deutsche Kriegsschiffe geschützt. Die Marineschifffahrtleitung verbindet zivile Seeschifffahrt und Marine, kooperiert national und mit NATO-Partnern. Die NATO unterstützt die Seeschifffahrt und Seestreitkräfte durch Beratung und Informationssysteme für Navigation und Sicherheit.

Die Marineschifffahrtleitung bildet dafür Reservisten zu Schifffahrtleit-Offizieren aus, die Manöver begleiten, Boarding-Teams ausbilden und Kriegsschiffkommandanten in zivile Schifffahrt einweisen. Außerdem berät sie die Marineführung zu globaler ziviler Schifffahrt und sammelt Daten zur maritimen Abhängigkeit Deutschlands, die sie der maritimen Fachöffentlichkeit zur Verfügung stellt.

Küstennahe Operationen

Nun aber zur Flotte selbst. Die Einsatzflottille 1 (EF1) hat ihren Sitz in Kiel mit dem Schwerpunkt der küstennahen Operationen. Sie besteht aus dem 1. Korvettengeschwader, dem 3. Minensuchgeschwader, dem 1. U-Boot-Geschwader, dem Unterstützungsgeschwader, dem Seebataillon und dem Kommando Spezialkräfte der Marine. Die Stützpunkte befinden sich in Kiel, Eckernförde und Warnemünde. Die Schiffe und Boote der EF 1 sind für den Kampf in Küstengewässern konzipiert. Schon Ende der 1980er-Jahre wurde der Ersatz der 2016 außer Dienst gestellten Schnellboote durch Korvetten beschlossen, weil diese besser in der nördlichen Nordflanke einzusetzen waren und dem BdF ein Seekriegsmittel in die Hand gaben, das nicht nur auf den Kampf in der Ostsee spezialisiert war.

Im 1. Korvettengeschwader fahren derzeit fünf Korvetten der *Braunschweig*-Klasse (Klasse 130) von Warnemünde aus zur See. Sie sind für den Kampf gegen Überwasserziele und Ziele an Land in Küstengewässern geeignet. Wie alle Seekriegsmittel dienen sie auch der Seeraum-Überwachung und -Kontrolle. Fünf weitere Schiffe werden ab 2026 im zukünftigen

Die Fregatte F 222 *Baden-Württemberg* führt im Rahmen des Indo-Pacific Deployment eine ADEX-Übung (Air Defence Exercise) durch, 30. Mai 2024. Die Fregatten-Klasse F 125 umfasst vier Schiffe Foto: Bundeswehr/Nico Theska

5. Korvettengeschwader in Dienst gestellt werden.

In Eckernförde sind die sechs Unterseeboote der Klasse 212 A beheimatet, die zum 1. U-Boot-Geschwader gehören. Ihr außenluftunabhängiger Antrieb macht sie mit zu den leisesten U-Booten weltweit, der verdeckte Einsatz ist ein wichtiges Aufklärungsmittel, das mit seinen DM2A4 533-mm-Schwergewichtstorpedos eine erhebliche Bedrohung für andere Unter- und Überwasserziele darstellt. Darüber hinaus können die U-Boote auch Spezialkräfte verdeckt verbringen.

Zusammen mit Norwegen werden sechs weitere modifizierte Boote des Typs 212 CD gebaut, die etwa ab 2032 zur Flotte stoßen sollen. Drei Flottendienstboote der *Oste*-Klasse (Klasse 423) des U-Boot-Geschwaders dienen der Aufklärung. Mit ihren Sensoren können sie optisch, visuell, akustisch und elektronisch aufklären. Die gewonnenen Daten sind nicht nur für die taktische Ebene, sondern auch für die strategische Aufklärung der Bundeswehr und der Regierung von Bedeutung.

Die marineinfanteristischen Kräfte des Seebataillons und des Kommandos Spezialkräfte der Marine (KSM) sind ebenfalls in Eckernförde beheimatet. Neben der infanteristischen Schutzaufgabe im maritimen Umfeld und auf See verfügen sie auch über Fähigkeiten zur Bekämpfung von Kampfmitteln an Land und unter Wasser. Das KSM ist Teil der Spezialkräfte der Bundeswehr und dient vorrangig den Bedürfnissen der operativen und strategischen Ebene, während das Seebataillon primär Aufgaben für die Flotte und die Marine übernimmt.

Minenkampf – defensiv und offensiv

Die amphibischen Operationen und die Ausbildung werden durch zwei Minentaucher-Einsatzboote der *Frankenthal*-Klasse (332 B) des 3. Minensuchgeschwaders unterstützt. In Kiel sind die acht Minenjagdboote der *Frankenthal*-Klasse (Klasse 332) des Geschwaders stationiert, zu dem auch zwei Hohlstablenkboote der *Ensdorf*-Klasse (Klasse 352) gehören, die für Ausbildung und Werbung genutzt werden.

Minenjagdboote suchen mit ihrem Sonar nach Seeminen, sind aber auch zum Ausbringen von Minen geeignet. Damit decken sie den Bereich des defensiven und offensiven Minenkampfes ab. Außerdem können sie zum Kartografieren des Meeresbodens und zur Seeraumüberwachung eingesetzt werden. Die Hohlstablenkboote nutzen ferngesteuerte Drohnen zur Simulationsräumung. Hierfür werden die Drohnen („Seehunde") über ein Seegebiet entsandt und simulieren Geräusche und Magnetfelder größerer Schiffe, damit die Minen zur Detonation gebracht werden. Ihren ersten scharfen Einsatz hatten die Hohlstablenkboote im Persischen Golf 1991. Unterstützt werden die Kampfeinheiten durch das Unterstützungsgeschwader in Kiel mit seinen fünf Tendern der *Elbe*-Klasse (Klasse 404) und dem Tender *Main* in Eckernförde, der zum U-Boot-Geschwader gehört.

Ausdruck für die deutsche Expertise im Kampf in Küsten- und Randmeeren ist das NATO Center of Excellence for Confined and Shallow Water Operations (CoECSW) in Kiel. Dessen Direktor ist immer der Kommandeur der Einsatzflottille 1. Es ist ein NATO-Thinktank, der mit seinem multinationalen Team Grundlagenstudien erstellt. Der Kommandeur der Flottille ist gleichzeitig Direktor des NATO Centre of Excellence for Operations in Confined and Shallow Waters, einem Thinktank, der sich speziell mit dem Kampf in solchen Seegebieten beschäftigt.

Einsatz auf hoher See

Die Einsatzflottille 2 (EF2) ist in Wilhelmshaven beheimatet und besteht aus dem 2. und 4. Fregattengeschwader sowie dem Trossgeschwader. Ihre Schiffe sind für den Einsatz auf der hohen See konzipiert. Die ältesten Schiffe sind die vier Fregatten der *Brandenburg*-Klasse (Klasse 123) aus den 1990er-Jahren. Ihre Hauptaufgabe ist die U-Boot-Jagd, aber sie können auch Überwasserziele bekämpfen und sich gegen Bedrohungen aus der Luft wehren. In den kommenden Jahren durchlaufen sie eine umfassende Modernisierung.

Die drei Schiffe der *Sachsen*-Klasse (Klasse 124) sind zwar als Flugabwehrschiffe konzipiert worden, können aber auch Überwasserziele und Unterwasserziele bekämpfen, weshalb sie über eine größere Kampfkraft als die Klasse 123 verfügen. Beide Typen sind im 2. Fregattengeschwader zusammengefasst.

Im 4. Fregattengeschwader fahren die vier Schiffe der *Baden-Württemberg*-Klasse (Klasse 125). Sie stellen die maritime Konzession an die Einsatzausrichtung der Bundeswehr dar und folgen konsequent dem Profil der Seeraumüberwachung in Stabilisierungsoperationen. Mit einer geringen Besatzung von 120 Personen und je nach Missionsprofil 70 zusätzlichen Spezialisten können sie sehr lange in Einsatzgebieten operieren. Sie sind in erster Linie zur Selbstverteidigung und für das Wirken gegen Landziele optimiert. Doch sie haben sich auch in der Abwehr hybrider Bedrohungen und der Führung großer multinationaler Verbände bewährt. 2025 verschoss die Baden-Württemberg erfolgreich den IRIS-T-SLM-Flugkörper und bewies, dass eine Fähigkeitsanpassung möglich ist.

Millimeterarbeit: Sea Lynx landet auf dem Flugdeck des Einsatzgruppenversorgers *Frankfurt am Main* Foto: Bundeswehr/Philipp Schäfer

Für das hoch intensive Gefecht wurde 2023 mit dem Bau von sechs Schiffen der

Teambuilding: Offizieranwärterinnen und Offizieranwärter spannen gemeinsam die Segel an Bord der *Gorch Fock*

Foto: Bundeswehr/Marcel Kröncke

Das Segelschulschiff *Gorch Fock* fährt bei optimalen Bedingungen in voller Takelage während der 182. Auslandsausbildungsfahrt beim ersten Turn im Frühjahr 2025 von Portimão (Portugal) nach Gran Canaria (Spanien) im Atlantik

Foto: Bundeswehr/Nico Theska

Fregattenklasse 126 (*Niedersachsen*-Klasse) begonnen, die ab 2028 zulaufen sollen. Allerdings verzögert sich der Bau erheblich, sodass gegenwärtig ein Ersatz in Form von MEKO-Fregatten in der Prüfung ist. Als Ablösung für die Klasse 124 sind bereits bis zu acht Schiffe der Klasse 127 in Planung.

Die drei Einsatzgruppen-Versorger der *Berlin*-Klasse (702) des Trossgeschwaders dienen der logistischen und sanitätsdienstlichen Unterstützung von gemischten Einsatzgruppen. Sie können aber auch eigenständige Unterstützungsleistungen zur humanitären Hilfe oder Evakuierung erbringen. Zwei Betriebsstofftransporter bzw. Tanker der *Rhön*-Klasse (704) runden mit drei Schleppern das Portfolio ab.

Marineflieger in Nordholz

Ergänzt werden die Fähigkeiten der Schiffe und Boote durch die Marinefliegerkräfte mit Sitz in Nordholz. Flugzeuge und Hubschrauber unterstützen den Einsatz der schwimmenden Flotte oder operieren selbstständig. Ihre Geschwindigkeit und Sensorik macht diese Seekriegsmittel zu einem wichtigen Bestandteil der Lagebilderstellung und Aufklärung, denn

Luftfahrzeuge können sehr schnell einen großen Raum abdecken und überwachen.

Gegenwärtig befindet sich die Flotte der Marineflieger im Umbruch. Neues Material ersetzt alte Flugzeuge und Hubschrauber, was die Kampfkraft und Einsatzbereitschaft kurz- und mittelfristig erheblich steigert. Im vergangenen Jahr wurde der Hubschrauber Mk 41 Sea King nach mehr als 50 Jahren Dienst in der Marinefliegerei außer Dienst gestellt und durch den auf dem NH-90 basierenden NH90-NTH Sea Lion ersetzt. Im Dezember 2025 begann auch der Zulauf des ersten Hubschraubers NH90-NFH Sea Tiger, der als Bordhubschrauber den Sea Lynx ersetzen wird.

Seit 2025 landeten die ersten zwei von acht P-8A Poseidon als Ersatz für die außer Dienst gestellten P-3C Orion in Nordholz. Das nunmehr größte Kampfflugzeug der Bundeswehr wird in der Seeraumüberwachung und U-Jagd eingesetzt werden. Ihr Einsatzgebiet wird auch den Nordatlantik umfassen, wofür sie von alliierten Stützpunkten aus operieren sollen. Norwegen und Großbritannien betreiben bereits eine Flotte, und Dänemark beschloss jüngst den Erwerb. Darüber hinaus fliegen auch noch zwei Do-228 LM zur Aufklärung von Umweltverschmutzung vor der deutschen Küste. Damit hat sich die Flotte der Luftfahrzeuge in den vergangenen Jahren deutlich verjüngt. Perspektivisch wird aber auch die Marinefliegerei in den Betrieb unbemannter Systeme einsteigen.

FÄHIGKEITSSPEKTRUM DER MARINE

Vier Schwerpunkte

1. Landes- und Bündnisverteidigung mit dem Schutz der Seewege, der Sicherung von Küsten und maritimer Infrastruktur, der U-Boot-Jagd, der Minenabwehr sowie der Über- und Unterwasser-Kampfführung
2. Krisenbewältigung und internationale Einsätze in Form von Präsenzoperationen, Embargokontrollen, Schutz ziviler Schifffahrt, humanitäre Hilfe und Evakuierungsoperationen
3. Schon im Frieden Abschreckung und Machtprojektion durch die Fähigkeit zur schnellen, flexiblen Verlegung von Kräften, präsente seegestützte Wirkmittel und interoperable Einsatzverbände
4. Schutz der maritimen Sicherheit durch Bekämpfung von Piraterie, Terrorismus, Waffenschmuggel sowie Schutz kritischer Unterwasser-Infrastruktur (z.B. Pipelines, Datenkabel)

Aufgaben und Perspektiven

Diese Marine ist integraler Bestandteil der nationalen Sicherheitsarchitektur und dient der Wahrung staatlicher Souveränität, der Sicherung maritimer Handelswege sowie der Unterstützung außen- und bündnispolitischer Ziele. Angesichts globalisierter Lieferketten, wachsender geopolitischer Spannungen und zunehmender Konkurrenz im maritimen Raum gewinnt die See als Operations- und Wirtschaftsraum weiter an Bedeutung.

Besonderes Gewicht wird auf vernetzte Operationsführung, Informationsüberlegenheit und Interoperabilität mit den anderen Teilstreitkräften gelegt. Moderne Marineführung erfordert hoch qualifiziertes Personal, technische Expertise und eine klare Führungsphilosophie. Nachwuchsgewinnung, Ausbildung, Personalbindung und Diversität dienen der Einsatzbereitschaft und Zukunftsfähigkeit der Marine.

Maritime Sicherheit ist aktuell zunehmend technologiegetrieben. Deshalb besitzen Entwicklungen in den Bereichen Digitalisierung, unbemannte Systeme, Cyberabwehr, satellitengestützte Aufklärung sowie moderne Waffensysteme eine herausragende Bedeutung. Die Resilienz gegenüber hybriden Bedrohungen und der maritimen Infrastruktur spielt eine immer wichtigere Rolle. Dafür ist die enge Verzahnung von Industrie, Forschung und Streitkräften ein strategischer Erfolgsfaktor.

Eine leistungsfähige Logistik, Werftkapazitäten und internationale Kooperа-

BESTAND AN SCHIFFEN UND BOOTEN

Von der Fregatte bis zum Einsatzgruppenversorger

Fregatten Klasse 123
2. Fregatten-Geschwader, Wilhelmshaven
F 215 *Brandenburg* (1994),
Blohm + Voss, Hamburg
F 216 *Schleswig-Holstein* (1995),
Howaldtswerke-Deutsche Werft AG, Kiel
F 217 *Bayern* (1996),
Thyssen Nordseewerke GmbH, Emden
F 218 *Mecklenburg-Vorpommern* (1996),
Bremer Vulkan, Bremen

Fregatten Klasse 124
2. Fregatten-Geschwader, Wilhelmshaven
F 219 *Sachsen* (2004),
Blohm + Voss, Hamburg
F 220 *Hamburg* (2004),
Howaldtswerke-Deutsche Werft AG, Kiel
F 221 *Hessen* (2005),
Thyssen Nordseewerke GmbH, Emden

Fregatten Klasse 125
4. Fregatten-Geschwader, Wilhelmshaven
F 222 *Baden-Württemberg* (2019),
AG tkMS, B+V, Lürssen
F 223 *Nordrhein-Westfalen* (2020),
AG tkMS, B+V, Lürssen
F 224 *Sachsen-Anhalt* (2021),
AG tkMS, B+V, Lürssen
F 225 *Rheinland-Pfalz* (2022),
AG tkMS, B+V, Lürssen

Fregatten Klasse 126 (in Bau)
F x *Saarland* (2028),
AG Peene-Werft, German Naval Yards, B+V
F x *Niedersachsen* (2030),
AG Peene-Werft, German Naval Yards, B+V
F x *Bremen* (2031), AG Peene-Werft,
German Naval Yards, B+V
F x *Thüringen* (2031), AG Peene-Werft,
German Naval Yards, B+V

Korvetten Klasse 130
1. Korvetten-Geschwader, Warnemünde
F 260 *Braunschweig* (2008),
Blohm + Voss, Hamburg
F 261 *Magdeburg* (2008),
Fr. Lürssen, Bremen
F 262 *Erfurt* (2013),
Thyssen Nordseewerke GmbH, Emden
F 263 *Oldenburg* (2013),
Blohm + Voss, Hamburg
F 264 *Ludwigshafen am Rhein* (2013),
Fr. Lürssen, Bremen
F 265 *Köln* (2025),
ARGE K130, NVL Group, TKMS und German Naval Yards, Kiel
In Bau:
F 267 *Karlsruhe*
F 268 Augsburg
F 269 Lübeck

U-Boote Klasse 212
1. U-Boot-Geschwader, Eckernförde
S 181 U 31 (2005),
TKMS, Kiel
S 182 U 32 (2005),
TKSM, Kiel
S 183 U 33 (2006),
TKMS, Kiel
S 184 U 34 (2007),
TKMS, Kiel
S 185 U 35 (2015),
TKMS, Kiel
S 186 U 36 (2016),
TKMS, Kiel

Einsatzgruppenversorger Klasse 702
Trossgeschwader, Wilhelmshaven/Kiel
A 1411 *Berlin* (2001),
Flensburger Schiffbau-Gesellschaft
A 1412 *Frankfurt am Main* (2002),
Flensburger Schiffbau-Gesellschaft
A 1413 *Bonn* (2013),
AG FSG, TKMS Nordsee, Peene-Werft

Fregatte Klasse 124
Zeichnung: Karsten Kunibert Krüger-Kopiske

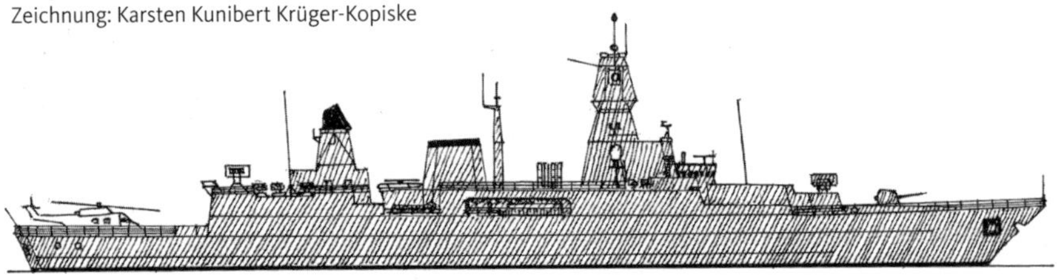

tion bestimmen maßgeblich die Durchhaltefähigkeit maritimer Kräfte. Beschaffungsprozesse, Instandhaltung, Versorgung auf See sowie Fragen der Nachhaltigkeit und Energieeffizienz sind dafür wesentliche Kriterien. Die Sicherstellung der durchgehenden Einsatzbereitschaft unter veränderten klimatischen und geopolitischen Rahmenbedingungen ist dabei eine zentrale Aufgabe.

Neue Herausforderungen

Aktuelle Trends in der Sicherheitspolitik, wie Großmachtrivalität, die Militarisierung von Seegebieten, technologische Disruption sowie Bedrohungen im Cyber- und Weltraumbereich stellen Herausforderungen dar. Aber die Deutsche Marine ist genau dafür ein flexibles, sichtbares und politisch steuerbares Instrument staatlicher Machtprojektion und der Krisenreaktion. Ihre Bedeutung wird wohl angesichts zunehmender Unsicherheiten im internationalen System noch weiter steigen, auch wenn der Schwerpunkt der europäischen Bedrohungsperzeption auf dem Festland liegt.

Neue kampfkräftigere Einheiten ersetzen sukzessive die alten. Es soll immer mindestens ein Drittel des Bestands der Flotte gefechtsbereit für den Einsatz stehen. Wie in vielen westlichen Streitkräften stellt auch für die Deutsche Marine die Personalgewinnung und -bindung gegenwärtig eine große Herausforderung dar. Eine Antwort zur Lösung bilden automatisierte Systeme, die künftig in immer größerem Umfang in der Flotte eingeführt werden.

Auf vielen Ebenen werden die Erfahrungen aus dem Krieg in der Ukraine und auch die eigenen Gefechtserfahrungen aus dem Einsatz der Marine gegen die Huthi vor dem Jemen 2024 systematisch ausgewertet und entsprechende Lehren gezogen. Die Fregatte *Hessen* hatte im Rahmen der EUNAVFOR „Aspides" feindliche Flugkörper und Drohnen auf und über dem Wasser, auch im Eigenschutz, bekämpft. „Aspides" ist der bisher gefährlichste Einsatz in der Geschichte der Deutschen Marine. Erstmals in der Geschichte der Bundeswehr wurden alle Besatzungsmitglieder der Fregatte *Hessen* und der Korvette *Ludwigshafen am Rhein* für ihren Einsatz im Kampf mit der Einsatzmedaille Gefecht ausgezeichnet.

Weltreisen deutscher Kriegsschiffe

Aber nicht nur im Osten Europas, dem Mittelmeer und im Roten Meer wurde die Deutsche Marine gefordert, sondern auch im Indopazifik. Als deutschen Beitrag zum Aufrechterhalten der wertebasierten Ordnung sind die Weltreisen deutscher Kriegsschiffe im sogenannten Indopazifik Deployment zu sehen.

Alma Mater seit 1910: Vereidigung der Crew VII/07 an der Marineschule Flensburg-Mürwik
Foto: Bundeswehr/Björn Wilke

Darüber hinaus nehmen Einheiten der Flotte an den Manövern und vier ständigen Einsatzverbänden der NATO teil. Diese dienen sowohl der Ausbildung, der Übung und dem Testen von nationalen und bündnisgemeinsamen Verfahren als auch der strategischen Kommunikation für die Abschreckung. Das hoch intensive Gefecht steht im Mittelpunkt der Einsatzausbildung der Flotte, um die Besatzungen bestmöglich auf einen Konflikt vorzubereiten. Das beinhaltet auch den regelmäßigen scharfen Schuss. 2025 erfolgte das größte Schießvorhaben der Marine seit 1990.

BESTAND AN SCHIFFEN UND BOOTEN

Vom Tender *Main* bis zum Schulschiff *Gorch Fock*

Tender Klasse 404
1. U-Boot-Geschwader, Eckernförde
A 515 *Main* (1994),
Kröger Werft, Rendsburg

Tender Klasse 404
Unterstützungsgeschwader, Kiel
A 511 *Elbe* (1993),
Bremer Vulkan, Bremen
A 512 *Mosel* (1993),
Bremer Vulkan, Bremen
A 513 *Rhein* (1993),
Flensburger Schiffbau-Gesellschaft
A 514 *Werra* (1993),
Flensburger Schiffbau-Gesellschaft
A 516 *Donau* (1994),
Kröger Werft, Rendsburg

Betriebsstofftransporter Klasse 704
Trossgeschwader, Wilhelmshaven/Kiel
A 1442 *Rhön*
A 1443 *Spessart*

Hohlstablenkboot Klasse 352
3. Minensuch-Geschwader, Kiel
M 1090 *Pegnitz* (1990),
Fr. Lürssen, Bremen
M 1098 *Siegburg* (1990),
Kröger Werft, Rendsburg

Minenjagdboote Klasse 332
3. Minensuch-Geschwader, Kiel
M 1058 *Fulda* (1998),
Abeking & Rasmussen, Bremen
M 1059 *Weilheim* (1998),
Fr. Lürssen, Bremen
M 1061 *Rottweil* (1993),
Kröger Werft, Rendsburg
M 1062 *Sulzbach-Rosenberg* (1996),
Fr. Lürssen, Bremen
M 1063 *Bad Bevernsen* (1993),
Fr. Lürssen, Bremen
M 1064 *Grömitz* (1994),
Kröger Werft, Rendsburg
M 1065 *Dillingen* (1995),
Abeking & Rasmussen, Bremen
M 1067 *Bad Rappenau* (1994),
Abeking & Rasmussen, Bremen
M 1068 *Datteln* (1994),
Fr. Lürssen, Bremen
M 1069 *Homburg* (1995),
Kröger Werft, Rendsburg

Flottendienstboote Klasse 423
1. U-Boot-Geschwader, Eckernförde
A 50 *Alster* (1989),
Flensburger Schiffbau-Gesellschaft
A 52 *Oste* (1988),
Flensburger Schiffbau-Gesellschaft
A 53 *Oker* (1988),
Flensburger Schiffbau-Gesellschaft

Forschungsschiff Klasse 751
Wehrtechnische Dienststelle, Eckernförde
A 1437 *Planet* (2005),
Thyssen Nordseewerke GmbH, Emden

Bergungsschlepper *Rügen*
Marinestützpunkt, Kiel
A 1453 *Rügen* (2023),
Vard Søviknes, Søvik

Bergungsschlepper *Borkum*
Marinestützpunkt, Kiel
A 1454 *Borkum* (2022),
Guangdong Yuexin Ocean Engineering, China

Kleiner Hafenschlepper Klasse 752
Y 817 *Nordstrand* (1987),
Orenstein & Koppel, Lübeck
Y 819 *Langeness* (1987),
Orenstein & Koppel, Lübeck
Y 816 *Vogelsand* (1987),
Orenstein & Koppel, Lübeck
Y 812 *Lütje Hörn* (1990),
Husumer Schiffswerft, Husum
Y 815 *Scharhörn* (1990),
Husumer Schiffswerft, Husum
Y 814 *Knechtsand* (1990),
Husumer Schiffswerft, Husum

Schlepper *Warnow*
Marinestützpunkt, Warnemünde
Y 1659 *Warnow*

Schulschiff *Gorch Fock*
Marineschule Mürwik, Flensburg
A 60 *Gorch Fock* (1958),
Blohm + Voss, Hamburg

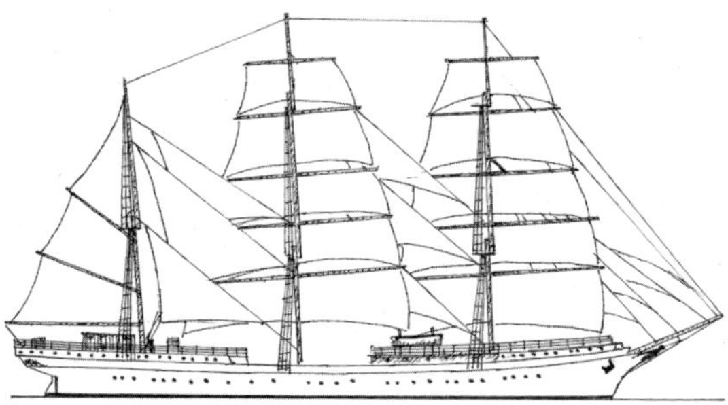

Schulschiff *Gorch Fock*
Zeichnung: Karsten Kunibert Krüger-Kopiske

Kampfflugzeuge Eurofighter überfliegen die Fregatte F 222 *Baden-Württemberg* im Seegebiet vor der Insel Hawaii, USA, im Rahmen der Übungen Pacific Skies 2024 und Pacific Waves
Foto: Bundeswehr/Francis Hildemann

Neben der Konzentration auf diese „klassischen" Marineaufgaben kommen noch neue Herausforderungen hinzu. So werden die Verantwortlichkeiten für den Schutz der maritimen kritischen Infrastruktur geregelt, und wahrscheinlich wird die Marine dabei auch Aufgaben erhalten. In einzelnen Fällen von Sabotage hat sich die Deutsche Marine bereits aktiv in die Aufklärung der Sachverhalte mit eingebracht. Als Reaktion auf die verschärfte Sicherheitslage in der Nordflanke und vor allem der Ostsee hält die Flotte eine schwimmende und eine fliegende Einheit in Bereitschaft. Zur Kriegstüchtigkeit gehört auch die Sicherung der Stützpunkte der Marine vor Sabotage und Spionage. 2025 zeigte ein gestiegenes Ausmaß solcher Maßnahmen in Form von Drohnenüberflügen und Sabotage an Schiffen.

Weitere wichtige Schritte in die Zukunft sind der Einstieg in unbemannte Waffensysteme wie dem Future Combat Surface System und das Erschließen und Integrieren von künstlicher Intelligenz für das Gefecht und die Auftragserfüllung im maritimen Umfeld.

An der Seite der NATO-Verbündeten werden schnelle Lösungen zur Umsetzung der beschriebenen Schritte gesucht werden. Dabei bleibt die Marine fest transatlantisch verankert und baut auch bilaterale Beziehungen wie die strategische deutsch-norwegische Partnerschaft weiter aus.

Nach über 70 Jahren ist die Deutsche Marine noch immer regional in der Nordflanke der NATO verwurzelt, aber seit fast vier Dekaden mittlerweile auch global im Einsatz. Doch wie vor 70 Jahren steht erneut die glaubwürdige Abschreckung eines Aggressors im Mittelpunkt des Dienstes der Besatzungen auf, unter und über dem Wasser sowie an Land und im Cyberraum.

DER AUTOR
Dr. Christian Jentzsch, Fregattenkapitän, ist Marinehistoriker und zurzeit im Bundesministerium der Verteidigung tätig

GROSSE SEEHÄFEN IN DEUTSCHLAND*

Höchste Gefahr

Drohnen, Cyberangriffe, Sabotage: Die deutsche Wirtschaft und damit die Häfen mit ihrer weitverzweigten und hochsensiblen Infrastruktur sind vor allem ein Ziel der hybriden Kriegführung Russlands. Alle Entwicklungen der hiesigen Hafenbetriebe stehen unter dem direkten und indirekten Einfluss von weltweiten Krisen und Kriegen

Von Hans Jürgen Witthöft

* und beim östlichen Nachbarn Polen

COSCO verfestigt Position:
Das Containerschiff *CSCL Pacific Ocean* am Terminal Tollerort der Hamburger Hafen und Logistik AG (HHLA)
Foto: picture-alliance/Christian Charisius

Die Sorgen wachsen

Neue sicherheitspolitische Realitäten schaffen Unruhe in den Märkten

Der Schutz kritischer Infrastruktur ist aktueller denn je. Ende Januar 2026 fand in Hamburg auf Einladung des deutschen Bundeskanzlers eine Konferenz der Nordsee-Anrainerstaaten über den Ausbau der Windenergie in der Nordsee statt, auf der der Schutz der kritischen Infrastruktur zu den Tagungsthemen gehörte. Wenig später wurde der Schutz der kritischen Infrastruktur sogar mit dem Votum des Bundestags in Gesetzesform gegossen. An mangelnder Erkenntnis kann es also nicht liegen. Umso mehr muss es verwundern, dass die chinesische Staatsreederei COSCO trotz vieler Warnungen ihre Position in Hamburg ungehindert weiter zu verfestigen sucht.

Vielleicht lag es an den Feiertagen kurz vor der Jahreswende 2025/26, dass die Meldung des Bundeskartellamts unterging, dass das weitgehend unbekannte Unternehmen Goldlead Supply Chain Development aus Rotterdam sich anschickte, 80 Prozent der Hamburger Spedition Konrad Zippel zu übernehmen.

Mit untergegangen ist im allgemeinen Festtagstrubel, dass es sich bei dem neu gegründeten Unternehmen Goldlead um eine 100-prozentige Tochter des chinesischen Schifffahrtsgiganten COSCO handelt, das als Plattform den Ausbau der Terminal- und Hinterland-Aktivitäten der Chinesen in Europa vorantreiben soll.

COSCO ist schon jetzt im Hamburger Hafen umtriebig aktiv. Es begann Mitte 2020, als sich die 100-prozentige COSCO-Tochter Diamond Line mit einem Firmensitz in der Hansestadt registrieren ließ und mit Starthafen Hamburg einen Feederdienst zwischen Nordeuropa nach Russland und Finnland aufnahm.

Das chinesische Hafenengagement in Hamburg setzte sich 2023 fort, als der damalige Bundeskanzler Scholz entgegen dem warnenden Votum aller beteiligten Ministerien den Einstieg bei einem Containerterminal des größten Hafenlogistikers HHLA genehmigte – zwar entgegen chinesischen Wünschen nur mit 24,9 Prozent. Mit dieser Sperrminorität haben die Chinesen keinen Zugang zu strategischen Entscheidungen und Vertriebsdaten der HHLA – offiziell zumindest. Dennoch blieb die Besorgnis, dass China Einfluss auf die Entwicklung des Hafens nehmen könnte.

Diese Besorgnis dürfte weiter wachsen, denn nun, Anfang 2026, versuchen die Chinesen nach der 1876 gegründeten Spedition Konrad Zippel zu greifen, die zu den seit Langem etablierten Logistikdienstleistern im Umfeld den Hamburger Hafens zählt (Containerlogistik, Projekt- und Schwerguttransporte sowie Industrie- und Hafenlogistik aktiv). Der Verkauf von 80 Prozent ist genehmigt.

Die Zippel-Gruppe bewegt jährlich über 200.000 TEU im Seehafen-Hinterland-Verkehr der großen deutschen Seehäfen Hamburg und Bremerhaven. Rund 80 Prozent davon entfielen auf die Schiene. Zippel betreibt dafür eigene Ganzzüge zwischen den beiden Seehäfen, Berlin, Süd- und Ostdeutschland. Dazu setzt Zippel 500 eigene Waggons und drei eigene Loks ein. Zudem verfügt Zippel über 200 eigene Lkw. Der Gruppenumsatz belief sich nach eigenen Angaben auf rund 75 Millionen Euro bei deutlich schwarzen Zahlen. Für das Unternehmen arbeiten aktuell rund 350 Beschäftigte.

Noch steht der Verkauf unter dem Vorbehalt der entsprechenden kartellrechtlichen Genehmigungen. Verzichten die Kartellwächter auf eine vertiefte Prüfung und geben die Übernahme frei, erhält COSCO unmittelbaren Zugriff auf die Hinterlandverkehre des größten deutschen Seehafens und darüber hinaus. Bei diesem neuen Fall kann die Regierung einmal mehr unter Beweis stellen, wie ernst sie es mit dem Schutz der kritischen Infrastruktur meint. Sogar EU-Institutionen dürften die Entwicklung verfolgen, erwarten Branchenexperten.

Dazu passt die unmittelbar vor der Münchner Sicherheitskonferenz (Februar 2026) erhobene Forderung der Wirtschaftsvereinigung IHK Nord nach mehr und nach verbessertem Schutz der „systemrelevanten" maritimen Infrastruktur: „Sicherheitspolitik darf nicht erst im Krisenfall greifen – sie muss vorausschauend sein."

Drohnen über Norddeutschland, Beschädigungen von Kommunikationsleitungen in der Ostsee und Cyberangriffe auf Energieunternehmen seien keine zufälligen Einzelereignisse. „Sie markieren eine neue sicherheitspolitische Realität – der Norden steht im Zentrum geopolitischer Spannungen und hybrider Bedrohungen, die gezielt kritische Infrastrukturen ins Visier nehmen."

Norddeutschland sei mehr als ein Wirtschaftsraum: das sicherheitspolitische Rückgrat Deutschlands und Europas bei einer Bedrohung an der östlichen Grenze des Bündnisgebietes.

Im Norden konzentrieren sich wichtige Verkehrsknotenpunkte, maritime Handelswege, systemrelevante Energieversorgung, militärische Logistik und entscheidende Schlüsselindustrien. Diese Strukturen bilden die Lebensadern für Versorgungssicherheit und Verteidigungsfähigkeit.

„Unsere Häfen, die maritime Industrie und die Energieversorgung sind systemrelevant – und müssen entsprechend geschützt und ausgebaut werden."

Die IHK Nord warnt: Jahrzehntelang ausgebliebene Investitionen in Infrastrukturen, die für die Gesamtverteidigung relevant sind, würden zur Achillesferse Deutschlands werden. „Wir brauchen klare Zuständigkeiten, schnelle Genehmigungen und eine verlässliche Finanzierung durch den Bund", betont die IHK Nord.

Die norddeutsche Wirtschaft sieht den Bund in der Pflicht, den Norden als strategischen Raum zu begreifen und entsprechend zu handeln. Das bedeutet: eine umfassende finanzielle Unterstützung des Bundes für gezielte Investitionen in Häfen und maritime Logistik, die Absicherung der Energieversorgung und die Modernisierung von Verkehrswegen, gerade auch für militärische Anforderungen, im gesamtstaatlichen Interesse.

„Sicherheit ist die Grundlage für Wohlstand und Stabilität", bringt es die IHK auf den Punkt. „Deutschland muss jetzt die richtigen Weichen stellen – nicht irgendwann."

Investitionsstau in deutschen Häfen

In einem Mitte 2025 veröffentlichten Positionspapier bezifferte der Zentralverband der Deutschen Seehafenbetriebe (ZDS) den dringend notwendigen Investitionsbedarf in den deutschen Seehäfen auf rund 15 Milliarden Euro. Dies entspreche „lediglich drei Prozent des von der Bundesregierung geplanten Sondervermögens Infrastruktur in Höhe von 500 Milliarden Euro", teilte der ZDS mit.

Die genannte Summe basiere auf einer Umfrage unter den ZDS-Mitgliedern: „Keine Wunschlisten, sondern eine realistische und belastbare Grundlage für politische Entscheidungen", so der Verband.

Wenig später verlautete, dass die Bundesregierung in den kommenden vier Jahren zusätzliche 400 Millionen Euro aus dem Klima- und Transformationsfonds für die maritime Infrastruktur in Deutschland investieren wolle.

Die Mittel sollen unter anderem in die Umsetzung der Nationalen Hafenstrategie und den Nationalen Aktionsplan klima-

Die See- und Binnenhäfen, wie hier Bremerhaven, haben erheblichen Nachholbedarf
Foto: Bremenports

freundliche Schifffahrt fließen. Die Branche wertete den Schritt als positives Signal, auf dem man nun aufbauen müsse.

Wie der Bund mitteilte, sollen neben der Hafenstrategie und dem Aktionsplan klimafreundliche Schifffahrt unter anderem auch die Co-Finanzierung des Ausbaus von Landstrom- und Bunkeranlagen für alternative Kraftstoffe und klimaneutrale Schifffahrtskorridore berücksichtigt werden. Die Verkehrsverlagerung von ÖPNV und Wirtschaftsverkehren auf die Wasserstraße ist ebenfalls Teil des Plans. Im Lauf des Jahres sollen weitere Einzelheiten zu den möglichen Förderungen vorgestellt werden.

Aus Sicht des ZDS sind diese Investitionen ein Zeichen dafür, dass die Bedeutung der Branche erkannt wurde. Es muss aber noch weitergehen: „Jetzt kommt es darauf an, dass die Mittel rasch konkreten Projekten zugewiesen werden, die den Strukturwandel der Häfen aktiv vorantreiben – sei es im Bereich Windenergie oder emissionsarmer Hafenbetrieb."

Der Investitionsstau in der öffentlichen Hafeninfrastruktur beläuft sich deutschlandweit auf rund 18 Milliarden Euro – davon entfallen 15 Milliarden Euro auf Seehäfen und weitere drei Milliarden Euro auf die Binnenhäfen. Der ZDS fordert daher eine Finanzierungsstrategie, die langfristig tragfähig sei.

Hafen Emden bereit für Großes

In Emden hat mit einem ersten Rammschlag der Bau eines Großschiffs-Liegeplatzes begonnen. Der neue Liegeplatz wird eine Kailänge von 337 Metern sowie eine Terminalfläche von 23.200 Quadratmetern aufweisen. Die Fertigstellung der neuen Anlage ist für 2027 geplant.

Mit dem 70 Millionen Euro teuren Projekt wird nach Angaben der niedersächsischen Hafengesellschaft NPorts auf den wachsenden Umschlag von Autos und Stückgut reagiert.

Um ihn auch künftig effizient abwickeln zu können, benötige der Emder Hafen zusätzliche Kapazitäten. Eine Bedarfsanalyse habe gezeigt, dass die vorhandenen Liegeplätze nicht ausreichen, um den Anforderungen der wachsenden Schiffsgrößen gerecht zu werden, so NPorts. Der Emder Hafen ist die Nummer zwei in Deutschland beim Automobilumschlag und die Nummer drei in Europa.

Außerdem sei zu erwarten, dass die geplante Tidesteuerung der Ems bei Niedrigwasser zu einem geringeren Tiefgang im Außenhafen führen werde. Als eine von mehreren Maßnahmen soll der neue Großschiffsliegeplatz dazu beitragen, die Leistungsfähigkeit des Hafens langfristig zu sichern.

Der Großschiffsliegeplatz Emden ist Teil des „Masterplans Ems", weil er die ökologisch erforderliche Tidesteuerung wirtschaftlich abfedert. Da diese Verknüpfung Umwelt- und Hafenziele gleichzeitig bedient, übernimmt das Niedersächsische Umweltministerium als Masterplan-Leitstelle die volle Finanzierung.

Müllsammeln zur Probe

Die Hamburg Port Authority (HPA) präsentierte erstmals das weiterentwickelte Robotersystem SeaClear2.0 im Einsatz. Ziel des europäischen Forschungsprojekts ist es, mithilfe autonomer Roboter im Meer sich befindenden Müll effizient zu erkennen, zu klassifizieren und zu beseitigen – sowohl an der Oberfläche als auch am Meeresboden.

Das System kombiniert unbemannte Unterwasser- und Überwasserfahrzeuge sowie auch Drohnen. Dank künstlicher Intelligenz (KI) und hochauflösender Sensorik kann SeaClear2.0 Müll in schwer zugänglichen oder risikoreichen Bereichen identifizieren und entfernen – mit minimalem menschlichen Eingriff. Bereits im Jahr 2022 hatte die HPA gemeinsam mit den Projektpartnern das Vorgängermodell SeaClear vorgestellt. Neu sind nun unter anderem ein leistungsfähiger Greifarm für größere Objekte sowie ein Begleitboot, das die geborgenen Müllobjekte aufnimmt und an Land bringt.

SeaClear2.0 wird als ein innovativer Lösungsansatz für eines der drängendsten Umweltprobleme betrachtet – die Verschmutzung der Meere durch Plastikmüll.

Das Gerät SeaClear2.0 demonstriert im Harburger Hafen, was in ihm steckt Foto: HPA

MSC Germany getauft

Mitte Juni 2025 war an den Hamburger Landungsbrücken mit einem großen Spektakel ein neuer Containerschiffsriese auf den Namen *MSC Germany* getauft worden. Damit buhlte die italienische Großreederei Mediterranean Shipping Company (MSC) offensichtlich um die Gunst der Hamburger. Offiziell wollte die Reederei mit der Großveranstaltung zeigen: „Wir gehören zu Hamburg."

Hintergrund ist der umstrittene Verkauf von 49,9 Prozent der Anteile an dem größten Hafenlogistiker Hamburger Hafen und Logistik AG (HHLA) durch die Stadt, die jedoch mit 50,1 Prozent minimal größter Anteilseigner geblieben ist. Taufpatin war Hamburgs Wirtschaftssenatorin Melanie Leonhard, die den Verkauf gemeinsam mit Finanzsenator Andreas Dressel in geheimen Verhandlungen herbeigeführt hat.

Die *MSC Germany* ist in China auf der Werft Yangzijiang Shipbuilding gebaut worden. Der Dual-Fuel-Antrieb leistet 54.960 kW für eine Höchstgeschwindigkeit von 22 Knoten.

Ankunft des Täuflings in Hamburg.
Das 366 Meter lange und 51 Meter breite Schiff hat eine Stellplatzkapazität von 16.000 TEU
Foto: HHM

Erfolge bleiben wirkungslos

Wieder war ein Erfolg für Hamburgs Polizei und Zoll im Frühjahr 2025 zu verzeichnen, die im Rahmen einer groß angelegten Aktion zwei Drogenschmuggler festgenommen und mehrere Durchsuchungen in Hamburg, Niedersachsen und Schleswig-Holstein durchgeführt haben. Die Männer haben Kokain im dreistelligen Kilobereich über den Hamburger Hafen eingeschleust und für den Weiterverkauf bereitgestellt. Auswirkungen auf die Verfügbarkeit der Drogen auf dem Schwarzen Markt konnten allerdings auch dieses Mal nicht festgestellt werden.

Die Sache kam ins Rollen, nachdem beim Hafensicherheitszentrum der Hinweis eingegangen war, dass in einer Hamburger Bananenreiferei rund 15 Kilogramm Kokain in Bananenkartons gefunden worden seien. Kurz darauf entdeckten Einsatzkräfte in Schleswig-Holstein weitere Drogenpakete, die derselben Lieferung zugeordnet werden konnten. Im Zuge der Ermittlungen gerieten vier Männer im Alter von 21 bis 61 Jahre in den Fokus der Behörden. Gegen zwei von ihnen wurden Haftbefehle erlassen: Ein 61-jähriger Hafenmitarbeiter soll die präparierten Bananenkartons bereitgestellt haben;

Große Mengen des im Hamburger Hafen sichergestellten Kokains
Foto: Zoll

er wurde an seiner Hamburger Wohnanschrift festgenommen. Sein Komplize, ein 21-jähriger Mann, wurde in Niedersachsen vor seinem Tabakladen verhaftet. Er soll das Kokain vom Betriebsgelände abtransportiert haben.

Zwei weitere Tatverdächtige wurden ebenfalls angetroffen, aber nach Abschluss der polizeilichen Maßnahmen wieder auf freien Fuß gesetzt. Bei den Durchsuchungen stellten die Ermittler weitere Beweismittel sicher.

Hamburg baut aus

Die Hamburg Port Authority (HPA) sowie die Terminalbetreiber Eurokai und Eurogate haben einen Projekt- und Mietvertrag für die Westerweiterung des Eurogate-Containerterminals im Waltershofer Hafen unterzeichnet. Mit dem Projekt soll die jährliche Umschlagskapazität des Terminals perspektivisch von rund vier auf bis zu sechs Millionen TEU gesteigert werden. Das Projekt war offiziell bereits im Jahr 2005 zwischen dem Hamburger Senat und Eurogate vereinbart worden und sollte ursprünglich bis 2010 abgeschlossen sein. Aufgrund stagnierender Umschlagszahlen, steigender Kosten und verschiedener anderer Verzögerungen kam es allerdings zu Pausen und Verschiebungen im Bauablauf.

Ein wesentlicher Bestandteil der Erweiterung ist die Vergrößerung des Drehkreises im Waltershofer Hafen. Künftig sollen Ultra Large Container Vessels (ULCV) mit bis zu 400 Meter Länge und über 60 Meter Breite das Terminal deutlich einfacher anlaufen können. Die Dauer der erforderlichen Drehmanöver soll dabei von derzeit etwa 40 Minuten auf 20 Minuten halbiert werden.

Hamburgs Westerweiterung: Einfahrt in den Waltershofer Hafenteil Foto: HHM

Neubau der Nordmole in Bremerhaven

Nach intensiver Planung und Abstimmung sowie der von Senat und Bürgerschaft sichergestellten Finanzierung kann der Neubau der Nordmole an der Geestemündung endlich beginnen, hieß es im Oktober 2025 in einer Mitteilung des Bremer Senats. Mit dem Projekt startet Bremenports nach eigener Beschreibung eines der sichtbarsten, innovativsten und technisch anspruchsvollsten Infrastrukturvorhaben der Hansestadt in den kommenden Jahren.

Die Arbeiten beginnen mit dem Rückbau der verbliebenen Reste der alten Nordmole sowie der provisorischen Böschungssicherung am Weser-Strandbad. Im Anschluss wird die neue Mole in veränderter Lage neu errichtet, um die nautischen Zufahrtsbedingungen zur Einfahrt in den Fischereihafen zu optimieren und damit die wirtschaftliche Entwicklung des südlichen Fischereihafens zu gewährleisten.

Der Neubau ist ein Großprojekt von erheblichem Umfang: Insgesamt werden rund 3.500 Tonnen Stahl verbaut und 10.000 Kubikmeter Sand zur Verfüllung benötigt. Zwei parallele Uferwände mit einer Gesamtlänge von etwa 280 Metern bilden dabei das neue Fundament. Darauf entsteht im Verlauf der Baumaßnahme ein Überbau aus Stahlbeton, der die Struktur sichert. Die geplante Gesamtbauzeit beträgt rund zwei Jahre, die Fertigstellung ist für das vierte Quartal 2027 vorgesehen.

Mit dem Projekt soll letztlich Funktionalität und Lebensqualität verbunden werden: Stärkung der Leistungsfähigkeit des Hafens, eine verbesserte Sicherheit der Zufahrt und Schaffung von öffentlicher Infrastruktur am Wasser.

Flotte Hamburg stellt um

Die Flotte Hamburg, die alle Behördenfahrzeuge im Hafen der Hansestadt betreut, nimmt auf dem Weg zur Klimaneutralität auch Biokraftstoffe stärker in den Blick. Eigentlich liegt der Fokus vor allem auf der Elektrifizierung der städtischen Schiffsflotte. Doch nicht bei allen Einheiten macht das Sinn, „denn es gebe Fahrzeuge, die nach dem Stand der aktuellen Technik nicht elektrifiziert werden können“, heißt es.

Um aber auch bei der Bestandsflotte die Zero-Emission-Strategie konsequent umzusetzen, testet die Flotte Hamburg gemeinsam mit einem langjährigen Lieferanten jetzt den Kraftstoff HVO 100 (Hydrogated Vegetable Oil) des Herstellers Shell auf drei Fahrzeugen. Das eingesetzte HVO 100 basiert auf Lebensmittel-Abfällen und ist vollständig palmölfrei. Es erfüllt den Angaben zufolge die Nachhaltigkeitsanforderungen der EU-Richtlinie RED II. Die ausgewiesene Emissionsintensität des Kraftstoffs lasse eine Treibhausgasreduzierung von mindestens 80 Prozent erwarten.

Für den Moment handelt es sich aber vor allem um eine Testphase. Sofern die Tests erfolgreich verlaufen, könnte der Treibstoff künftig bei der gesamten Flotte Hamburg zum Einsatz kommen, so das Unternehmen. Als erstes Schiff soll die *Hafenkapitän* ohne Elektroantrieb nahezu CO_2-neutral fahren können. Weitere Schiffe für den Testbetrieb sind ein Peil- und Vermessungsschiff sowie ein Transport- und Inspektionsschiff.

Auf der Barkasse *Hafenkapitän* der Flotte Hamburg wird der Kraftstoff HVO 100 getestet
Foto: Flotte Hamburg

Ankunft der *Venture Gator* am LNG-Terminal Wilhelmshaven 01 Foto: DET

Jubiläum in Wilhelmshaven

In Wilhelmshaven ist Mitte 2025 die Ladung des 100. einkommenden LNG-Carriers am LNG-Terminal Wilhelmshaven 01 gelöscht worden. Die Ankunft der *Venture Gator* am Voslapper Groden markiert einen weiteren Meilenstein seit Inbetriebnahme dieses ersten schwimmenden LNG-Terminals in Deutschland Ende 2022. Die Ladungen aller abgefertigten 100 LNG-Tanker umfasste nach Angaben des Betreibers Deutsche Energy Terminal (DET) zufolge nach Regasifizierung rund 100 TWH (Terawattstunden) oder 8,6 Milliarden Kubikmeter Erdgas. Rechnerisch hätte das Terminal damit etwa 1,6 Millionen Haushalte (2.000 Kubikmeter Verbrauch p.a.) bis Ende Juli 2025 durchgehend versorgen können.

Generell ist der Ablauf nach Ankunft des LNG-Tankers so: Das angelieferte verflüssigte Erdgas (Liquefied Natural Gas – LNG) wird innerhalb von rund 24 Stunden über einen sogenannten Ship-to-Ship-Transfer von den LNG-Tankern mit einer maximalen Rate von 9.000 Kubikmetern pro Stunde in die FSRU „Höegh Esperanza“ umgepumpt. FSRU steht für Floating Storage and Regasification Unit. Pro Anlieferung werden gewöhnlich rund 160.000 Kubikmeter LNG übergeben. Seit der Inbetriebnahme des Terminals Ende 2022 hat sich Wilhelmshaven 01 damit zu einem stabilen und sicheren Umschlagsplatz für die Anlieferung verflüssigten Erdgases etabliert. Das Terminal war bis zum Ende des Jahres 2025 ausgebucht.

Hapag-Lloyd expandiert im Terminalbereich

Die 2023 gegründete Hapag-Lloyd-Tochter Hanseatic Global Terminals (HGT) hat mit der Gründung von Hanseatic Global Terminals Latin America ihre erste Regionalgesellschaft ins Leben gerufen und damit einen weiteren Schritt im Rahmen ihrer globalen Expansionsstrategie vollzogen. Die neue Gesellschaft mit Sitz in der chilenischen Hauptstadt Santiago de Chile soll künftig als regionales Hauptquartier für Nord- und Südamerika dienen.

Im Zuge der Neugründung wurden außerdem zwei weitere Gesellschaften ins Handelsregister eingetragen: die Hanseatic Global Terminals Chile Logistics und die Hanseatic Global Terminals Chile Extraportuarios. Sie bündeln künftig Hafen- und Logistikdienstleistungen für die Exportwirtschaft in dieser Region.

Kurz vor Jahresende 2025 folgte die Ostküste Südamerikas, als Hanseatic Global Terminals sich an einem neuen Containerterminal-Projekt in Brasilien beteiligte. Dazu hat das Unternehmen mit der brasilianischen Imetame Group eine Vereinbarung über den Erwerb von 50 Prozent der Anteile an der Projektgesellschaft Imetame Logística Porto (ILP) unterzeichnet. Beide Partner wollen das Containerterminal Hanseatic Global Terminals Aracruz gemeinsam entwickeln und betreiben. Nach Angaben von HTG ist Lateinamerika ein zentraler Wachstumsmarkt. Mit dem neuen Terminal in Aracruz soll die Hafeninfrastruktur in einer wachsenden Region gestärkt und zusätzliche Umschlagkapazität geschaffen werden.

Der Terminalstandort liegt in Aracruz im Bundesstaat Espírito Santo an der brasilianischen Ostküste. Die Inbetriebnahme ist für Mitte 2028 vorgesehen. Geplant ist eine jährliche Umschlagkapazität von rund 1,2 Millionen TEU. Die Anlage soll über eine 750 Meter lange Kaje 17 Meter an Wassertiefe verfügen und damit auch für große Containerschiffe ausgelegt sein.

Gleich Anfang 2026 gab es eine weitere bedeutende Erweiterung der Beteiligungsstruktur, als Hanseatic Global Terminals und die chilenische Grupo Empresas Navieras (GEN) sich über das Florida International Terminal (FIT) einigten. Danach wird Hanseatic Global Terminals alleiniger Eigentümer von FIT. FIT ist strategisch im Hafen Port Everglades in Südflorida gelegen und bedient eine der größten Verbrauchermärkte weltweit. Das Terminal ist auf die Abfertigung von Containern und Stückgut spezialisiert.

Ebenfalls im Januar 2026 war die Umbenennung des im März 2025 mit 60 Prozent mehrheitlich erworbenen CNMP LH Container Terminal in Hanseatic Global Terminals Le Havre abgeschlossen. Die verbleibenden 40 Prozent waren bei dem französischen Kühlgutlogistiker Seafrigo

Auch am Terminal Quai de l'Atlantique ist HGT mehrheitlich beteiligt
Foto: Hapag-Lloyd

verblieben. Zwischenzeitlich hat HGT erheblich in den Standort investiert, darunter den Kauf von 14 Kalmar-Hybrid-Portalhubwagen, deren Lieferung wohl Anfang 2026 erfolgte.

Der Terminalbetreiber hält derzeit Beteiligungen an 21 Hafenanlagen in elf Ländern auf fünf Kontinenten und will diese Zahl bis 2030 auf rund 30 erhöhen. In Indien ist das Unternehmen zum Beispiel über das Terminal- und Logistiknetz von JM Baxi vertreten. In Europa zählen Deutschland und der Mittelmeerraum zu den strategischen Standorten.

Zehn Jahre „Blue Port Hamburg“

Der „Blue Port Hamburg“ ist als ein Gesamtkunstwerk anzusehen, mit dem der Hamburger Hafen buchstäblich in neuem Licht erstrahlt, in diesem Fall in blauem. Nun feierte der „Blue Port“ sein zehnjähriges Bestehen: Vom 10. bis zum 28. September 2025 erstrahlte der Hafen wieder in magischem Blau.

Seit 2008 verwandelt der „Blue Port Hamburg“, das Kunstwerk des Hamburger Lichtkünstlers Michael Batz, den Hafen alle zwei Jahre in ein magisches blaues Licht, das Tausende an die Elbe lockte. Auch während der Hamburg Cruise Days vom 12. bis 14. September 2025 hat der „Blue Port Event“ für eine einzigartige Atmosphäre im Hafen gesorgt: Imposante Kreuzfahrtschiffe, spannende Abendinszenierungen auf der Elbe und ein entspanntes Landprogramm verwandelten die Hafenkante in einen zauberhaften Ort für zahlreiche „Sehleute“ und Reisende.

Der Hamburger Hafen wurde auch 2025 während der „Blue-Port-Tage“ in ein magisches Licht getaucht
Foto: Hafen Hamburg/Larmann

Interesse an Hafenwirtschaft

Indien rückt immer mehr in den Fokus auch europäischer maritimer Player. Nach dem Engagement von Hapag-Lloyd ist auch Maersk auf den Plan getreten. Die Hafensparte des dänischen Konzerns, APM Terminals (APMT), hat Anfang August 2025 ein Memorandum of Understanding (MoU) mit dem indischen Andhra Pradesh Maritime Board (APMB) geschlossen. Geplant sind den Angaben zufolge Investitionen von umgerechnet rund 1,1 Milliarden US-Dollar in die Entwicklung von drei wichtigen Häfen des an der Küste des Golfs von Bengalen gelegenen Bundesstaates.

Die Vereinbarung umfasst die Modernisierung der Häfen Ramayapatnam, Machilipatnam und Mulapeta sowie den Ausbau der begleitenden Infrastruktur. APM Terminals will dort moderne Umschlaganlagen errichten sowie neue Terminals entwickeln und deren Betrieb übernehmen. Mit dem Projekt sollen rund 10.000 direkte Arbeitsplätze geschaffen werden. Die Partnerschaft sei ein wichtiger Schritt, um Andhra Pradesh zum „östlichen Tor" des indischen Seeverkehrs und zu einem Logistikknotenpunkt der Region zu machen, hieß es. APM Terminals wurde angewiesen, einen umfassenden Logistikplan vorzulegen, der die Häfen mit Straße, Schiene, Binnenwasserstraßen und Luftverkehr verknüpft, um Transportkosten zu senken und die Erreichbarkeit zu verbessern. Zudem wurde von der indischen Seite das Ziel bekräftigt, entlang der 1.053 Kilometer langen Küste des Bundesstaates alle 50 Kilometer einen Hafen oder Ankerplatz einzurichten, um den Handel weiter zu stärken.

Das Memorandum unterstreicht sowohl die Ambitionen von Andhra Pradesh, sein Küstenpotenzial zu nutzen, als auch das wachsende Interesse von Maersk am indischen Markt. APM-Terminals erklärte, dass der Konzern Investitionen von rund fünf Milliarden US-Dollar in Häfen, Terminals und damit verbundene Infrastruktur in Indien plane – im Rahmen einer langfristigen Partnerschaft.

Bereits Anfang des Jahres hatte Maersk ein weiteres Memorandum mit der Cochin Shipyard unterzeichnet, um Chancen im Bereich Schiffsreparatur und -bau zu untersuchen. Noch 2025 soll dort erstmals ein Maersk-Schiff überholt werden. Die Initiative passt zu Indiens Ziel, bis 2030 zu den zehn größten maritimen Nationen der Welt zu werden und bis 2047 unter die Top fünf aufzusteigen.

Auch andere internationale Carrier zeigen aktuell Interesse: So prüft Mediterranean Shipping Company (MSC), die weltgrößte Containerreederei, diverse Engagements in Indien – von Containerterminals und Schiffbau über Wartung und Containerfertigung bis hin zu Partnerschaften im Schiffssektor.

Indien plant seine Zukunft als maritim orientierte Nation
Foto: APM Terminals India

Jubel in Wilhelmshaven

Der EUROGATE Container Terminal Wilhelmshaven (CTW) hat allen Grund zur Freude: Erstmals in seiner 13-jährigen Geschichte wurden im Jahr 2025 an der Anlage mehr als eine Million Standardcontainer (TEU) umgeschlagen. Schon am 18. September 2025 konnte TEU Nummer 1.000.000 des Jahres 2025 auf dem CTW bewegt werden. Zu diesem Ereignis war sogar Niedersachsens Wirtschaftsminister Grant Hendrik Tonne angereist. Der Jubiläumscontainer wurde von Hapag-Lloyd im Rahmen des wöchentlichen Regelanlaufs des NE1-Dienstes der Gemini Cooperation, der den Jadehafen als ersten europäischen Hafen anläuft, nach Wilhelmshaven gebracht.

Der festlich gekennzeichnete Jubiläumscontainer auf dem Terminal Foto: Eurogate

Nach ersten Informationen aus dem niedersächsischen Landtag von Mitte Februar 2026 sind 2025 in Wilhelmshaven knapp 1,5 Millionen TEU umgeschlagen worden. Das ist das beste Ergebnis seit Eröffnung des einzigen deutschen Tiefwasser-Containerterminals im Jahr 2012.

Erster Wasserstoff-Van-Carrier im Test

Die Hamburger Hafen und Logistik AG (HHLA) verfolgt das Ziel, bis 2040 konzernweit klimaneutral zu arbeiten. Neben Elektrifizierung setzt das Unternehmen auf Wasserstoff als einen weiteren Baustein. Auf dem Weg dorthin hat die HHLA am Container Terminal Tollerort (CTT) den ersten wasserstoffbetriebenen Van-Carrier im Hamburger Hafen in Betrieb genommen. Das Gerät wird auf dem Terminal unter realen Bedingungen getestet.

Das von Konecranes in Finnland entwickelte Modell wird von einer Brennstoffzelle angetrieben und arbeitet vollständig emissionsfrei. Besonderheit ist ein modulares Antriebssystem, das mit geringem Aufwand auf Hybrid-, Elektro- oder Wasserstoffbetrieb umgerüstet werden kann.

Betankt wird das Fahrzeug an der Wasserstofftankstelle am CTT. Der Test wird im Rahmen des Nationalen Innovationsprogramms Wasserstoff- und Brennstoffzellen-Technologie vom Bundesverkehrsministerium gefördert.

Premiere: Probelauf eines Wasserstoff-Van-Carriers am CTT bei der HHLA Foto: HHLA

Weltweit erfolgreich

Auch über die Häfen der Welt hat die VR China ein dichtes Netz gesponnen, und zwar mit dem Einsatz des staatlichen Hafenlogistik-Konzerns COSCO Shipping Ports (CSP). Der hat im ersten Halbjahr 2025 seine Umsätze und Ergebnisse deutlich steigern können, wie aus in Hongkong veröffentlichten Halbjahreszahlen hervorgeht. Der Gesamtumschlag legte im Vergleich zum Vorjahreszeitraum um 6,4 Prozent auf 74,3 Millionen TEU zu.

In den chinesischen Häfen selbst summierte sich der Umschlag 2025 auf 56,4 Millionen TEU (+5,7 %). Besonders stark entwickelte sich dabei der Standort Wuhan mit einem Plus von 41,6 Prozent. In der Pearl-River-Delta-Region stieg das Volumen unterdessen um sieben Prozent auf 14,6 Millionen TEU. Allein in Südostchina schrumpfte der Umschlag um fünf Prozent auf 2,8 Millionen TEU.

Es geht nicht nur um die Kontrolle der beiden Häfen, sondern mehr noch um die Kontrolle der wichtigen künstlichen Wasserstraße, des Panamakanals Foto: ACP

Die geopolitisch wichtigen Auslandsbeteiligungen in den Häfen weltweit steigerten ihren Containerumschlag um 8,4 Prozent auf 17,9 Millionen TEU. Zuwächse gab es unter anderem im griechischen Piräus (+4,9 %), Spanien (+5,9 %) und Zeebrugge (+45,2 %). Für die kommenden Monate kündigt CPS an, das Netzwerk an globalen Drehkreuzen weiter auszubauen. Schwerpunkte seien die Standorte Wuhan, Piräus, Abu Dhabi und das im Bau befindliche Terminal im peruanischen Chancay.

In Deutschland ist CPS insbesondere durch die Minderheitsbeteiligung am Containerterminal Tollerort (CTT) in Hamburg präsent: Die auf Druck des Kanzleramts (unter Olaf Scholz) gegen das Votum anderer Minister zustande gekommene Partnerschaft mit der Hamburger Hafen und Logistik AG (HHLA) beläuft sich auf 24,99 Prozent der Tollerort-Betriebsgesellschaft. Diese Beteiligung gewährt COSCO angeblich keine Kontrolle oder Zugriffsrechte auf den gesamten Hafen oder die IT-Systeme. Das operative Geschäft bleibt vollständig bei der HHLA, offiziell zumindest.

CSP betreibt und managt weltweit nach eigenen Angaben 379 Liegeplätze an 39 Häfen, davon 230 Containerterminals, mit einer jährlichen Gesamtkapazität von rund 125 Millionen TEU. Wie strategisch wichtig für die Volksrepublik diese Hafenbeteiligungen sind, wird am Beispiel der mehrheitlich zum Hongkonger Konzern CK Hutchison gehörenden Containerterminals in den beiden Enden des Panamakanals gelegenen Häfen Balboa und Cristobal deutlich.

Hutchison wollte diese, zusammen mit seinen 43 Hafenbeteiligungen in 23 Ländern, an das US-Finanzunternehmen BlackRock verkaufen, zu dem sich die italienische Reederei MSC gesellte. Während des laufenden Verkaufsprozesses schaltete sich Peking ein und verlangte für seine Staatsreederei COSCO eine Beteiligung von bis zu 30 Prozent – angeblich um seine Handelsinteressen zu wahren. Dabei steht eines fest: Der Kampf um die Kontrolle der Häfen am Panamakanal ist längst mehr als ein Geschäft. Er ist vor allem ein geopolitisches Kräftemessen zwischen den USA und China, bei dem wirtschaftliche Interessen, nationale Sicherheitsbedenken und diplomatische Machtspiele untrennbar miteinander verwoben sind.

In Gdynia wird viel gebaut, künftig auch die sogenannte Rote Straße als Transportweg
Foto: picture alliance/NurPhoto/Mateusz Wlodarczyk

Östlicher Nachbar macht Ernst

Polen, besonders betroffen vom Krieg Russlands in der Ukraine und als NATO-Staat in exponierter Lage, bereitet seine Infrastruktur auf den Ernstfall vor. Eines der wichtigsten Projekte in diesem Zusammenhang ist die sogenannte „Rote Straße", die am Hafen Gdynia beginnt. Sie soll es im Krisenfall ermöglichen, über den Seeweg Gdynia ankommende alliierte Streitkräfte rasch ins Landesinnere zu verlegen. Dafür stellen das Verteidigungsministerium und das Infrastrukturministerium rund 1,6 Milliarden Euro bereit.

Die Rote Straße ist der Name der geplanten Trasse, die den Hafen Gdynia mit der Schnellstraße S7 verbinden wird. Auf die Notwendigkeit einer solchen Verbindung hätten bereits vor Jahren US-Militärs hingewiesen, berichten polnische Medien. Darüber hinaus soll die neue Straße auch die Weiterentwicklung des Hafens unterstützen.

Die rund sechs Kilometer lange Straße wird aus Mitteln des nationalen Wiederaufbauplans finanziert. Diese fließen zuerst in den Sicherheits- und Verteidigungsfonds des Verteidigungsministeriums und anschließend in den staatlichen Straßenentwicklungsfonds des Infrastrukturministeriums.

Das Projekt Rote Straße ist nicht das einzige Vorhaben. Zusätzlich soll eine weitere Verbindung ausgebaut werden, die den Hafen Gdynia mit dem Marinehafen, der Marinewerft und der Marinefliegerbasis an das landesweite Straßennetz anschließt. Dafür sind Investitionen von rund 117 Millionen Euro vorgesehen. Ziel ist es, die Strecke für den Transport von schwerem Militärgerät tauglich zu machen. Die Projekte haben laut Verteidigungsministerium „dringenden Charakter" und müssten so schnell wie möglich umgesetzt werden.

Ausbau von Swinemünde

Im polnischen Swinemünde soll ein Tiefwasser-Containerterminal entstehen. Ursprünglich sollten belgische und katarische Unternehmen den Bau realisieren. Ein entsprechender Vertrag war im Juli 2023 unterzeichnet worden, ist aber inzwischen ad acta gelegt.

Wie das polnische Infrastrukturministerium mitteilte, soll das Tiefwasser-Containerterminal künftig in Eigenregie gebaut werden – deutlich größer als ursprünglich geplant und ausschließlich von polnischen Unternehmen. Herzstück des Projekts „Kap Pommern“ (Przyladek Pomerania) wird ein Tiefwasser-Containerterminal mit einer langen Kaje und einer Umschlagkapazität von zwei Millionen TEU jährlich.

Der Terminal wird zudem für eine doppelte, zivile und militärische Nutzung vorbereitet, was die logistischen und Verteidigungsfähigkeiten des Landes erheblich erhöhen soll. Er entsteht östlich des LNG-Wellenbrechers auf neu gewonnenem Land in der Pommerschen Bucht und wird für den Betrieb der größten auf der Ostsee fahrenden Containerschiffe ausgelegt. Dort sollen drei Schiffe gleichzeitig abgefertigt werden können: zwei mit 400 Meter Länge und eines mit 250 Meter.

Auf einer Fläche von über 47 Hektar entstehen neue Gleis- und Straßenverbindungen sowie ein eigener Gleisanschluss im Terminal. Eine Straßenverbindung führt zum Terminal. Das „Kap Pommern“ soll zu einem Umschlag-Hub werden, der internationale Verkehre bedient.

Ziel ist es, Polens Position als zentraler Knotenpunkt globaler Lieferketten zu stärken und einen alternativen „westlichen Verkehrskorridor“ zu schaffen, der auf der Infrastruktur der Häfen Stettin–Swinemünde, der Schnellstraße S3, der Eisenbahnlinie E-59 und der Oder-Wasserstraße basiert.

Auch im polnischen Swinemünde tut sich was, unter anderem soll im Hafen ein Tiefwasser-Containerterminal mit einer langen Kaje entstehen
picture alliance/ZB/euroluftbild.de/Robert Grahn

Ertüchtigung des Nord-Ostsee-Kanals

Bundesverkehrsminister Patrick Schnieder hat im November 2025 den ersten Bauabschnitt der Verbreiterung der Oststrecke des Nord-Ostsee-Kanals (NOK) für den Schiffsverkehr freigegeben. Ziel dieser Maßnahme war es, die Kanalsohle auf mindestens 70 Meter zu verbreitern und enge Kurven großzügiger zu gestalten, damit sich künftig auch größere Schiffe leichter begegnen können, ohne ausweichen oder längere Wartezeiten in Kauf nehmen zu müssen.

Mit Abschluss des ersten Bauabschnitts hat das Wasserstraßen-Neubauamt NOK einen zentralen Schritt im mehrjährigen Ausbau- und Modernisierungsprogramm umgesetzt. Die Verbesserungen sollen die Leistungsfähigkeit des Kanals als internationale Wasserstraße langfristig sichern. Insgesamt umfasst der Ausbau der Oststrecke sechs planfestgestellte Teilabschnitte, die in drei Bauphasen realisiert werden. Der aktuell freigegebene Abschnitt erstreckt sich über vier Kilometer zwischen Großkönigsförde und Schinkel. Der nächste Abschnitt zwischen Groß Nordsee und Schwartenbek befindet sich in Vorbereitung.

Im Jahr 2024 passierten 24.866 Schiffe den Nord-Ostsee-Kanal. Dabei wurden insgesamt 75,56 Millionen Tonnen Ladung transportiert.

Der NOK behielt auch 2025 seinen Rang als meistbefahrene künstliche Wasserstraße der Welt: 22.262 Schiffe mit 69,4 Millionen Tonnen Ladung nutzten den Kanal als kürzeste Verbindung zwischen der Nord- und der Ostsee

Foto: GWDS

Einstieg im Hamburger Hafen

Das Gerücht stand schon länger im Raum: Im November 2025 haben die französische Großreederei CMA CGM und der Terminalbetreiber Eurokai eine Beteiligung von 20 Prozent am Eurogate Container Terminal Hamburg (CTH) bestätigt. Das CTH wird als Joint Venture vom Hamburger Unternehmen Eurokai und der Bremer BLG geführt.

Im Rahmen der Übereinkunft sind auch Investitionszusagen hinsichtlich der geplanten „Westerweiterung" des Terminals beschlossen worden. Diese sieht vor, den Eurogate Container Terminal in den kommenden Jahren um eine Fläche von 38 Hektar zu erweitern und den Wendekreis für Containerschiffe von 480 auf 600 Meter zu vergrößern, der Umschlag soll von aktuell vier Millionen TEU auf jährlich sechs Millionen TEU wachsen.

Mit CMA CGM beteiligt sich eine weitere große Linienreederei am Hamburger Hafen. Die chinesische Staatsreederei COSCO und die italienische Mediterranean Shipping Company (MSC) haben ebenfalls entsprechende Vereinbarungen geschlossen – beide nach teilweise heftigen Kontroversen.

COSCO hält seit 2023 einen Anteil von 24,9 Prozent am Container Terminal Tollerort (CTT). Die Bundesregierung entschied auf Drängen des damaligen Bundeskanzlers Scholz und entgegen dem Votum mehrerer Ministerien, eine Minder-

Eurogate Containerterminal Hamburg. Der Umschlag in Hamburg ist 2025 gewachsen: Insgesamt gingen 114,6 Millionen Tonnen über die Kaikanten
Foto: Eurogate

heitsbeteiligung freizugeben, obwohl das Terminal als kritische Infrastruktur eingestuft worden war. Die Hamburger Hafen und Logistik AG (HHLA), die das Terminal betreibt, baut das CTT seitdem zu einem „bevorzugten Umschlagpunkt" für die chinesische Staatsreederei aus. Angekündigte zusätzliche Umschlagergebnisse sind bisher ausgeblieben. Ursprünglich hatte COSCO eine Beteiligung von 35 Prozent angestrebt.

Noch heftigere Wellen schlug der Einstieg der italienischen MSC – nicht bei einem einzelnen Terminal, sondern bei der wesentlich im Besitz der Hansestadt Hamburg befindlichen HHLA als größtem Hafenunternehmen. Vor dem Einkauf der größten Containerreederei der Welt gab es massive Kritik von Gewerkschaften und der Opposition. Angeblich will MSC das jährliche Containeraufkommen in den HHLA-Terminals deutlich steigern.

Essen Express startet Betrieb

Das Hapag-Lloyd-MS *Essen Express* (13.117 TEU) hat Mitte Februar 2026 das Damietta Alliance Container Terminals (DACT) erstmals angelaufen und damit den operativen Start dieses neuen Terminals in Ägypten markiert.

Das Damietta Terminal ist in erster Linie für Transshipment-Aktivitäten konzipiert und verfügt über eine geplante Gesamtkapazität von bis zu 3,3 Millionen TEU. Die Terminalanlage erstreckt sich über eine Fläche von rund 93 Hektar und bietet über eine Kaistrecke von 1.670 Metern 18 Meter Wassertiefe. Das Terminal verfügt über zwölf vollelektrische Ship-to-Shore-Kräne mit 25-Reihen-Ausleger sowie 40 hybride gummibereifte Portalkräne. Zur weiteren Ausrüstung zählt eine Bahninfrastruktur mit sechs Gleisen, von denen zwei bei der Inbetriebnahme bereits betriebsbereit sind.

Die Damietta Alliance Container Terminals S.A.E. ist ein Joint Venture mit folgenden Anteilseignern: Hapag-Lloyd Damietta GmbH (39 Prozent), vertreten durch Hanseatic Global Terminals (HGT), die Eurogate GmbH (29,956 Prozent) und die Contship Italia S.p.A. (29,956 Prozent) sowie Ship & C.R.E.W. Egypt S.A.E. (1,00 Prozent) und die Middle East Logistics & Consultants Group (0,07 Prozent).

Lief erstmals das Terminal in Ägypten an: Hapag-Lloyd-MS *Essen Express*
Foto: Hapag-Lloyd

Die Anlagen für den Autoumschlag bieten ausgezeichnete Voraussetzungen für Nachschubtransporte Foto: bremenports

Leistungsfähig und militärisch nutzbar

Der Haushaltsausschuss des Bundestags hat Mitte November 2025 in seiner Bereinigungssitzung rund 1,35 Milliarden Euro für die „Verwirklichung einer leistungsfähigen, militärisch nutzbaren Hafeninfrastruktur und Hafensuprastruktur in Bremerhaven in Aussicht gestellt".

Konkret ist das Geld für den Ausbau Bremerhavens zu einem maritimen Logistik-Hub vorgesehen, um den wachsenden Anforderungen der NATO und des Operationsplans Deutschland gerecht zu werden.

Zwischen dem Land, dem Verteidigungsministerium und der Bundeswehr müssen die Rahmenbedingungen der Förderung noch abgestimmt und die konkreten Maßnahmen definiert werden. Dazu ist der Bremer Senat seit einiger Zeit mit den zuständigen Stellen im Bund im Austausch, um die erforderlichen Arbeitsstrukturen festzulegen. Die Hoffnung ist, dass schon im kommenden Jahr mit dem Inkrafttreten des Bundeshaushalts 2026 das erste Geld in den Ausbau der Hafeninfrastruktur in Bremerhaven fließen kann.

In den kommenden sechs Jahren sollen in Bremerhaven die seit Langem bestehenden Möglichkeiten modernisiert und weiterentwickelt werden, „um auch zukünftig die Bündnispartner vollumfänglich unterstützen zu können". Bremerhaven werde damit als Dreh- und Angelpunkt eines tief ins Binnenland reichenden Transportnetzwerks gestärkt, heißt es bei der BLG.

Auch der Zentralverband der deutschen Seehafenbetriebe (ZDS) und der Deutsche Gewerkschaftsbund Nord (DGB Nord) begrüßten die Entscheidung des Haushaltsausschusses ausdrücklich.

„Diese Entscheidung ist ein deutliches Signal: Der Bund nimmt seine Verantwortung für die strategische Bedeutung der Seehäfen auch im Bereich der Verteidigung ernst. Bremerhaven erhält damit die Mittel, um den gestiegenen Anforderungen der Zeitenwende gerecht zu werden", erklären ZDS und DGB Nord gemeinsam.

Zugleich betonen beide Organisationen, dass dieser Beschluss nur ein erster Schritt sein könne: „Zur Verteidigungsfähigkeit und Resilienz Deutschlands gehört, dass mehrere Standorte an Nord- und Ostsee in die militärische Planung einbezogen und entsprechend finanziell berücksichtigt werden", so der ZDS. „Bremerhaven ist wichtig – aber ebenso wichtig ist es, weitere strategisch relevante Seehäfen zu ertüchtigen, um im Ernstfall über ein robustes, belastbares und dezentrales Hafencluster zu verfügen", ergänzte Laura Pooth, Vorsitzende des DGB Nord.

Geld allein macht es nicht

Vor dem Hintergrund der Bundesförderung für Bremerhaven bewertete es der Unternehmensverband Hafen Hamburg (UVHH) während seiner Hauptversammlung als „erfreulich", dass auch der Hamburger Hafen trotz großer geopolitischer Unsicherheiten und einer nach seiner Meinung schwächelnden Wirtschaft „robust gegenüber den äußeren Entwicklungen aufgestellt" ist. Als Beleg wurde eine „deutlich positive Umschlagentwicklung" herangezogen, mit der der Hafen „entgegen dem allgemeinen Trend in Deutschland" wachse.

Der UVHH schränkte aber ein, dass die gegenwärtig positive Entwicklung des Hamburger Hafens nicht darüber hinwegtäuschen dürfe, „dass wir uns weiterhin in herausfordernden und instabilen Zeiten bewegen. Die deutsche Wirtschaft schwächelt, die Hafenwirtschaft befindet sich in einem digitalen Transformationsprozess und steht vor großen Herausforderungen."

Trotz Milliarden-Verschuldung zeige sich der Bund aber nach wie vor nicht bereit, die deutschen Seehäfen deutlich stärker als in der Vergangenheit finanziell zu unterstützen, so der UVHH. „Deutschland braucht funktionsfähige und resiliente Häfen. Dies hat der Bund in seiner Nationalen Hafenstrategie auch anerkannt. Somit sind die Erhaltung und der Ausbau der Seehäfen eine nationale Verpflichtung und nicht ausschließlich Aufgabe einzelner Küstenländer. Hier muss der Bund auch seiner Verantwortung nachkommen und die Länder stärker finanziell als bisher unterstützen", hieß es.

Geld allein reiche allerdings nicht aus, sondern es seien grundlegende Verbesserungen am Wirtschaftsstandort dringend erforderlich. „Wir brauchen niedrigere Energie- und Personalkosten, weniger Bürokratie, schnellere Planungs- und Genehmigungsverfahren und in allen Bereichen mehr Flexibilität und Lösungsorientierung."

Das Anfang November 2025 beschlossene Maßnahmenpaket der Bundesregierung zum Bürokratieabbau könne nur ein erster Schritt sein.

„Der Hamburger Hafen wird nicht nur für die exportorientierte deutsche Volkswirtschaft, sondern auch für die Versorgung Nordeuropas gebraucht. Diesen zu stärken und weiter auszubauen muss daher in unser aller Interesse liegen. Hierfür müssen alle – der Bund, die Freie und Hansestadt Hamburg, die Hamburg Port Authority (HPA) und die Hafenunternehmen – vereint an einem Strang ziehen", so das UVHH-Statement abschließend.

Der North Sea Terminal Bremerhaven soll umfassend modernisiert werden

Foto: picture-alliance/Jochen Tack

Eine weitere Milliarde Euro

Bremerhaven wird mit Milliarden-Investitionen ausgebaut. Nachdem der Bund rund 1,35 Milliarden Euro für den Ausbau des Hafens zu einem wichtigen Logistik- und Infrastruktur-Drehkeuz für den NATO-Nachschub vorgesehen hatte, wollen unabhängig davon Eurogate und die Maersk-Terminaltochter APM Terminals, ihr gemeinsames North Sea Terminal Bremerhaven (NTB) umfassend zu modernisieren und dafür rund eine Milliarde Euro investieren.

Vorgesehen ist, die Anlage technisch zu erneuern, Equipment auszutauschen und die Kapazität von derzeit rund drei Millionen TEU auf etwa vier Millionen TEU pro Jahr zu erhöhen.

Ein zentrales Ziel ist zudem die Dekarbonisierung des Terminalbetriebs. Durch vollständige Elektrifizierung der Umschlagtechnik sowie den Einsatz erneuerbarer Energien soll der Betrieb künftig weitgehend ohne Treibhausgasemissionen erfolgen. Politische Unterstützung kommt aus Bremen, so hat Bremens Bürgermeister Bovenschulte die geplante Investition begrüßt und zusammen mit den Unternehmen und zudem in diesem Zusammenhang erneut gefordert, die Außenweser zu vertiefen.

DER AUTOR
Hans Jürgen Witthöft, ehemaliger Herausgeber von „Köhlers FlottenKalender“, ist Experte für nationale und internationale Handelsschifffahrt

POSITIVE ENTWICKLUNG

Optimismus bei deutschen Schiffbauern

Durch die veränderte geopolitische Lage steigt die Nachfrage nach U-Booten und anderen Marineschiffen. Ein Treiber der Entwicklung ist demnach der Marineschiffbau. Aber auch im zivilen Bereich liegt trotz großer europäischer und internationaler Konkurrenz noch Potenzial. Die Branche ist zuversichtlich

Von Hans Jürgen Witthöft

Das indisches U-Boot-Projekt 75(I) ist Ausdruck der vertieften Partnerschaft
Foto: TKMS

TKMS im Fokus

Schiffe und Boote made in Germany

ThyssenKrupp Marine Systems (TKMS), Ende 2012 wesentlich hervorgegangen aus der Kieler Großwerft Howaldtswerke Deutsche Werft/HDW, ist nach der Entscheidung des Aufsichtsrats der thyssenkrupp AG selbstständig geworden und seit Ende Oktober 2025 an der Börse gelistet. Damit ist ein maritimer Konzern entstanden, dem in der maritimen Rüstung Deutschlands eine herausragende Position zukommt und der auch international zunehmend an Bedeutung gewinnt.

Der Auftragsbestand lag zum Zeitpunkt der Abspaltung bei über 18 Milliarden Euro. Er bestand wesentlich aus mehreren U-Booten für die Deutsche Marine, europäische und internationale Marinen sowie dem Forschungsschiff *Polarstern* II. Die Integration zentraler Technologie-Kompetenzen, unter anderem durch die Übernahme von Atlas Elektronik und Prozess-Optimierungen, haben laut Unternehmen die operative Leistungsfähigkeit von TKMS zusätzlich verbessert.

Der Börsenauftakt gelang im Oktober 2025 eindrucksvoll. Gleichzeitig war damit ein bedeutender Schritt in der Neuausrichtung der deutschen Wehrtechnik und der maritimen Industrie vollzogen. Vor dem Börsengang war ein Minderheitsanteil von 49 Prozent der TKMS-Aktien an die Aktionäre der thyssenkrupp AG proportional zu ihrer aktuellen Beteiligung übertragen worden. Der Industriekonzern Thyssenkrupp AG selbst sicherte sich mit seiner verbleibenden Mehrheit von 51 Prozent weiterhin strategischen Einfluss auf das Marinegeschäft und würde von dessen Erfolg profitieren.

Das prall gefüllte Auftragsbuch von TKMS habe sich über die letzten fünf Jahre verdreifacht, und in den kommenden Jahren werde sich der Auftragsbestand vor dem Hintergrund des russischen Überfalls auf die Ukraine und der veränderten, angespannten Sicherheitslage in der Welt weiterhin noch zunehmen. Allgemein sei von einem starken Anstieg der Verteidigungsausgaben in Europa und alliierten Ländern auszugehen, an dem auch TKMS teilhaben werde.

TKMS selbst sah sich als Systemlieferant für nicht nuklear angetriebene U-Boote und Überwasser-Marineschiffe wie Fregatten und Korvetten sowie für maritime Elektronik und Sicherheitstechnik. Das Unternehmen beschäftigte auf seinen drei Werften in Kiel, Wismar und Itaja (Brasilien) weltweit 9.100 Menschen, darunter 3.700 am Hauptsitz in Kiel.

Eine Beteiligung des Bundes an dem neu aufgestellten Unternehmen, wie unter anderem von der Gewerkschaft IG Metall gefordert, war zunächst nicht geplant. Die Bundesregierung hatte jedoch bereits ihre Rückendeckung öffentlich zugesagt und sich umfangreiche Rechte und Einflussmöglichkeiten gesichert – inklusive eines Sitzes im TKMS-Aufsichtsrat.

Aktuell bewirbt sich TKMS um einen großen Rüstungsauftrag aus Kanada. Dabei geht es um acht bis zwölf konventionelle U-Boote für die Royal Canadian Navy (RCN). Falls TKMS den Zuschlag erhält, sollen die Boote sowohl am Stammsitz in Kiel als auch in der zweiten Werft in Wismar in Mecklenburg-Vorpommern gebaut werden. Wie breit das Unternehmen aufgestellt ist, hat der vom Bundesamt für Ausrüstung, Informationstechnik und Nutzung der Bundeswehr (BAAINBw) Ende 2025 erteilte Auftrag an das TKMS-Segment Atlas Elektronik über die Lieferung von Minenjagdsonaren für die Minenjagdboote der Klasse MJ332 gezeigt. Das Sonar dient der umfassenden Suche nach Seeminen im Wasser und am Meeresboden.

Ende 2025 hat TKMS einen Rekordauftrag einfahren können. Mit dem

Entwurf einer MEKO A-200 für die Deutsche Marine Foto: TKMS

BAAINBw wurde ein Rahmenvertrag über die Lieferung von DM2A5-Schwergewichtstorpedos und dem zugehörigen Equipment für die U-Boote der Klasse 212CD unterzeichnet. Der Auftrag umfasste die Entwicklung, Produktion und Lieferung der Schwergewichtstorpedos. Es war der bis dahin größte Torpedo-Auftrag in der Konzerngeschichte. Einzelheiten wurden nicht genannt.

Darüber hinaus haben TKMS und die israelische Firma SpearUAV eine Rahmenvereinbarung über eine strategische Zusammenarbeit unterzeichnet. Beide Unternehmen vereinbarten eine intensive Zusammenarbeit bei der Gestaltung multidimensionaler Innovationen im Bereich von Unterwasser-Verteidigungsprodukten. Die Vereinbarung sieht eine domänenübergreifende Zusammenarbeit vor, um Fähigkeiten von Sub-to-Air Loitering UAS (unbemannte Flugsysteme) für U-Boote und UUV-Plattformen (unbemannte Unterwasserfahrzeuge) weiterzuentwickeln.

Die Zusammenarbeit zwischen TKMS und SpearUAV vereint komplementäre Stärken: TKMS als einziger voll integrierter Systemanbieter in Europa, der alle drei Dimensionen der maritimen Verteidigung abdeckt, das heißt den Bau von Überwasser- und Unterwasserfahrzeugen sowie Elektronik-, Sensor- und Technologielösungen, und SpearUAV mit seinem gekapselten, für Unterwasseroperationen speziell entwickelten Multi-Mission-Loitering-UAS Viper 750. Das Vorhaben war Teil der Umsetzung der TKMS-Technologiestrategie. Das Ziel, dass jedes System ein Träger für unbemannte Fahrzeuge ist, folgt dem Ansatz der „Weiterentwicklung und Automatisierung bemannter Plattformen".

Das Viper 750 Sub-to-Air Loitering System von SpearUAV ist ein kleines, gekapseltes Drohnensystem, das von den Standard-Startvorrichtungen der TKMS-U-Boote aus gestartet werden kann. Sobald die Kapsel die Wasseroberfläche erreicht, startet die Drohne automatisch und fliegt autonom, wobei sie über Funk Echtzeit-Aufklärungsdaten sammelt – alles, ohne dass das U-Boot sichtbar wird. Die neue Sub-to-Air-Fähigkeit stärkt die Führungsposition von TKMS im Unterwasserbereich und verschafft den Kunden einen klaren operativen Vorteil.

Das Israel-Engagement wurde weiter verfestigt, als Mitte Februar 2026 TKMS gemeinsam mit Elbit Systems eine neue Produktionslinie für die Herstellung von

U-Boot-Strukturkomponenten eingeweiht hat. Im Rahmen der Zusammenarbeit hat das israelische Unternehmen Elbit Systems eine neue Produktionsstätte für GFK-Komponenten (Glasfaserverstärkter Kunststoff) für U-Boote errichtet.

Bilanz nach Jahresschluss 2025

Am Ende des ersten Jahres an der Börse, Ende 2025, zeigte sich die Unternehmensleitung deutlich positiv gestimmt und hatte auch allen Grund dazu, wie eine Bilanz zeigt. Der Auftragseingang in Höhe von rund 8,8 Milliarden Euro hat sich im Vergleich zum Vorjahr versechsfacht. Der Auftragsbestand lag zum Stichtag am 30. September 2025 mit etwa 18,2 Milliarden Euro weiterhin auf Rekordniveau. Mit Investitionen in den Ausbau der Produktionskapazitäten in Wismar und in wichtige Zukunftstechnologien sei man dabei, die „Führungsrolle im europäischen Verteidigungssektor" weiter zu festigen. Auch für die Zukunft und neue Geschäftsanbahnungen sah CEO Oliver Burkhard weiterhin „großes Potenzial".

Im abgelaufenen Geschäftsjahr 2024/2025 hatte TKMS einige neue bedeutende Aufträge verbuchen können: Im deutsch-norwegischen 212CD-Programm erhielt der Konzern einen der größten Aufträge seiner Geschichte – den Bau von vier U-Booten für die Deutsche Marine durch Umwandlung einer entsprechenden Option. Zudem wurde ein Modernisierungsauftrag für sechs U-Boote des Typs 212A von der Deutschen Marine an TKMS vergeben. Des Weiteren beauftragte Singapur den Bau von zwei zusätzlichen U-Booten des Typs 218SG. In Itaja, Brasilien, absolvierte die erste Fregatte der *Tamandaré*-Klasse erfolgreich ihre See-Erprobungen.

Parallel begann man in Wismar mit der Modernisierung des Werftstandorts zum Bau von U-Booten und Überwasserschiffen. Hierfür sah der Konzern Investitionen von über 200 Millionen Euro vor. Zu Jahresbeginn 2026 sind in Wismar 140 neue

150 Meter lang und 27 Meter breit: Der erste Neubau der *Orca*-Class, die *Elise*, bei der Taufe im Hamburger Hafen im November 2025. Das Schiff wird für den Transport großer Turbinen zu Offshore-Windparks eingesetzt Foto: SAL

Mitarbeiter eingestellt worden. Damit zählte die Werft über 400 Beschäftigte.

Am 19. Januar 2026 konnte TKMS an der Frankfurter Börse mit dem traditionellen Glockenschlag zur Markteröffnung auch den Einzug in den MDAX feiern. Damit markiert der Konzern nach eigener Ansicht „nur wenige Monate nach der Abspaltung von der Thyssenkrupp AG und dem erfolgreichen Börsengang einen weiteren wichtigen Meilenstein am Kapitalmarkt".

Im ersten Quartal des Finanzjahres 2025/26 sah sich TKMS in einer starken Marktposition, sowohl im nationalen als auch im internationalen Wettbewerb. Das Unternehmen wurde als einer von zwei verbleibenden Kandidaten für die kanadische Ausschreibung zur Beschaffung von bis zu zwölf U-Booten ausgewählt. In Indien hat TKMS gemeinsam mit seinem lokalen Partner die finalen Verhandlungen über einen Auftrag für sechs U-Boote aufgenommen. „Außerdem bleibt das von TKMS geführte Gemeinschaftsunternehmen mit dem MEKO A-400-Entwurf der alleinige Bieter im Auswahlverfahren für die zukünftige deutsche Luftverteidigungsfregatte F127, für die der Deutsche Bundestag Ende 2024 die Anfangsfinanzierung zum Projektstart bewilligt hat", teilte der Konzern mit.

Darüber hinaus wurde der kürzlich geschlossene Vorvertrag zu den Fregatten des Typs MEKO A-200 hervorgehoben. Ende Januar 2026 hat der Haushaltsausschuss des Deutschen Bundestags auf die erhebliche Verzögerung beim Fregattenprogramm F126 reagiert und einen Vorvertrag mit TKMS über schneller verfügbare Fregatten der Klasse MEKO A-200 gebilligt. Dafür wurden 50 Millionen Euro freigegeben, um Fertigungsslots zu sichern und Material mit langen Lieferzeiten zu bestellen. Damit wurde das Signal gegeben, dass eventuell zweigleisig gefahren werden soll. Ziel ist es, bereits Ende 2029 ein erstes Schiff der Marine zulaufen zu lassen. Zweigleisig deshalb, weil das F126-Programm nicht aufgegeben wird und die MEKO A-200 lediglich als Zwischenlösung gedacht ist, weil die Marine dringend Fregatten benötigt, um Forderungen der NATO erfüllen zu können.

Interesse an U-Booten nimmt zu

Das Interesse an von TKMS entwickelten und gebauten U-Booten wächst, auch über Europa hinaus. Konkret wurde es beispielsweise in Indien. Das indische U-Boot-Programm ging in die nächste Phase. Dafür haben TKMS und das führende Werftunternehmen Indiens, die Mazagon Dock Shipbuilders (MDL) in Mumbai, offiziell Gespräche mit der indischen Beschaffungsbehörde für das Projekt 75(I) aufgenommen.

Für das Projekt 75(I) wurden laut TKMS bereits „wichtige Meilensteine" erreicht: Dazu zählen alle Leistungen für das Concept Design Agreement (CDA), die MDL und TKMS bis zum 31. August 2025 abschließen konnten. Darüber hinaus hat TKMS verbindliche Angebote für Ingenieurleistungen, fortschrittliche TKMS-U-Boot-Komponenten – einschließlich AIP-Systemen (Air Independent Propulsion) – und flexible Lösungen für das Führungs- und Einsatzwaffensystem vorgelegt. Mit dem U-Boot-Projekt 75(I) setzt Indien „ein deutliches Zeichen in seinen Bestrebungen, die eigenen Marinekapazitäten auszubauen und den internationalen Technologietransfer zu stärken", heißt es in einem diesbezüglichen Statement.

Im Rahmen des Projekts 75(I) sollen sechs in Deutschland entwickelte U-Boote in Zusammenarbeit mit MDL gebaut werden. Die Initiative soll die strategischen und industriellen Beziehungen zwischen Indien und Deutschland vertiefen und das Engagement beider Nationen für technologische Zusammenarbeit und maritime Sicherheit unterstreichen.

Für Deutschland ergibt sich damit die Möglichkeit, eines der größten konventionellen U-Boot-Programme Asiens zu unterstützen. So steht die Partnerschaft mit

TKMS im Einklang mit Indiens Anspruch, seine Flotte zu modernisieren, die regionale Expansion der Marine zu stärken und die Initiative „Make in India" durch Technologietransfer sowie lokale Fertigung voranzutreiben. Hinzu kommt, dass das Engagement in Indien für die Kieler „ein weiteres positives Zeichen in der wirtschaftlichen Entwicklung" des eigenen Unternehmens setzt, denn zusätzlich hat TKMS eine Partnerschaft mit indischen Rüstungsunternehmen unterzeichnet.

Auch Kanada gehört zu den Interessenten an den U-Booten aus Kiel. Das wurde deutlich, als eine kanadische Delegation, angeführt von Premierminister Mark Carney und Verteidigungsminister David McGuinty, Ende August 2025 die Kieler Werft besuchte. Die Gäste erhielten Einblicke in das laufende 212CD-U-Boot-Programm der deutschen und norwegischen Marine. Aktuell steht TKMS in der letzten Bewerbungsrunde in der Ausschreibung zur Modernisierung der Canadian Royal Navy (CRN) für acht bis zwölf U-Boote. Dies gab Premierminister Carney bei seinem Besuch bekannt.

Wohl im Zusammenhang mit der erwarteten kanadischen U-Boot-Order haben TKMS und das kanadische Unternehmen Cohere, ein führendes Unternehmen im Bereich sicherheitsorientierter Unternehmens-KI, eine Kooperationsvereinbarung unterzeichnet, um gemeinsam die Integration fortschrittlicher KI-Technologien im kanadischen U-Boot-Programm voranzutreiben.

In die gleiche Richtung geht auch die Kooperationsvereinbarung mit der größten kanadischen Schiffbau- und Reparaturgruppe Seaspan Shipyards. Ziel der Zusammenarbeit ist der Aufbau nationaler Fähigkeiten für Instandhaltung und Lebenszyklus-Management der künftigen kanadischen U-Boot-Flotte – ein zentrales industriepolitisches Kriterium in laufenden und künftigen Beschaffungsverfahren. Konkret vereinbarten TKMS und Seaspan, gemeinsam mit der Royal Canadian Navy sowie dem kanadischen Verteidigungsministerium, ein von Kanada geführtes integriertes Nachhaltigkeitsteam aufzubauen.

Der Schwerpunkt liegt auf Wartung, Instandsetzung und langfristiger Betreuung der zukünftigen U-Boote an der West- und Ostküste des Landes. Die Schaffung einer eigenständigen nationalen Instandhaltungsfähigkeit ist von Kanada ausdrücklich als Kernziel des neuen U-Boot-Programms definiert worden.

In Erwartung des wichtigen Kanada-U-Boot-Auftrags hat TKMS die Zusammenarbeit mit der kanadischen Industrie weiter vertieft. Nach der Vereinbarung mit Seaspan Shipyards ist eine Kooperationsvereinbarung mit dem Verteidigungsunternehmen EllisDon unterzeichnet worden. EllisDon, gegründet 1951, ist eines der größten Gebäudetechnik-Unternehmen in Kanada. In der geplanten Zusammenarbeit mit TKMS wird EllisDon die Gesamtverantwortung dafür übernehmen, dass die Konzeption und Baubarkeit der TKMS-Infrastrukturlösung den Erwartungen Kanadas und den geltenden Anforderungen für das Programm entsprechen. Weiterhin stellt EllisDon sicher, dass die Bereitstellung der Infrastruktur mit dem Gesamtbudget und dem Zeitplan übereinstimmt.

Im Dezember 2025 wurde offiziell, dass Norwegen zwei weitere U-Boote des Typs 212CD beschaffen will. Damit erhöht sich die Anzahl der bei TKMS georderten Einheiten auf sechs. Das erste Boot wird 2029 an die Marine des NATO-Partners übergeben. Auch Singapur hat zwei weitere Boote des Typs 218SG geordert. Beim polnischen U-Boot-Programm „Orca" ging TKMS allerdings wie auch bereits beim niederländischen U-Boot-Beschaffungsprogramm leer aus.

Zweite Brasil-Fregatte getauft

Auf der Werft TKMS Estaleiro Brasil Sul im brasilianischen Itaja ist die zweite Fregatte der *Tamandarè*-Klasse für die brasilianische Marine auf den Namen *Jerônimo*

Ein Meilenstein im Überwasser-Schiffbau: Das Typschiff der Klasse, die F 200 *Tamandaré* Foto: TKMS

de Albuquerque, F 201, getauft worden. Das Schiff ist der zweite Neubau von insgesamt vier Einheiten, die im Jahr 2020 in Auftrag gegeben worden waren. Das Programm zielt darauf ab, die operativen Fähigkeiten der brasilianischen Marine mit Hightech-Schiffen ausreichend zu modernisieren. Auftragnehmer ist Águas Azuis, eine Projektgesellschaft von TKMS sowie der brasilianischen Verteidigungsunternehmen Embraer Defense & Security und Atech.

Die Fregatten der *Tamandarè*-Klasse entsprechen weitgehend dem Typ MEKO A-100 von TKMS und verdrängen bei 107 Meter Länge, 15,95 Meter Breite und 5,2 Meter Tiefgang 3.455 Tonnen. Der Antrieb besteht aus vier MAN-Dieselmotoren für eine Höchstgeschwindigkeit von 25 Knoten. Laut TKMS ist die Klasse mit „modernsten Systemen und einer hohen Kampfkraft" ausgestattet. Das Combat Management System (CMS), das in Zusammenarbeit mit dem brasilianischen Unternehmen Atech und dem TKMS-Segment Atlas Elektronik entwickelt wurde, integriert Sensoren und Waffen auf intelligente Weise und ermöglicht so eine effektive Reaktion auf verschiedene Arten von Bedrohungen, heißt es seitens des Unternehmens.

Die Bewaffnung ist ein Mix aus Kanonen und Flugkörpern: ein 76-mm- und ein 30-mm-Geschütz sowie die Flugkörper Exocet und Sea Ceptor. Die Fregatten verfügen außerdem über Torpedowerfer und eine ferngesteuerte Waffenstation mit schwerem Maschinengewehr 12,7 mm für die Nahbereichsabwehr sowie das Täuschkörpersystem C-Guard.

Das brasilianische Fregattenprogramm der *Tamandaré*-Klasse ist ein anspruchsvolles Schiffbauprojekt, mit dem sich Brasilien nicht nur die Erfüllung seiner verteidigungspolitischen Ziele verspricht. Das Programm soll den Technologietransfer ermöglichen und die lokale Industrie beleben. Etwa 8.000 Arbeitsplätze stehen im Zusammenhang mit dem Projekt. Der Stapellauf der ersten Einheit ist Mitte 2024 erfolgt und ihre Übergabe an die brasilianische Marine Ende 2025.

Drei Werftjubiläen

175 Jahre Fassmer-Werft

Die Fassmer-Werft in Berne an der Unterweser hat ihr 175-jähriges Bestehen mit einer Festveranstaltung gefeiert. Gegründet im Jahr 1850, hat sich Fassmer von einem Bootsbauer zu einer international tätigen Spezialwerft entwickelt. Meilensteine der Unternehmensgeschichte sind unter anderem der Übergang vom Holz- zum Stahl- und GFK-Bootsbau (GFK: glasfaserverstärkter Kunststoff), der Bau zahlreicher Rettungsboote für Kreuzfahrt- und Marineeinsätze sowie die Entwicklung moderner Forschungsschiffe wie *Atair* und *Uthörn*. Anders als einige andere Werften in der Region an der Weser konnte Fassmer so als familiengeführte Firma überleben. Wichtig: die stetige Weiterentwicklung des Unternehmens und des Portfolios.

Mit einem Auftragsvolumen von mehr als einer Milliarde Euro erreicht Fassmer eigenen Angaben zufolge zum Zeitpunkt des Jubiläums einen historischen Höchststand. Acht Neubauprojekte – vom Fischerei-Forschungsschiff bis zum Offshore Patrol Vessel – sichern der Werft eine langfristige Auslastung. Trotz globaler Unsicherheiten und steigendem Kostendruck setzt man damit „ein starkes Zeichen für Stabilität und Zukunftsfähigkeit".

Die Fassmer-Werft will sich künftig auch an der Ostsee engagieren, und zwar auf der Volkswerft Stralsund. Dazu werden auf deren Gelände entsprechende Flächen und Hallen von der Stadt Stralsund gepachtet. Das Unternehmen plant einen strategischen Ausbau, auch mit Blick auf die gesamte maritime Industrie in Deutschland. Man will laut eigener Aussage weniger abhängig von ausländischen Lieferketten werden, Fachwissen im Land halten und einen Beitrag zur sicherheitspolitischen Resilienz des Bundes leisten. Stralsund soll mit der Fassmer-Werft zusätzliche Perspektiven für Beschäftigung, Wertschöpfung und regionale Zusammenarbeit gewinnen.

Am 20. Februar 2026 wurden die Pachtverträge mit der Stadt Stralsund unterzeichnet. Auf den gepachteten Flächen will Fassmer mit der Fertigung des neuen Fischerei-Forschungsschiffes *Walther Herwig* beginnen. Der Neubau wird ab zweiter Hälfte 2027 das gleichnamige Forschungsschiff ersetzen.

140 Jahre Hitzler-Werft

Am 2. September 1885 legte Johann Georg Hitzler in Lauenburg den Grundstein für die gleichnamige Werft. Über vier Gene-

Die Fassmer-Werft steht auf solidem Fundament Foto: Fassmer

Hitzler-Neubauten aus dem Jahr 2011: die Flusseisbrecher *Kietz* und das Schwesterschiff *Schwedt*

Foto: Hitzler

rationen blieb das Unternehmen in Hand der Hitzlers. Als sich 2021 kein Nachfolger innerhalb der Familie fand, übernahm der langjährige Konstruktionsleiter Marek Klimenko gemeinsam mit seinem Sohn Kai die Werft.

Familie wurde im Betrieb großgeschrieben, doch auch Werte wie Qualität, Termintreue und erstklassiger Schiffbau prägen die Werft. 140 Jahre Hitzler Werft stehen jedoch nicht nur für Tradition, sondern ebenso für Innovation. In den vergangenen Jahrzehnten entstanden in Lauenburg moderne Eisbrecher, Offshore-Versorger für Bohrplattformen und Schlepper. Zuletzt sorgte sie mit der Ablieferung des Forschungsschiffes *Coriolis* für Aufsehen. Das Schiff des Hereon-Instituts dient als schwimmendes Labor, in dem unter anderem Brennstoffzellen-Technologie erprobt wird. Bald soll mit der Fertigstellung der mit Biomethan betriebenen Elbfähre *Amt Neuhaus-Bleckede* das nächste Projekt abgeschlossen werden – und damit ein weiteres Kapitel innovativen Schiffbaus in Lauenburg fortgeschrieben werden.

40 Jahre Ostseestaal

Vergleichsweise jung ist der dritte Jubilar: Mit einem 40 Meter langen und vier Meter breiten Banner mit der Aufschrift „25 Jahre Ostseestaal" hat das in Stralsund auf dem Gelände der früheren Volkswerft tätige Spezialunternehmen auf sein Jubiläum aufmerksam gemacht. Seit seinem Start vor 25 Jahren hat sich die Ostseestaal GmbH zu einem attraktiven Aushängeschild des traditionsreichen Werftstandorts Stralsund entwickelt, so das Unternehmen über sich selbst. Aktuell sind insgesamt 200 Mitarbeiter im Unternehmen sowie in den Schwesterfirmen Ampereship GmbH und Ostsee Marine Solutions GmbH beschäftigt.

In den vergangenen Jahren wurde aus einem reinen Schiffbauzulieferer ein breit aufgestelltes Spezial-Unternehmen. Es ist nach eigenem Bekunden Technologie-Führer in der 3-D-Kaltverformung von Blechen. Das Produkt- und Fertigungsspektrum reicht von den Bereichen Schiffbau und erneuerbare Energien bis hin zu Luft- und Raumfahrt sowie Industrie. Gemeinsam mit Ampereship gelang es zudem, in den letzten zwei Jahrzehnten europaweit der führende Hersteller vollelektrischer und emissionsfreier Schiffe für Binnen- und Küstengewässer zu werden. Zum Zeitpunkt des Jubiläums befand sich eine vollelektrische Fähre im Bau, die künftig die Insel Helgoland mit der Nebeninsel Düne verbinden wird.

Chinas massiver Werftausbau

Mit massiver staatlicher Unterstützung hat China seine Schiffbauindustrie im vergangenen Jahrzehnt so ausgebaut, dass sie nicht nur die inzwischen größte Marine baut, sondern auch gut zwei Drittel aller weltweit vergebenen zivilen Neubauaufträge für sich buchen konnte. Viele Werften im Reich der Mitte bauen ihre Kapazitäten weiter aus. So wird die Shanghaier Großwerft Hudong-Zhonghua Shipbuilding auf der nördlich der Metropole gelegenen Insel Changxing auf 432 Hektar eine weitere Großwerft errichten. 2,5 Milliarden US-Dollar werden als Investitionssumme genannt. Mit den dann entstehenden Kapazitäten sollen, sobald die riesigen Anlagen voll in Betrieb sind, die Ablieferungen von derzeit sechs großen Neubauten auf mindestens zehn gesteigert werden. Vor der bereits bestehenden chinesischen Dominanz im Schiffbau haben zahlreiche Stakeholder in westlichen Ländern gewarnt – vergebens. Jüngst hat die Trump-US-Administration entsprechende drastische Maßnahmen angekündigt. Bislang ist es aber bei der Ankündigung geblieben.

Blick auf die bestehenden Anlagen von Hudong-Zhonghua in Shanghai Foto: CSSC

Eine Erweiterung seiner Schiffsreparatur- und Offshore-Kapazitäten plant unter anderem auch die staatliche COSCO Shipping Heavy Industry in Südchina mit Investitionen in Höhe von 421 Millionen US-Dollar. Geplant sind zwei Trockendocks und ein Schwimmdock für die Aufnahme größter VLCCs, Containerschiffe und Offshore-Einheiten. Jährlich sollen rund 250 von ihnen an die Anlagen kommen.

Ein weiteres Beispiel ist die Werft Wuhan Qingshan der China Merchants Shipbuilding Industry Group. Die in den 1950er-Jahren errichtete Werft hatte sich 2018 aus dem Schiffsneubau zurückgezogen und sich auf Reparaturen und Stahlbau konzentriert. Nun soll der Neubau mit kleineren und mittelgroßen Schiffen wiederbelebt werden. Qingshan verfügt über ein Areal von 113 Hektar und eine Kaistrecke von 2.200 Metern direkt am Fluss. Diese und ähnliche andere Vorhaben werden als Anzeichen dafür bewertet, dass die Volksrepublik alles daransetzt, ihre dominante Stellung im Schiffbau zu erhalten.

Schottel liefert weltweit

Viele der Berufspessimisten und notorischen Miesmacher, vor allem in den Medien, beklagen eine nach ihrer Meinung anhaltende Exportschwäche der deutschen Industrie. Das mag für mache Unternehmen zutreffen, für den Antriebs- und Manövrierspezialisten Schottel in Spay am Rhein auf keinen Fall. Bei Schottel lag die Exportquote 2025 unverändert bei etwa 90 Prozent und auch 2026 wird ein ähnliches Ergebnis erwartet, wobei Einflüsse durch die anhaltenden geopolitischen Verwerfungen bei der Prognose nicht berücksichtigt sind. Dazu einige Beispiele für Schottels-Exporterfolge aus jüngster Zeit.

Auf der Bollinger Werft in Amelia im US-Bundesstaat Louisiana befindet sich aktuell ein RoRo-Frachtschiff für die US-amerikanische United Launch Alliance (ULA) im Bau. Es soll auf den Namen *SpaceShip* getauft werden und nach seiner

Das bei Bollinger entstehende Spezial-RoRo-Schiff soll 2026 in Dienst gestellt werden
Foto: Schottel

Fertigstellung 2026 Vulcan-Raketen vom Werk in Decatur, Alabama, zu den Startplätzen der Cape Canaveral Space Force Station in Florida und der Vandenberg Space Force Base in Kalifornien transportieren. Ausgerüstet wird das Spezialschiff mit drei Schottel RudderPropellern und zwei Schottel TraverseThrustern. Die maßgeschneiderte elektrische Systemintegration wird von Elkon, einem Mitglied der Schottel-Gruppe, entwickelt und geliefert. Schottels Lieferumfang wird mit einem MasterStick komplettiert, mit dem alle fünf Antriebe simultan gesteuert werden können. Das ermöglicht ein präzises und komfortables Manövrieren.

Ein weiterer Exporterfolg von Schottel ist der Auftrag der französischen Reederei Louis Dreyfus Armateurs über die Lieferung von acht SRP-D-Antrieben für zwei Service Operation Vessel (SOVs). Die Schiffe werden von dem schwedischen Energiekonzern Vattenfall gechartert und sind von Salt Ship Design aus Norwegen entworfen worden. Gebaut werden sie von bei der chinesischen Werft Zhenhua Heavy Industries in Shanghai.

Die beiden Neubauten erhalten jeweils vier Ruderpropeller des Typs SRP 430D mit einer Eingangsleistung von jeweils 1.660 kW. Laut Reederei soll die gewählte Konfiguration eine präzise Positionierung bei anspruchsvollen Einsätzen ermöglichen, ein zentraler Aspekt für einen störungsfreien Betrieb in Offshore-Windparks.

Seit der Markteinführung 2023 wurden nach Angaben des Herstellers Schottel mehr als 50 Einheiten des SRP-D-Typs verkauft. Diese Antriebslösung zielt auf eine höhere Positioniergenauigkeit bei reduziertem Kraftstoffverbrauch, auch unter rauen Wetterbedingungen.

Gebaut werden die neuen SOVs in China Foto: Schottel

Ankunft der *Neuwerk* an der Werft, im Hintergrund die *Scharhörn* Foto: A&R

Mehrzweckschiffs-Trio

Der Bund hatte der Werft Abeking & Rasmussen (A&R) in Lemwerder 2020 den Auftrag zum Bau von drei Mehrzweckschiffen erteilt. Deren vorausgerüstete Kaskos wurden im A&R-Unterauftrag von der Western Baltija Shipbuilding im litauischen Klaipeda gefertigt und zur Endausrüstung nach und nach zur Werft an der Unterweser geschleppt. Den Anfang machte die spätere *Scharhörn*, gefolgt von der *Mellum*. Nach der Ankunft des dritten Kaskos, der *Neuwerk*, als Anhang des Schleppers *Grossnordsee* sind alle drei noch unfertigen Bauten zur finalen Ausrüstung bei A&R.

Sie sollen die gleichnamigen im Dienst befindlichen Mehrzweckschiffe ersetzen. Es ist vorgesehen, dass die *Scharhörn* im zweiten Quartal 2026 an die Generaldirektion Wasser und Schifffahrt (WSV) des Bundes übergeben wird, die *Mellum* soll im Spätsommer 2026 folgen und die *Neuwerk* im Frühjahr 2027.

Die 105 Meter langen und 20 Meter breiten Neubauten werden mit Flüssiggas (LNG) betrieben und haben einen Pfahlzug von jeweils 145 Tonnen. Er ist deutlich stärker als der der Namensvorgänger. So können auch größere Havaristen in Schlepp genommen werden. Der Landeplatz für Hubschrauber ermöglicht eine schnelle und flexible Aufnahme von zusätzlichen Spezialkräften und Material. Die Schiffe verfügen über modernste Ausrüstung für die Öl- und Brandbekämpfung sowie die Versorgung von Verletzten.

Größtes Offshore-Installationsschiff im Dienst

Mit der *Boreas*, nach dem griechischen Gott der kalten Nordwinde benannt, hat die niederländische Reederei Van Oord das zurzeit weltweit größte und leistungsfähigste Offshore-Installationsschiff in Dienst gestellt.

Es ist speziell für den Transport und die Installation von Fundamenten und Turbinen der nächsten Generation in den Offshore-Windparks gebaut. Die *Boreas* ist 175 Meter lang und ist mit einem Kran ausgestattet, dessen 155-Meter-Ausleger 3.000 Tonnen heben kann. Mit diesem neuen Schiff sieht sich die Reederei auf die künftigen Größenordnungen in der Offshore-Windindustrie vorbereitet. Es kann Offshore-Windturbinen mit einer Leistung von mehr als 20 MW und einer Höhe vergleichbar mit dem Eiffelturm installieren.

Der Neubau ist nicht nur der weltgrößte seiner Art, sondern laut Reederei auch das erste Schiff seines Typs, das mit Dual-Fuel-Methanol-Motoren ausgestattet ist.

***Boreas* während seiner Taufe vor der Hochhauskulisse von Rotterdam** Foto: van Oord

Mehrzweckfrachter-Neubau

Das in Hamburg ansässige, international tätige Logistik- und Transportunternehmen CLI AG hat bei der niederländischen Werft Royal Bodewes ein neues Schwergutschiff in Auftrag gegeben. Der 8.500-Tonnen-Mehrzweckfrachter soll speziell auf den Transport von Schwergut- und Projektladung zugeschnitten sein. Zu seiner Ausstattung gehören zwei Kräne mit jeweils 80 Tonnen Hebekapazität.

Der Baubeginn war für Oktober 2025 vorgesehen, die Ablieferung im Sommer 2026 geplant.

Ein zentrales Merkmal des Neubaus ist der methanolfähige Hauptmotor von MAN. Methanol gilt als einer der vielversprechenden alternativen Kraftstoffe der Schifffahrt, da es im Vergleich zu herkömmlichen Treibstoffen zur Reduktion von Treibhausgasemissionen beitragen kann.

Ergänzt wird der Antrieb durch einen Eco-Flettner-Rotor, das zusätzlich Windenergie zur Unterstützung des Vortriebs nutzt und so den Treibstoffverbrauch sowie den CO_2-Ausstoß weiter senkt.

Im wahrsten Sinne des Wortes herausragendes Merkmal des CLI-Neubaus ist der Eco-Flettner-Rotor, der als Antriebshilfe eingesetzt wird

Foto: Bodewes

Japan fördert nationalen Schiffbau

Die Regierung in Tokio verfolgt ähnlich wie Südkorea das ambitionierte Ziel, die nationale Schiffbauproduktion – gemessen an der Zahl und Kapazität neu gebauter Schiffe – bis 2030 zu verdoppeln. Unterstützt wird diese Strategie durch ein umfassendes Investitionspaket in Höhe von umgerechnet sechs Milliarden Euro.

Die Mittel fließen in die Modernisierung der Werften, in digitale Entwicklung, Automatisierung und gezielte Fachkräfteförderung.

Vorgesehen ist auch der verstärkte Einsatz neuer Technologien wie Robotik und KI-basierter Steuerungssysteme. Grundlage dieser Maßnahmen ist das Gesetz zur Förderung der wirtschaftlichen Sicherheit aus dem Jahr 2022, das staatliche Unterstützung für strategisch bedeutende Industriezweige vorsieht.

Schiffabbrüche werden sicherer

Nach langem Vorlauf ist die bereits im Mai 2009 von der IMO verabschiedete Hongkong Convention in Kraft getreten. Sie soll künftig den sicheren und umweltgerechten Abbruch von Schiffen regeln. Die Übereinkunft kommt gerade zur rechten Zeit, denn die internationale Schifffahrtsorganisation schätzt, dass innerhalb der nächsten zehn Jahre rund 15.000 Schiffe abgewrackt und recycelt werden müssen.

Die mit Abstand wichtigste Region für das Verschrotten von Schiffen ist bisher Südostasien: Zwischen 2015 und 2024 waren Bangladesch, Indien und Pakistan die größten Recyclingländer mit fast 90 Prozent der gesamten Kapazität gewesen. Mit rund 60 Prozent ist mehr als jedes zweite Schiff in diesen Ländern verschrottet worden. Die Dominanz dieser drei Länder verstärkte sich nach 2017 noch, als China das Recycling von Schiffen weitgehend eingestellt hat. Außerhalb Südasiens bleibt die Türkei ein bedeutender Recycling-Standort. In Deutschland hat kürzlich mit der EWD Benli auf dem Gelände der Emder Werft und Dock GmbH (EWD) das erste Recycling-Unternehmen nach dem notwendigen Zertifizierungsverfahren den Betrieb aufgenommen.

Das Kerngeschäft von EWD Benli soll der Rückbau von Seeschiffen, Binnenschiffen, Küstenmotorschiffen sowie Fahrgastschiffen und Fähren werden. „Im Prinzip können wir künftig alles zerlegen, was durch die Seeschleuse in den Emder Hafen einlaufen kann", heißt es vom neuen Unternehmen. Erste Anfragen soll es bereits gegeben haben.

Hier sollen bald auch Schiffe von EWD Benli recycelt werden
Foto: EWD

Dem technischen Fortschritt angepasst: Roboter beim Schweißen eines Motoren-Fundaments

Foto: Schottel

Schiffbau-Zulieferindustrie zufrieden

Die maritime Zulieferindustrie in Deutschland blickt auf ein erfolgreiches Geschäftsjahr 2024 zurück. Der Fachverband Marine Equipment and Systems im Verband Deutscher Maschinen- und Anlagenbau (VDMA) hat bei seiner Jahrespressekonferenz in Hamburg Mitte 2025 positive Zahlen erläutert. Demnach stieg der Umsatz 2024 im Schnitt um 5,5 Prozent auf 11,9 Milliarden Euro. Überhaupt seien seit 2021 kontinuierliche Steigerungsraten zu verzeichnen, hieß es. Allerdings würden die Zahlen insofern relativiert, als die 5,5 Prozent die Gesamtlage nicht vollständig abbildeten, da der Verband zahlreiche Firmen sehr unterschiedlicher Größen erfasse. Die Exportquote der Unternehmen lag 2024 bei 81 Prozent, was die internationale Wettbewerbsfähigkeit der Branche widerspiegele.

Wie der Umsatz stieg auch der Auftragseingang: Im Schnitt haben die Bestellungen um 4,6 Prozent zugelegt – und das nach bereits zwei starken Jahren.

„Für 2025 erwarten die meisten Unternehmen stabile oder sogar zunehmende Aufträge. Weniger als 20 Prozent rechnen mit einem Rückgang“, hieß es. Fast zwei Drittel der VDMA-Mitgliedsunternehmen würden optimistisch in die Zukunft blicken. Auch das After-Sales-Geschäft sei mit einem Anteil von 27 Prozent am Umsatz stabil geblieben. Dies unterstreiche, so der Verband, die Bedeutung von Service- und Wartungsleistungen für langfristige Kundenbeziehungen.

Die Zahl der Beschäftigten in der maritimen Zulieferindustrie habe (Stand: Juni 2025) leicht um 1,2 Prozent auf rund 65.000 zugenommen. Damit liege die Steigerung zwar unter dem Umsatzwachstum, sie signalisiere aber eine gesunde Entwicklung. Auch bei der Fachkräftegewinnung habe es Fortschritte gegeben. „Freie Stellen können wieder besetzt werden.“

Die Branche sieht sich weiter einem starken Wettbewerb aus China gegenüber. „Die Wettbewerbsbedingungen dort sind nicht fair“, wurde kritisiert.

Mit einer neuen China-Position fordert der VDMA die Bundesregierung auf, bessere Rahmenbedingungen für europäische Unternehmen der Zulieferindustrie zu schaffen.

Zu wenig Eisbrecher

Nach längerer Zeit hat die US Coast Guard einen neuen Eisbrecher in Dienst stellen können – die *USCGC Storis*. Der mittelgroße Neubau soll künftig die Missionen der US Coast Guard in der Arktis unterstützen, perspektivisch sind weitere Schiffe geplant.

Die *Storis*, vormals *Aiviq* (Inuit für Walross), war ursprünglich für die Shell als eisbrechender Versorger in Auftrag gegeben, wurde 2024 für die Küstenwache erworben und nach Modifikationen zur Verbesserung der Kommunikations- und Verteidigungsfähigkeiten umbenannt. Die Besatzung der *Storis* wird teils militärisch, teils zivil gestellt.

Um die Arktis ist seit geraumer Zeit ein Wettlauf entbrannt, der sich auch in der Zahl der einsatzbereiten Eisbrecher ausdrückt. Es geht dabei um die Wahrnehmung militärischer sowie wissenschaftlicher und wirtschaftlicher Interessen. Danach sind die USA dem direkten arktischen Nachbarn Russland aktuell deutlich unterlegen.

Russland besitzt die größte und modernste Flotte an Eisbrechern der Welt. Sie besteht aus mehr als 40 Einheiten, darunter solche mit Atomantrieb. Allerdings hat die staatliche, für den Eisbrechereinsatz verantwortliche Rosmorport offenbar wegen fehlender westlicher Zulieferungen den Bau zweier 95 Meter langer Eisbrecher wieder storniert.

Die US-amerikanische Eisbrecherflotte ist deutlich kleiner und besteht hauptsächlich aus älteren Schiffen. Ein Ausbau ist zwar geplant, aber bisher noch nicht richtig in Gang gekommen. Die US-Küstenwache hat Anfang 2026 allerdings zwei Verträge zum Bau von bis zu sechs Arctic Security Cutters (ASC) vergeben. Mit den Neubauten sollen die operativen Fähigkeiten der USA in der Arktis deutlich ausgebaut werden. Auftragnehmer sind die finnische Werft Rauma Marine Constructions Oy sowie Bollinger Shipyards Lockport im Bundesstaat Louisiana.

Nach der aktuellen Planung werden bis zu zwei Einheiten in Finnland gebaut. Die Ablieferung des ersten dort gefertigten Schiffes ist für 2028 vorgesehen. Parallel dazu sollen bis zu vier Arctic Security Cutters in den USA entstehen, mit einer geplanten ersten Übergabe im Jahr 2029. Dabei setzt die Küstenwache auf die finnische Expertise im Eisbrecherbau, während mittelfristig ein Know-how-Transfer und der Ausbau entsprechender Fähigkeiten in den Vereinigten Staaten vorgesehen sind. Die Neubauten sind Bestandteil des Modernisierungsprogramms „Force Design 2028“, mit dem die US-Küstenwache weiterentwickelt werden soll.

Ein neuer kanadischer Eisbrecher

Kanada als direkter Arktisanrainer verfügt über zwei schwere, sechs mittlere und elf leichte Eisbrecher und hat sich für den Bau eines neuen Polar-Eisbrecher ebenfalls finnische Expertise gesichert. Die Entwicklung und Konstruktion des Neubaus übernimmt das finnische Unternehmen Elomatic. Im Rahmen der National Shipbuilding Strategy (NSS) des nordamerikanischen Landes soll der Eisbrecher komplett in Kanada gebaut werden.

Mit einer Länge von rund 158 Metern und einer Breite von 28 Metern wird das Schiff über mehr als 40 MW installierte Leistung verfügen. Zur Ausstattung gehören spezialisierte Labore, ein Moonpool, ein Hubschrauberdeck mit Hangar sowie Einrichtungen für unbemannte Luftfahrtsysteme.

Nach seiner Fertigstellung wird das Schiff zu den leistungsfähigsten Eisbrechern der *Polar*-Klasse 2 weltweit zählen.

Gebaut wird der innovative Eisbrecher auf der Seaspan Vancouver Shipyards.

Inzwischen hat Finnland selbst mit der Planung eines neuen Eisbrechers als Ersatz für den rund 70 Jahre alten Eisbrecher *Voima* begonnen. Der neue Eisbrecher soll Klasse B+ erhalten und eine Fahrrinne von rund 24 Meter Breite freihalten können. Entscheidend für die Effizienz des Spezialschiffes sind dabei Qualität und Kontinuität der Rinne sowie die flexible Einsatzfähigkeit, auch im offenen Wasser.

Als weiterer Akteur in der Arktis ist China hinzugekommen. Die Volksrepublik verfügt über mehrere Forschungseisbrecher. Sie werden für Forschungsmissionen in den Polarregionen eingesetzt, insbesondere zur Versorgung der vergleichsweise zahlreichen Forschungsstationen. Obwohl kein direkter Arktisanrainer, plant China seine Flotte von Eisbrechern weiter auszubauen, um seine Präsenz und Forschungsaktivitäten in der Arktis und Antarktis zu verstärken. China verfolgt dabei auch militärische Interessen. Vor allem in jüngster Zeit sind chinesische „Forschungs"-Eisbrecher vor der Küste Alaskas gesichtet worden.

Der Bau des neuen kanadischen Eisbrechers basiert auf finnischer Expertise Foto: Elomatic

China zieht nach

Im September 2025 hat China erstmals ein unbemanntes Bergungsschiff für wiederverwendbare Raketen vorgestellt. Mit diesem sogenannten Drohnenschiff ist die Volksrepublik nach den USA das zweite Land mit entsprechender Technologie. Entwickelt wurde das Spezialschiff *Xingji Guihang* von der privaten Raumfahrtfirma iSpace mit Sitz in Peking und gebaut in Yangzhou in der chinesischen Provinz Jiangsu.

Das rund 2.400 Quadratmeter große Deck ist für die Aufnahme von Erststufen-Raketen-Boostern ausgelegt. Ausgerüstet mit einem dynamischen Positionierungssystem, kann die Einheit autonom betrieben werden und auch unter schwierigen Seebedingungen präzise manövrieren. Der Einsatz ist zunächst für die Bergung der iSpace-Rakete SQX-3 geplant. Künftig soll das Schiff auch für Seebergungen anderer mittelgroßer bis großer wiederverwendbarer Raketen genutzt werden.

Das Konzept folgt dem Vorbild von SpaceX, das 2015 erstmals einen Falcon-9-Booster per Schiff erfolgreich zurückbrachte. Das Unternehmen war 2002 von Elon Musk gegründet worden und betreibt inzwischen drei Drohnenschiffe.

Drohnenschiff des US-Luftfahrtunternehmens SpaceX mit einer Falcon-9-Rakete auf dem Deck

Foto: SpaceX

Im Test: Seedrohnen werden die maritime Szenerie zunehmend bestimmen Foto: NVL

Gemeinsame Drohnenentwicklung

Autonome Überwasserdrohnen rücken zunehmend in den Fokus von Marinen und Sicherheitsbehörden. Sie gelten als flexible Plattformen für Aufklärung, Überwachung und den Schutz kritischer Infrastruktur – sowohl in militärischen als auch in zivilen Szenarien.

Um die steigende Nachfrage bedienen zu können, haben die NVL Group (Lürssen) und das britische Technologie-Unternehmen Kraken Technology Group nun das Joint Venture NVL Kraken gegründet. Geplant ist der Aufbau von Produktionskapazitäten am NVL-Standort Blohm + Voss in Hamburg. Ergänzend zu den bereits bestehenden Kapazitäten in Großbritannien sollen so vor allem der deutsche und der europäische Markt schneller ausgerüstet werden. Der Produktionsstart ist für das vierte Quartal des laufenden Jahres vorgesehen.

NVL hat bereits Anteile an Kraken erworben und plant, diese im vierten Quartal 2025 zu erhöhen. Beide Unternehmen kündigten an, erheblich in den Aufbau des Joint Ventures zu investieren.

Taufe im Hamburger Hafen

Schiffstaufen im Hamburger Hafen werden immer beliebter. Nachdem die italienische Reederei MSC, umstrittener Teilhaber an der HHLA, an den Landungsbrücken ihren Neubau *MSC Germany* getauft hatte, zog die Reederei SAL Heavy Lift (SAL) als Hamburger Unternehmen nach. Sie hat ihren ersten Neubau der neuen *Orca*-Klasse, die *Elise*, an den Hamburger Landungsbrücken feierlich getauft. Die Zeremonie fand im Beisein von Besatzung, Mitarbeitern, Partnern und zahlreichen „Sehleuten" statt.

Alle Neubauten der *Orca*-Klasse haben einen Hybridantrieb mit Dual-Fuel-Motoren, die auch mit Methanol betrieben werden können.

Ergänzend setzt die Reederei auf biologisch abbaubare Öle in Hydraulik und Schmierung. Das Schiff wird für den Transport großer Turbinen zu Offshore-Windparks eingesetzt.

Weltmeister in Aktion

Nach jahrelanger Vorbereitung hat das größte Arbeitsschiff der Welt, die *Pioneering Spirit* des Schweizer Offshore-Unternehmens Allseas, mit einem einzigen Hub die 15.300 Tonnen schwere Oberkonstruktion (Topside) der Förderplattform „Heather Alpha“ demontiert. Die Stahlgitterkonstruktion, die fast 50 Jahre lang zur Förderung von Öl und Gas eingesetzt wurde, war vor der Küste Großbritanniens in der nördlichen Nordsee etwa 460 Kilometer nordöstlich von Aberdeen in einer Wassertiefe von 143 Metern fest installiert.

Nach der Demontage wurden die Aufbauten nach Frederikshavn, Dänemark, geschleppt. Dort wird die Struktur zerlegt und zu mehr als 95 Prozent recycelt werden.

Die *Pioneering Spirit* kann Allseas zufolge komplette Oberkonstruktionen mit einem Gewicht von bis zu 60.000 Tonnen und Stahlunterbauten von bis zu 20.000 Tonnen in einem einzigen Vorgang heben.

Das 382 Meter lange und 124 Meter breite Spezialschiff *Pioneering Spirit* gilt mit einer Vermessung von 403.342 GT als größtes selbstfahrendes Schiff der Welt. Angetrieben wird es von acht MAN-Motoren mit 94.460 kW. Die Baukosten sollen bei drei Milliarden US-Dollar gelegen haben.

Pioneering Spirit verfügt über eine Hubkapazität von 48.000 Tonnen, die mit insgesamt acht horizontal auf Schienen montierten Hubarmen aufgebracht wird. Dazu kommen 20.000 Tonnen durch den Einsatz von zwei kippbaren Kranarmen am Heck. Darüber hinaus ist auf der Backbordseite ein Kran mit 5.000 t Kapazität montiert. Am Bug befindet sich eine 122 Meter lange und 59 Meter breite Öffnung, die es dem Schiff ermöglicht, sich um eine Plattform herumzubewegen. Aufgabe der *Pioneering Spirit* ist nicht nur die Demontage nicht mehr benötigter Offshore-Bauwerke, sondern auch die Unterstützung bei dem Aufbau neuer, etwa für die Offshore-Windenergie.

Geschafft, die 15.300-Tonnen-Oberkonstruktion steht sicher auf dem vorbereiteten Deck der *Pioneering Spirit* Foto: Allseas

Schwesterschiff bereits geordert

Zur Flotte der 1985 gegründeten Reederei Allseas gehören mittlerweile zehn Spezialschiffe. Im Mai 2025 waren bereits zwei Neubauten bestellt, und im August folgte ein Auftrag über einen weiteren Halbtaucher-Heavylifter, der größte Offshore-Konstruktionen transportieren soll. Einen Namen hat der nächste Riesenneubau bereits: *Grand Tour*. Auch die Einsatzart ist bereits vorprogrammiert, denn die *Grand Tour* soll künftig vor allem auch mit dem größten Heavylift-Installationsschiff der Welt, der *Pioneering Spirit*, zusammenarbeiten.

Allseas hat einen entsprechen Bauvertrag mit der chinesischen Werft Guangzhou Shipyard International unterzeichnet, die Ablieferung ist für das erste Quartal 2028 geplant. Der Neubau bekommt eine Ladekapazität von 40.000 Tonnen und ist offiziellen Angaben zufolge dafür ausgelegt, „die weltweit größten Offshore-Konstruktionen auf ihrem 180 x 57 Meter messenden Arbeitsdeck über See zu transportieren und sie problemlos zur Installation auf die *Pioneering Spirit* zu überführen".

Denn die 57 Meter breite *Grand Tour* ist so konstruiert, dass sie genau in die 122 Meter langen und 59 Meter und 59 Meter breiten „Buchten" der *Pioneering Spirit* passt. Diese Integration soll den Offshore-Installationsprozess rationalisieren und Kunden den Transport und die Installation großer Strukturen ohne Umladung bieten, die weit entfernt vom Installationsort hergestellt werden. Konkret im Fokus: der europäische Offshore-Markt, wo man seine Rolle „als wichtiger Akteur" stärken wolle, so das Allseas-Statement.

Der Neubau *Grand Tour* mit der Oberkonstruktion eines neuen Offshore-Bauwerks an Deck zur Übergabe an die *Pioneering Spirit* Foto: Allseas

Paukenschlag an der Küste

Es war bereits erwartet worden, und Mitte September 2025 war es dann so weit: Es gebe eine Einigung über „die wesentlichen Bedingungen eines Erwerbs der Naval Vessels Lürssen (NVL), den militärischen Bereich der traditionsreichen Werftgruppe mit Hauptsitz in Bremen", teilte der Rheinmetall-Konzern in Düsseldorf mit. Die Parteien wollen die Transaktion nun „kurzfristig" formal abschließen, hieß es weiter. Vorbehaltlich der Genehmigung durch die zuständigen Kartellbehörden werde der Vollzug der Übernahme für Anfang 2026 angepeilt – er wurde Mitte Februar 2026 Realität.

„Mit dieser bedeutenden strategischen Akquisition weitet Rheinmetall sein Portfolio auf den Marineschiffbau aus und baut seine Position als führender Anbieter für Verteidigungstechnologie in Deutschland und Europa aus", schreiben die Düsseldorfer, die in der Vergangenheit bereits Interesse an TKMS gezeigt hatten.

Bei der Transaktion geht es um die NVL-Werften Blohm + Voss und Norderwerft in Hamburg, die Neue Jadewerft in Wilhelmshaven und die Peene-Werft in Wolgast. Alle Standorte sollen mit allen Beschäftigten sowie dem bisherigen Management übernommen und als eigene Division in den Rheinmetall-Konzern integriert werden. Die Lürssen-Gruppe will sich künftig wieder stärker auf den Yachtbau fokussieren. Mit dem Verkauf wolle man „ein Zeichen der Stärke setzen und den Weg für die politisch seit Langem gewünschte Konsolidierung in der deutschen Verteidigungsindustrie ebnen", teilte NVL mit.

Die aktuelle Konfliktlage zeigt nach Ansicht der Rheinmetall-Verantwortlichen, dass es auch im maritimen Bereich immer mehr auf militärische Durchsetzungsfähigkeit ankommt. Dem massiv steigenden Bedarf der Seestreitkräfte und den steigenden Budgets für die Beschaffung will man mit leistungsfähigen Systemlösungen entsprechen, die über eine hochmoderne digitale Infrastruktur verfügen und das komplette Spektrum abdecken – von der Plattform über die Elektronik bis hin zu den Sensoren und Effektoren.

Die Werft von Blohm + Voss und die benachbarte Norderwerft haben mit Rheinmetall einen neuen Eigner Foto: NVL

Die meisten der Bauplätze auf den chinesischen Werften sind belegt, und die noch freien werden teurer angeboten Foto: Essberger

COSCOs Neubau-Programm

Wohl um Chinas globalen Führungsanspruch auch in der Schifffahrt zu unterstreichen, bereitet die Staatsreederei COSCO Shipping, ohnehin größte Reederei der Welt, eine Flottenoffensive vor, die neue Maßstäbe setzen und den weltweiten Markt auf Jahre prägen dürfte. Der chinesische Staatskonzern hat zum Jahresende 2025 nach chinesischen Angaben einen der größten Schiffbau-Aufträge aller Zeiten vergeben. Insgesamt sollen 87 Schiffe auf heimischen Werften gebaut werden.

Um seine Flotte zu optimieren, orderte COSCO den Angaben zufolge diverse Schiffstypen. Gebaut werden die Schiffe von der ebenfalls staatlichen Werftengruppe China State Shipbuilding Corporation (CSSC). Alle Neubauten sollen nach modernen Designs gefertigt werden; genannt werden unter anderem eine hohe Energieeffizienz, die Implementierung alternativer Kraftstoffe (wie beispielsweise Ammoniak oder Methanol) sowie digitale und KI-gestützte Systeme. Sie sollen den Dekarbonisierungszielen der IMO entsprechen.

Mit einer Order dieser Größenordnung kommen selbst chinesische Kapazitäten an ihre Grenzen. Schon jetzt entfallen mehr als 70 Prozent aller weltweit vergebenen Neubau-Aufträge auf China, nun kommt noch einmal eine signifikante Menge hinzu. Nach Einschätzung eines Marktexperten sei aktuell davon auszugehen, dass die Bauplätze für große Schiffe bis 2030 belegt sind. Bei allen weiteren sei wegen der hohen Nachfrage mit höheren Baupreisen zu rechnen.

Bereits zum Zeitpunkt des Berichts überstieg das Orderbuch von COSCO den Wert von rund 18 Milliarden US-Dollar und umfasste knapp 180 Schiffe verschiedenster Bauarten. Doch mit dem Erreichen gewisser Grenzen, wie berichtet, ist es so eine Sache, denn noch im Dezember 2025 hat Hapag-Lloyd einen Auftrag über acht 4.500-TEU-Containerschiffe mit Dual-Fuel-Antrieb bei der chinesischen Werft CIMC Raffles zur Lieferung 2028/2029 platziert, die Hamburger Reederei MPC Capital AG hat sechs 3.700-TEU-Neubauten bei der Taizhou Sanfu Ship Engineering geordert und die taiwanesische Wan Hai Lines sechs 6.000-TEU-Schiffe bei Huangpu W. Shipbuilding gebucht.

Auch COSCO hat Anfang 2026 eine umfangreiche Serie neuer Containerschiffe in Auftrag gegeben. Insgesamt 18 Neubauten sollen die Flotte erweitern und zugleich technologische Optionen im Bereich alternativer Kraftstoffe sichern. Wie aus Mitteilungen von COSCO hervorgeht, umfasst das Programm zwölf 18.000-TEU-Schiffe mit LNG-Dual-Fuel-Antrieb, die bei CSSC Jiangnan entstehen. Zusätzlich wurden sechs konventionell betriebene 3.000-TEU-Einheiten bei COSCO Zhoushan Shipyard bestellt. Die zwölf LNG-fähigen Großschiffe sind für Ablieferungen für 2028 und 2029 vorgesehen. Es handelt sich um die ersten LNG-Dual-Fuel-Containerschiffe in der COSCO-Flotte.

Parallel dazu hat COSCO sechs 3.000-TEU-Containerschiffe bei der unternehmenseigenen Werft in Zhoushan bestellt. Die Ablieferung wird zwischen Mitte und Ende 2028 erwartet. Zusätzlich hat die zur Gruppe gehörende COSCO Shipping Bulk drei Newcastlemax-Frachter mit rund 210.000 tdw bei CSSC Beihai Shipbuilding platziert.

Indien entdeckt die Chancen

Das mit mehr als 1,4 Milliarden Einwohnern bevölkerungsreichste Land der Welt hat die maritime Branche als Chance für seine weitere Entwicklung entdeckt. So hat die indische Regierung ein Finanzpaket in Höhe von umgerechnet rund 7,86 Milliarden US-Dollar verabschiedet, um den nationalen Schiffbau sowie das maritime Umfeld zu stärken. Das Paket, vorgestellt vom Ministry of Ports, Shipping and Waterways (MoPSW), basiert auf einem Vier-Säulen-Ansatz und umfasst Maßnahmen zur Ausweitung der Produktionskapazitäten, zur Finanzierung neuer und bestehender Werften, zur Förderung technischer Kompetenzen sowie zu rechtlichen und steuerlichen Reformen. Nicht zuletzt geht es dabei um beschäftigungspolitische Effekte.

Ein Kernpunkt ist die Verlängerung des Shipbuilding Financial Assistance Scheme bis März 2036 mit einem Gesamtvolumen von umgerechnet 2,79 Milliarden US-Dollar. Darüber hinaus sollen über eine Shipbreaking Credit Note weitere 451 Millionen US-Dollar in die Stärkung des Abwracksektors fließen.

Zur Koordination der Vorhaben wird eine National Shipbuilding Mission eingerichtet. Zudem erhält der bereits angekündigte Maritime Development Fund grünes Licht: Dieser sieht staatliche Mittel von 2,26 Milliarden US-Dollar sowie einen Zins-Subventionsfonds von 563 Millionen US-Dollar zur Verbesserung der Projektfinanzierung vor.

Die Cochin Shipyard ist eine der leistungsfähigsten Werften des indischen Subkontinents
Foto: Cochin Shipyard

Der erste Auftrag, die *Ocean Dreamwalker 3*, ist aufgeslippt Foto: Astra Nord

Neue Yachtwerft in Stralsund

Über Erfolge im Yachtbau kann die deutsche Schiffbau-Industrie nicht klagen. Erst kürzlich hat die Kieler German Naval Yards einen beachtlichen Auftrag über den Bau einer großen Superyacht buchen können, und in Stralsund ist auf dem Gelände der ehemaligen Volkswerft/MV Werft sogar eine neue Yachtwerft gegründet worden – die Werft Astra Nord. Gründer ist der in Berlin lebende Yachtdesigner Teodoros Fotiadis. Er sieht einen großen Bedarf und will nach eigenem Bekunden mit seiner Neugründung „die Lücke schließen, die durch den Wegfall der Rendsburger Werft Nobiskrug entstanden ist". Konzentrieren soll sich Astra Nord auf das Segment über 65 Meter mit einem umfassenden After-Sales-Service.

Einen ersten Auftrag gibt es bereits, die 47-Meter-Yacht *Ocean Dreamwalker 3* wurde in Stralsund von Astra Nord aus dem Wasser geholt. „Dies ist ein bedeutender Schritt für die Werft in Stralsund, da sie damit zu einem neuen Standort für Superyachten in Norddeutschland wird", erklärte Fotiadis. Er erwartet, dass 2026 weitere Superyachten zu Astra Nord kommen werden. Außerdem – das wäre ein nächster großer Entwicklungsschritt – könnte auch ein Neubau-Projekt folgen.

Rekordauftrag aus Indien

Der Augsburger Antriebshersteller Everllence – vormals MAN Energy Solutions – hat von Mazagon Dock Shipbuilders mit Sitz in Mumbai einen Rekordauftrag über die Lieferung von 42 High-Speed-Motoren erhalten. Everllence soll demnach 14 Schiffe mit je drei 16V175D-MM High-Speed-Motoren ausrüsten. Bei den Schiffen handelt es sich um Fast Patrol Vessels (FPV), die derzeit für die indische Küstenwache gebaut werden. Die Motoren haben jeweils eine Leistung von 2.960 kW und sollen zwischen Dezember 2025 und Dezember 2027 geliefert werden.

Die Patroler werden mit Wasserstrahlantrieben ausgestattet und sind für Geschwindigkeiten von über 33 Knoten ausgelegt. Sie werden für die Küstenüberwachung, den Schutz der Fischerei sowie die Seenotrettung eingesetzt und können in Krisenzeiten auch für militärische Einsätze genutzt werden.

Positive Stimmung bei den Schiffbauern

Die Betriebsräte der Werften in Norddeutschland blickten im Oktober 2025 optimistisch in die Zukunft, hieß es seitens der Gewerkschaft IG Metall, die die Ergebnisse ihrer jährlichen „Schiffbauumfrage" veröffentlicht hat. Demnach gaben 57 Prozent der befragten Betriebe an, eine Zunahme der Aufträge in den kommenden beiden Jahren zu erwarten. Im Vorjahr waren es nur 37 Prozent.

Die Gewerkschaft stellte zum 35. Mal seit 1991 die Schiffbau-Umfrage in den fünf norddeutschen Bundesländern Bremen, Hamburg, Niedersachsen, Mecklenburg-Vorpommern und Schleswig-Holstein vor. Befragt wurden die Betriebsräte von 25 Werften.

Ein Treiber der Entwicklung ist demnach der Marineschiffbau. Durch die veränderte geopolitische Lage steige die Nachfrage nach U-Booten und anderen Marineschiffen. Gerade mit Blick auf eine gemeinsame europäische Verteidigungs- und Sicherheitspolitik sei jedoch eine industriepolitische Offensive notwendig. „Wer ernsthaft über eine europäische Sicherheits- und Verteidigungspolitik spricht, muss auch gemeinsame europäische Projekte schaffen. Dafür braucht es eine schlagkräftige deutsche Organisation als Partner in Europa. Ein nationaler Champion wird dies ohne Staatsbeteiligung nicht schaffen können", so die Gewerkschaft offenbar mit Blick auf TKMS.

Im zivilen Bereich liege nach wie vor trotz großer europäischer und internationaler Konkurrenz noch Potenzial. Weiter wird in dem Bericht zum Warten geraten: „Neben dem Bau von Passagierschiffen muss endlich der Durchbruch bei Offshore-Plattformen gelingen. Das ist unabdingbar für den Schiffbau an der Küste und die Energiewende in Deutschland", hieß es. „Die Werften und ihre Zulieferer seien ein zentraler Pfeiler industrieller Wertschöpfung in Norddeutschland."

Im Jahr 2025 sei die Zahl der Stammbeschäftigten allerdings erstmals seit drei Jahren wieder zurückgegangen: 14.754 Beschäftigte würden derzeit auf den Werften arbeiten – das seien rund sieben Prozent weniger als 2024 (damals: 15.824).

Die Fachkräftesicherung bleibe eine zentrale Herausforderung: 73 Prozent der Betriebe berichteten über massive Probleme bei der Stellenbesetzung, insbesondere in den Bereichen Technik und Engineering. Die Altersstruktur verschärfe die Lage zusätzlich – mit einem Durchschnittsalter von ca. 44 Jahren und einem hohen Anteil älterer Beschäftigter. Die Ausbildungsquote stagniere bei gut sechs Prozent. Nur etwa die Hälfte der Betriebe haben alle Ausbildungsplätze besetzt.

Weichen in die Zukunft gestellt: Tag der Ausbildung auf der Meyer Werft
Foto: Meyer Werft

CSSC präsentiert Projekt Polaris

Das Konstruktionsbüro China Ship Design & Research Center (CSDC) hat auf der Marintec China 2025 erstmals das wasserstoffbetriebene Mehrzweckschiff *Polaris* präsentiert. Das 10.000-tdw-Schiff soll dank eines Brennstoffzellensystems in Kombination mit organischer Flüssigwasserstoff-Speicherung über den gesamten Lebenszyklus keine Emissionen verursachen.

Die für den europäischen Markt ausgelegte *Polaris* weist eine Länge von rund 130 Metern, eine Breite von 20 Metern und eine Seitenhöhe von 12,8 Metern auf. Die Dienstgeschwindigkeit beträgt den Angaben zufolge 12,5 Knoten bei einer maximalen Reichweite rund 4.300 Seemeilen. Energiespartechnologien, wie eine strömungsoptimierte Form des Aufbaus sollen den Gesamtwirkungsgrad um bis zu 13 Prozent steigern und die Einsatzreichweite weiter verbessern.

Dank eines Brennstoffzellensystems soll das Projekt *Polaris* über den gesamten Lebenszyklus keine Emissionen verursachen, so die Konstrukteure Foto: CSDC

NVL baut auch in Ägypten

Der deutsche Marine-Schiffbauer NVL hat planmäßig mit dem Bau der zehn neuen Küstenschutzboote des Marineschiffbauprogramms PV43-M für die ägyptische Navy begonnen.

NVL Egypt ist 2022 in Zusammenarbeit zwischen NVL, Abu Qir Ports Construction & Management Company (APCM) und Magnom Industries gegründet worden.

Seit seiner Gründung konzentriert sich das Unternehmen darauf, die nationalen Ziele Ägyptens im Bereich des Marineschiffbaus zu unterstützen und zur Entwicklung einer souveränen und unabhängigen maritimen Industrie beizutragen. Die zehn neuen, 43 Meter langen Küstenschutzboote sind für Überwachungs- und Aufklärungsaufgaben sowie für den Schutz kritischer maritimer Infrastruktur konzipiert und werden auf der ägyptischen Werft Alexandria Shipyard gefertigt. Der Auftrag war 2023 erteilt worden.

Das Programm stelle „einen strategischen Meilenstein bei der Stärkung der ägyptischen Seestreitkräfte dar, da die zehn hochmodernen Marineschiffe vollständig in Ägypten in Zusammenarbeit mit einem lokalen Werftpartner und mit technischer Unterstützung der deutschen Muttergesellschaft NVL gebaut werden“, heißt es in einem Statement.

Artists Impression des Küstenschutzbootes vom Typ PV43-M für Ägyptens Marine Foto: NVL

Das 93-Meter-Superyacht-Konzept KOA Foto: German Naval Yards

Große Yachten aus Kiel

Die deutschen Schiffbauer glänzen im Segment der großen Yachten. Jetzt kann sich auch die Kieler Werft German Naval Yards (GNYK) damit hervortun. Anfang Oktober 2025 konnte sie den Auftrag zur Fertigstellung einer Superyacht mit dem Projektnamen „ELF" buchen. Die 4.950-BRZ-Superyacht misst 114 Meter in der Länge und 15,80 Meter in der Breite. Die Ablieferung ist für 2028 angekündigt.

Das nächste Großprojekt folgte kurz vor Jahresende 2025. German Naval Yards teilte mit, dass sie zusammen mit Partnern ein neues Superyacht-Projekt auf den Markt gebracht hat. Das 93-m-Superyacht-Konzept läuft unter dem Namen Koa. Mit einer Breite von 14,60 Metern, einem Tiefgang von vier Metern und einer Vermessung von etwa 3.500 GT soll das Projekt eine zeitgemäße Ästhetik mit modernster Hybrid-Antriebstechnologie und „außergewöhnlichen Bordräumlichkeiten" kombinieren. Der Antrieb basiert auf einem bewährten Hybridantrieb mit zwei MAN-Motoren. Er soll ein geräuschloses Fahren mit rund elf Knoten und eine Höchstgeschwindigkeit von ca. 18 Knoten ermöglichen.

Sietas-Werft am Ende

Mit einer Zwangsversteigerung endete im November 2025 die jahrhundertelange Geschichte der Sietas-Werft in Neuenfelde bei Hamburg. Die älteste noch arbeitende deutsche Seeschiffswerft ist damit Gegenstand für Historiker. Unter den Hammer kam das zuletzt rund 14 Hektar umfassende Werftareal. Der Verkehrswert war mit 25,8 Millionen Euro angesetzt. Maschinen, Werkzeuge, Mobiliar und Kräne waren bereits 2022 durch eine Insolvenzkanzlei veräußert worden. Übrig blieben die Gebäude sowie der unter Denkmalschutz stehende Portalkran „Jucho", der nicht Teil der Versteigerung war.

Über seine Zukunft muss der Käufer gemeinsam mit dem Denkmalschutzamt entscheiden. Die Stadt Hamburg hat die Auktion mit einem Gebot von 13,2 Millionen Euro eröffnet. Nach insgesamt 45 Geboten erhielt die Stadt für 20,01 Millionen Euro den Zuschlag.

Rekordaufträge für Meyer

Die Papenburger Meyer-Werft-Gruppe hat nacheinander zwei Aufsehen erregende Auftragseingänge verbucht. Den Anfang machte im September 2025 die US-Kreuzfahrt-Reederei Royal Caribbean Group, die sich auf der finnischen Meyer Turku Werft bis 2036 Bauplätze sicherte. Damit bereiten beide Partner den Weg für eine neue Schiffsgeneration über die *Icon*-Klasse hinaus. Im Zuge der Vereinbarung bestätigte die in Miami ansässige Reederei den Bau der *Icon 5*, deren Ablieferung – vorbehaltlich der Finanzierung – für 2028 vorgesehen ist. Zudem verfügt Royal Caribbean über Optionen für die *Icon 6* und *Icon 7*.

Der Bau jedes einzelnen Schiffes dieser Größenordnung gilt als jeweils großes Industrieprojekt Finnlands und schafft Beschäftigung für rund 13.000 Menschen bei Meyer Turku und in deren Zuliefernetzwerk. Laut Werft bringt dies der finnischen Volkswirtschaft jährlich einen Mehrwert von über eine Milliarden Euro.

Und nur wenig später folgte der zweite Großauftrag, als die italienische MSC Cruises vier große Kreuzfahrtschiff-Neubauten bei der Meyer Werft in Papenburg orderte. Demnach sollen zunächst vier neue Kreuzfahrtschiffe der neuen Schiffsklasse *New Frontier* mit einer Vermessung von 180.000 GT und einer Kapazität von jeweils 5.400 Passagieren gebaut werden. MSC Cruises hat dafür mit der Meyer Werft eine bindende Absichtserklärung unterzeichnet. Abgeliefert werden die Schiffe ab 2030 jährlich bis in das Jahr 2033. Zwei weitere Kreuzfahrtschiffe mit Übergabe bis 2035 sind zudem optioniert. In ihrer Größe orientieren sich die Kreuzfahrtschiffe an denen der *Meraviglia*-Klasse von MSC mit einer Größe von jeweils 315 Meter Länge und 43 Meter Breite für 5.700 Passagiere. Der Auftrag hat ein Volumen von mehr als zehn Milliarden Euro.

Aufgrund der jahrzehntelangen Verbundenheit von MSC Cruises zu den Kreuzfahrt-Werften in Frankreich und Italien gilt die Auftragsvergabe nach Papenburg als Besonderheit. Zusätzlich hat in der Geschichte des Kreuzfahrtschiffbaus im Emsland noch nie ein Neukunde im ersten Aufschlag vier Neubauten bestellt.

Zwei Royal-Caribbean-Neubauten in unterschiedlichen Fertigungsstadien an der Werft in Turku Foto: Meyer Werft

Deutsch-finnische Kooperation

Die Werft Gebr. Friedrich in Kiel ist eine strategische Partnerschaft mit dem finnischen Schiffbauer Marine Alutech eingegangen. Demnach sollen in Kiel künftig auch finnische Marine- und Patrouillenboote gebaut werden.

Laut der im November 2025 bekannt gemachten Kooperationsvereinbarung wollen die beiden familiengeführten Unternehmen „einen wichtigen Schritt" gehen, um ihre Marktpositionen zu stärken, gemeinsam besser für aktuelle und zukünftige Projekte aufgestellt zu sein sowie näher an den Kunden im wachsenden Verteidigungssektor zu agieren, heißt es zur Begründung. Künftig sollen Watercat-Patrouillenboote von Marine Alutech an einem neuen Produktionsstandort in Kiel produziert werden können. Die erste Vereinbarung umfasst die Montage von Einheiten der Serie Watercat 2000. Sieben Schiffe dieses Typs sind bereits im Mittelmeer im Einsatz und unterstützen dort Operationen der EU-Grenzschutzagentur Frontex.

Marine Alutech gilt als eines der führenden Unternehmen der finnischen Verteidigungsindustrie. Das Unternehmen ist auf die Konstruktion, Produktion, Wartung und den Lifecycle Support von Behörden- und Berufsfahrzeugen spezialisiert. Aktuell befinde man sich „in einer starken Wachstumsphase" und verfüge über einen Auftragsbestand von rund 200 Millionen Euro, heißt es in dem Statement weiter. Ziel ist es, die Belegschaft bis zum Jahr 2030 auf etwa 500 Mitarbeiter zu erhöhen.

Ein Watercat 2000. Sieben Schiffe dieses Typs sind bereits im Mittelmeer im Einsatz

Foto: Alutech

Wieder Stapellauf bei FSG

Auf der Flensburger Werft FSG Shipyard ist das erste Schiff seit der Übernahme durch die Bremerhavener Rönner Group vom Stapel gelaufen – die *SeaRoad I* (43.080 GT/11.970 tdw). Der 210 Meter lange, 29,3 Meter breite RoRo-Frachter mit einer Geschwindigkeit von 22,5 Knoten soll im Juli 2026 an die australische Reederei SeaRoad mit Sitz in Tasmanien abgeliefert und ab September 2026 zwischen Tasmanien und dem australischen Festland eingesetzt werden.

Und es geht weiter: Auf der Flensburger Wert fand Mitte Februar 2026 der erste Stahlschnitt für das neue DLR-Forschungsschiff statt – eigentlich ein Auftrag der Bremerhavener Lloyd Werft. Da die Bremerhavener Werft keine Kaskos fertigt, wurde der Stahlbau an die ebenfalls zur Heinrich Rönner Gruppe gehörende Flensburger Werft vergeben.

Laut Plan soll die Ablieferung des Kaskos noch in diesem Jahr erfolgen. Die Überführung zur Endausrüstung zur Lloyd Werft nach Bremerhaven ist bis spätestens September 2026 geplant. Die Endausrüstung soll dann etwa ein Jahr in Anspruch nehmen. Außerdem will die Werft mit dem Bau der MEKOs DEU beginnen. Dass die Heinrich Rönner Gruppe an dem Bau der neuen MEKOs für die Deutsche Marine beteiligt sein wird, wurde erst nachträglich bekannt. Den Auftrag hat TKMS, die Rönner beteiligen will.

Das neue Boot *TCG Hizirreis* nach der Übergabe Foto: TKMS

Zweites Türkei-U-Boot abgeliefert

Bei dem polnischen Programm über die Beschaffung von drei U-Booten ist TKMS zwar nicht zum Zuge gekommen, dafür geht es aber in der Türkei voran. Dort wurde im November 2025 das zweite von insgesamt sechs vertraglich vereinbarten Booten der HDW-Class NTSP als *TCG Hizirreis* an die Marine des NATO-Partners übergeben. Im Oktober 2024 war die Übergabe des ersten Bootes erfolgt.

Im Zuge der Kooperation zwischen TKMS und der türkischen Marine zeichnet die Kieler Werft verantwortlich für das Design, die Lieferung sämtlicher Materialien sowie für die Begleitung des Baus und der Erprobungsphase. Gebaut werden die Boote bei der Gölcük Naval Shipyard (GNSY).

Die Fertigung der vier übrigen Boote läuft den Angaben zufolge bereits und befindet sich jeweils an unterschiedlichen Punkten im Projektablauf. Die Ablieferung des dritten Bootes wird nach der Terminplanung der staatseigenen Bauwerft GNSY für in etwa einem Jahr anvisiert.

Containerschiff mit Ammoniak-Antrieb

Die italienische Reederei MSC hat gemeinsam mit chinesischen Partnern ein Konzept für ein neues Containerschiff, das mit Ammoniak betrieben werden soll, vorgestellt. Die Klassifikationsgesellschaft DNV hat inzwischen die Genehmigung (Approval in Principle – AiP) für das Design ausgestellt. Die chinesischen Partner sind die Werft Zhoushan Changhong International Shipyard sowie das Design-Unternehmen CIMC ORIC. Geplant ist ein Ultra-Large-Containerschiff mit 21.700 TEU Stellplatzkapazität. Es soll mit einem Dual-Fuel-Antrieb ausgestattet werden, primär ist es für den Betrieb mit dem alternativen Kraftstoff Ammoniak ausgelegt.

Wie DNV mitteilte, soll das geplante Schiff die neueste Generation von Ammoniak-Dual-Fuel-Motoren sowie übergroße Ammoniaktanks integrieren. Das Rumpfdesign mit neuem, vertikalem Bug, optimiertem Heck und Rumpflinien sowie reibungsarmen Beschichtungen, hocheffizienten Propellern und energiesparenden hydrodynamischen Merkmalen ziele auf eine verbesserte Treibstoff-Effizienz ab. Das Design wurde hinsichtlich eines hohen Verhältnisses von Ladekapazität zu Laderaum-Kapazität und effizienter -nutzung optimiert. Darüber hinaus ermöglicht die Anordnung der beiden Inseldecks und die Gestaltung des Vordecks zusätzliche 40-Fuß-Containerbuchten.

Über 60 Fluss-Kreuzfahrtschiffe

Die zur Meyer-Gruppe gehörende Rostocker Neptun Werft hatte Anfang 2025 den Auftrag für acht weiteren Fluss-Kreuzfahrtschiffe der Longship-Klasse von der Schweizer Reederei Viking River Cruises erhalten. Mitte Oktober 2025 mit der *Viking Honir* wurde das erste Schiff dieser neuen Serie in Basel abgeliefert.

Wie alle diese 135 Meter langen und 11,45 Meter breiten Fluss-Kreuzfahrtschiffe, die bei Neptun für Viking gebaut wurden, ist auch die neue Schiffsserie mit Hybrid-Antriebssystemen ausgestattet. Das System besteht aus einem dieselelektrischen Antrieb und einem Batteriesystem. Damit können Spitzenlasten ausgeglichen und der Kraftstoffverbrauch reduziert werden. Die Geschwindigkeit beträgt 21 km/h. Die Schiffe bieten in 95 Kabinen Platz für bis zu 190 Passagieren.

Bereits seit 2011 baut die Neptun Werft Fluss-Kreuzfahrtschiffe der Longship-Serie für Viking River Cruises. Mit dem Neubau *Viking Honir* wurden bislang über 60 dieser baugleichen Longships abgeliefert. Die Viking-Longship-Flotte befährt den Rhein, die Elbe, den Main, die Donau und weitere Flüsse in insgesamt zwölf Ländern.

Der Neubau *Viking Honir* bei der Erprobung
Foto: Neptun

Zwei von vier Neubauten wurden in Spanien in Auftrag gegeben Foto: BSH/Gondan Shipyard

Vier Schiffe in Auftrag

Der Bund hat vier neue Schiffe in Auftrag gegeben – zwei Schiffe für das Bundesamt für Seeschifffahrt und Hydrographie (BSH) und zwei für die Generaldirektion Wasserstraßen und Schifffahrt (GDWS). Doch nur zwei davon werden in Deutschland gebaut.

Die Neubauten für das BSH, beides Mehrzweckschiffe, werden von der spanischen Gondan-Werft gebaut und sollen die namensgleichen bisherigen *Wega* und *Deneb* ersetzen. Sie werden hauptsächlich Methanol als Brennstoff nutzen, um weniger Emissionen zu verursachen und zudem den Silent-R-Standard der Klassifikationsgesellschaft DNV für Forschungsschiffe zu erfüllen. Die Fertigstellung der neuen *Wega* ist für 2029 geplant, ein Jahr später soll die *Deneb* folgen.

Wie das BSH mitteilt, habe die spanische Gondan-Werft im Vergabeverfahren durch „wirtschaftliche Leistungsfähigkeit und hohe Qualitätsstandards“ überzeugt. Das Unternehmen plane die Entwicklung eines Schiffes vollständig digital und setze innovative Technologien wie Schweißroboter ein. Die Gesamtkosten für beide Schiffe betragen 270 Millionen Euro.

Die beiden Neubauten sind jeweils 70 Meter lang, 15 Meter breit und haben einen Tiefgang von 4,2 Metern. Die Besatzung wird aus 18 Personen bestehen, zusätzlich können bis zu sieben Wissenschaftler mitfahren

Auch die Wasserstraßen- und Schifffahrtsverwaltung des Bundes (GDWS) bekommt zwei Neubauten. Wie es in einer gemeinsamen Pressemitteilung von GDWS, BSH und dem Bundesministerium für Verkehr heißt, habe man am 18. November 2025 zwei SWATH-Lotsenversetzschiffe für den Lotsbetriebsverein e.V. in Auftrag gegeben. Dieser Auftrag ging an Abeking & Rasmussen in Lemwerder. Die Schiffe ersetzen die bisherigen SWATH-Tender *Duhnen* und *Döse*. Sie sollen Ende des Jahres 2027 ausgeliefert werden.

Die beiden Schiffe werden eine Länge von 25,63 Metern, eine Breite von 14,27 Metern und einen Tiefgang von 2,70 Metern aufweisen. Die Transportkapazität der Schiffe wird mit zwölf Personen angegeben (zzgl. Besatzung; zudem Mitnahme von zusätzlichen Versorgungsgütern für die Lotsenstationsschiffe möglich).

SCHIFFBAUJAHR 2025 UND AUSBLICK

„Wir wollen liefern“

Aktionsplan für die maritime Industrie gefordert

Von Hans Jürgen Witthöft

Mitte März 2026 traten der Verband für Schiffbau und Meerestechnik (VSM) und die Gewerkschaft IG Metall Küste gemeinsam vor die Presse, um eine stärkere Flankierung der Werft- und Zulieferindustrie durch die öffentliche Hand und die EU-Kommission zu fordern. Anlass für die gemeinsame Positionierung war die Vorbereitung auf die diesjährige Nationale Maritime Konferenz (NMK) Ende April in Emden. „Wir wollen liefern“ war folglich das Motto der Pressekonferenz.

Die maritime Industrie sei eine „Zukunftsbranche mit strategischer Bedeutung für Deutschland und Europa“, betonten übereistimmend der VSM und die IG Metall. Doch um die Wachstumschancen, die sich ihr in Deutschland bieten, nutzen zu können, müsse die Politik klare Prioritäten setzen und verlässliche Rahmenbedingungen schaffen. Schon jetzt sei man in Europa „technologisch führend, exportstark und sicherheitsrelevant“, so der VSM weiter. Deutschland sei in Europa die führende Industrienation, auch in der gesamten Wertschöpfungskette von Schiffbau und Meerestechnik.

Auch Daniel Friedrich, Bezirksleiter der IG Metall Küste, unterstrich die industrie- und arbeitsmarktpolitische Bedeutung der Branche. Derzeit würden in den Stammbelegschaften der deutschen Werften wieder rund 20.000 Menschen arbeiten, endgültige Zahlen für 2025 lägen noch nicht vor. Die bundesweit insgesamt 3.000 Unternehmen, die dem Schiffbau und der Zulieferindustrie zugerechnet werden, beschäftigen nach seinen Angaben etwa 80.000 bis 100.000 Menschen. „Die Fachkräftesicherung wird nicht nur wegen der Demografie zu einem entscheidenden Faktor für die Zukunftsfähigkeit und Wettbewerbsfähigkeit der Branche. Entschei-

CHINA UND EUROPA IM VERGLEICH

Asien weit vorn

Ablieferungen auf Basis Mio. CGT (Quelle: S&P Global 2025)

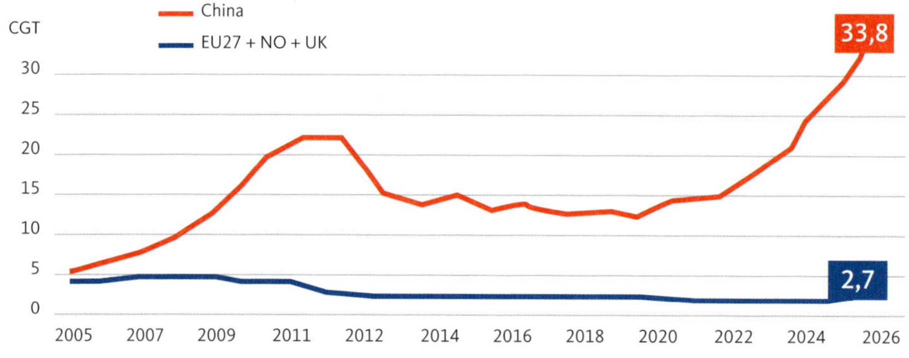

dend ist nun, die Attraktivität maritimer Berufe zu erhöhen und mehr junge Menschen – besonders Frauen – zu gewinnen."

Die jüngsten Signale aus Brüssel für eine stärke Orientierung an „Made in Europe" begrüßten sowohl der VSM als auch die Gewerkschaft ausdrücklich. „Wenn öffentliche Mittel eingesetzt werden, müssen sie auch europäische Wertschöpfung und industrielle Kompetenz stärken", erklärten beide einvernehmlich. „Das ist ein zentraler Baustein für Resilienz und Wachstum in Europa."

Angesprochen werden muss nicht zuletzt die China-Problematik. Die Volksrepublik drängt den Rest der Welt vor allem beim Bau von Handelsschiffen immer weiter in die Defensive, auch deshalb, weil sie nach wie vor ihre Werften massiv unterstützt und das seit Jahrzehnten. So haben die chinesischen Werften nach VSM-Angaben im Jahr 2025 33,8 Millionen CGT abgeliefert. Die europäischen Unternehmen brachten es einschließlich den Nicht-EU-Mitgliedern UK und Norwegen lediglich auf 2,7 Millionen CGT, die USA gerade einmal auf ca. 100.000 CGT.

Herausforderndes Jahr

2025 war geprägt von geopolitischen Umwälzungen, von denen der völkerrechtswidrige russische Angriff auf die Ukraine zuvorderst zu nennen ist. Nach gut 70 Friedensjahren ist der Krieg zurück in Europa, und ein Ende ist nicht abzusehen. Hinzu kam das wachsende Selbstbewusstsein Chinas mit Ansprüchen auf Taiwan und das gesamte Südchinesische Meer sowie die sich in rascher Folge wandelnde Politik der USA mit einem unberechenbaren Präsidenten an der Spitze. Diese prekäre internationale Gemengelage hatte selbstverständlich auch Einfluss auf die Lage der deutschen Werftindustrie.

Der Schiffbauverband betonte einmal mehr die Widerstandsfähigkeit der Branche und unterstrich zum wiederholten Mal ihre Relevanz nicht nur für den Wirtschaftsstandort Deutschland, sondern für ganz Europa. Der starke Auftragsbestand zeuge davon, dass die deutschen Werften im Verein mit der starken Schiffbau-Zulieferindustrie nach wie vor ein unverzichtbarer Bestandteil der europäischen maritimen Industrie sind. Einzelheiten über den Auftragsbestand und die Ablieferungen lagen bei Redaktionsschluss noch nicht vor. Er umfasste alle Segmente von Kreuzfahrtschiffen über Spezialschiffen bis hin zu Marineeinheiten sowohl für nationale Auftraggeber als auch für den Export.

Fischerei-Aufsichtsboot der Rostocker Tamsen-Werft Foto: Tamsen-Werft

Asuka III **ist ein kleines Schiff für Japan, aber ein großes Signal für den hiesigen Schiffbau** Foto: Meyer Werft

Trotz dieser global gesehen unübersichtlichen Lage begann das Jahr 2025 für die deutsche Schiffbauindustrie mit einer positiven Überraschung, als nämlich die Werften in Flensburg und Rendsburg nur wenige Wochen nach Beginn ihrer Insol-

Die Superyacht *Cosmos* wurde im August 2025 bei der Lürssen Werft ausgedockt
Foto: Lürssen Werft

venzverfahren neue Eigentümer aus der deutschen maritimen Branche fanden. Das zeige laut VSM, dass in Deutschland wegen der zunehmenden Anforderungen im Spezial- und Marineschiffbau jedes Dock, jede Helling und jeder Quadratmeter Schwergutkapazität gebraucht werde. Leider galt das nicht für die älteste noch arbeitende deutsche Werft, die Hamburger Sietas-Werft. Sie musste nach über 300 Jahren Tätigkeit und erfolgloser Suche nach einem neuen Betreiber ihre Tore endgültig schließen.

Einen außergewöhnlichen Großauftrag konnte kurz vor Jahresende die Papenburger Meyer-Werft-Gruppe mit ihren Tochterbetrieben in Rostock und im finnischen Turku verzeichnen. MSC Cruises orderte vier große Kreuzfahrtschiffe plus zwei Optionen, womit die Werft bis in das nächste Jahrzehnt ausgelastet ist. Kurz zuvor konnte sich die Meyer Werft in Turku ebenfalls einen Großauftrag der US-amerikanischen Kreuzfahrtreederei Royal Caribbean Line (RCL) sichern, die Beschäftigung bis Mitte 2030 schafft.

Angesichts der veränderten sicherheitspolitischen Lage war der Marineschiffbau eines der bestimmenden Themen. Die Übernahme von NVL durch Rheinmetall markierte einen bedeutenden strategischen Kurswechsel. In die gleiche Richtung zielt der erfolgreiche Börsengang von TKMS, auf den in dem Beitrag auf den Seiten 48–53 ausführlicher eingegangen wird. In diesem Zusammenhang sind die Debatten um das Fregatten-Programm der Deutschen Marine zu nennen. Sie verdeutlichen die Komplexität und die politische Brisanz großer Schiffbauprojekte für die Verteidigung. Gleiches gilt für den Bau der konventionellen U-Boote.

TKMS-Fregatten kommen

Am 19. März 2026 hat der Haushaltsausschuss des Deutschen Bundestags die Verlängerung des Vorvertrags für das Projekt MEKO A-200 DEU gebilligt. Dies stellt laut TKMS einen wichtigen Schritt zur Beschaffung von vier TKMS-Fregatten dar, mit denen die der NATO zugesagte Stärkung der U-Jagd-Fähigkeiten sichergestellt werden soll. Die formelle Vertragsgestaltung und die Vorbereitung der parlamentarischen Befassung sollen nun zeitnah umgesetzt werden. Das in Schwierigkeiten geratene, ursprünglich bei der niederländischen Damen-Werft georderte F 126-Programm wird jedoch nicht aufgegeben. Es ist von NVL zunächst provisorisch übernommen worden.

FÄHREN UND FAHRGASTSCHIFFE DAMALS UND HEUTE

Leistungsstark und innovativ

Für die einen sind diese Schiffe Teil des maritimen Urlaubserlebnisses, für andere – insbesondere für den Bewohner der Inseln und Halligen – bilden speziell die Fähren einen Teil ihres Alltags. Fähren und Fahrgastschiffe sind jedoch nicht nur unverzichtbare Transportmittel und schwimmende Lebensadern, sondern auch Innovationstreiber – etwa mit Blick auf den Einsatz elektrischer Antriebe auf See

Von Frederik Erdmann

Bis ins 19. Jahrhundert waren die Schiffsanbindungen der deutschen Inseln, hier zu den Halligen Nordfrieslands, vielfach sehr einfach gehalten
Foto: Archiv Neue Pellwormer Dampfschifffahrts GmbH

Von Ende 2025 bis zum 12. April 2026 war die deutsche Küstenfähr- und Fahrgastschifffahrt Thema einer Sonderausstellung im Internationalen Maritimen Museum in Hamburg. Parallel zur Eröffnung der Sonderausstellung erschien darüber hinaus bei Koehler im Maximilian Verlag unter dem Titel „Fähr- und Fahrgastschifffahrt an Deutschlands Küsten – Rückblicke, Einsichten, Perspektiven" ein Begleitbuch, das neben vielfältigen Einblicken in den heutigen Betrieb dieses Schifffahrtssegments auch einen historischen Überblick liefert.

Am 12. März 2026 lud der Verband Deutscher Reeder e.V. schließlich zum „Abend der deutschen Fähr- und Fahrgastschifffahrt" ins IMMH ein. Dieser Abend bildete, aufbauend auf den Inhalten der Sonderausstellung, die Gelegenheit für einen Zukunftsausblick der Branche.

Vertreter von Reedereien sowie aus Politik und Verwaltung diskutierten u.a. über alternative Antriebe, die in der küstennahen deutschen Passagier-Schifffahrt bereits heute Realität sind: Die AG Ems etwa nutzt bereits seit 2015 Liquefied Natural Gas (LNG) als Treibstoff für einige ihrer Schiffe, und mit der *Adler Nature* (2024) sowie der *Frisia E-I* (2025) sind kürzlich auch zwei rein elektrische Fahrgastschiffe an der Ost- sowie der Nordseeküste in Betrieb gegangen.

Ursprünge im 19. Jahrhundert

Ein Innovationstreiber war die deutsche Küstenpassagier-Schifffahrt praktisch von Anfang an – und ihre Ursprünge rei-

Die *Adler Nature* kam 2024 für Adler-Schiffe als erstes vollelektrisches Fahrgastschiff an Deutschlands Küsten in Fahrt
Foto: Adler-Schiffe GmbH & Co. KG

chen weit zurück: Mit dem Aufkommen des Seebädergedankens und der Gründung der ersten deutschen Bäder ganz am Ende des 18. Jahrhunderts entwickelte sich rasch der Bedarf an zuverlässigen, modernen Schiffsverbindungen zu den Inseln. Bis dahin waren die vielfach kon-

Der Seebädertourismus bildete die Initialzündung für die Entwicklung zuverlässiger, moderner Inselschiffsverbindungen
Foto: Archiv Wyker Dampfschiffs-Reederei Föhr-Amrum

Volldampf voraus: Der Dampfantrieb blieb viele Jahrzehnte lang Rückgrat der deutschen Inselpassagierschifffahrt
Foto: Archiv Neue Pellwormer Dampfschifffahrt

zessionsgebundenen Relationen von vielfach abenteuerlichen Verhältnissen geprägt: Unregelmäßige Abfahrten, primitive Boote, Wucherpreise und zuweilen betrunkene Fährleute waren vielerorts gang und gäbe.

Andererseits war der Verkehrsbedarf jedoch auch sehr beschränkt: Viele Inseln waren seinerzeit autark, der geringe Handel beschränkte sich auf den Verkauf vor Ort nicht benötigter Überschüsse an Agrarerzeugnissen sowie auf Fisch. Mit dem Aufkommen des frühen Bädertourismus änderten sich die Verhältnisse innerhalb weniger Jahrzehnte grundlegend: Fahrplanmäßige, zuverlässige Verkehre entstanden, Ruder- und Segelboote wurden bald durch Seitenraddampfer abgelöst. Vor allem in der zweiten Hälfte des 19. Jahrhunderts, als infolge der Reichsgründung und der beginnenden Industrialisierung auch der Bädertourismus anzog, nahmen Insulaner und Küstenbewohner vielerorts die Geschicke selbst in die Hand und gründeten vor Ort eigene Reedereien.

Heute noch bestehende Unternehmen wie die AG Ems, die AG Reederei Norden-Frisia, die Neue Pellwormer Dampfschiffahrts GmbH oder die Wyker Dampfschiffs-Reederei Föhr-Amrum GmbH (W.D.R.) haben in dieser Zeit ihre Wurzeln, auch wenn sich die Strukturen dieser Unternehmen vor allem bis in die Zeit kurz nach dem Ersten Weltkrieg oftmals noch wandelten.

Gerade diese größeren, kapitalkräftigeren Reedereien wurden in der Folge zu Innovationstreibern: Frühzeitig setzten sie auf den Schraubenantrieb anstatt des Schaufelrades, und auch bei der Nutzung des Dieselantriebs zählten sie zu den Pionieren: Schon 1911 stellte etwa die W.D.R. mit der *Albert Ballin* ihr erstes Motorschiff in Dienst, das mit zwei jeweils 35 PS leistenden Boliden-Motoren ausgerüstet war. In der Hochseeschifffahrt waren zu jener Zeit Dampfantriebe noch absolut die Regel, doch gerade der küstennahe Schiffseinsatz ermöglichte es, neue Antriebe in der Praxis zu erproben.

Schwimmende Lebensadern

Jahrzehnte später, in den 1950er- und 1960er-Jahren, revolutionierten die Inselreedereien die von ihnen betriebenen Versorgungsverkehre durch den Einsatz neuer Umschlags- und Transporttechnologie: Ab Beginn der 1960er-Jahre kamen

Mit der *Frisia VIII* begann 1962 der RoRo-Verkehr nach Norderney. Gebaut wurde das noch mit einem komplett offenen Fahrzeugdeck ausgestattete Schiff bei der Meyer Werft in Papenburg
Foto: Archiv AG Reederei Norden-Frisia

Die 1962 von der Husumer Schiffswerft abgelieferte *Pidder Lyng* brachte die RoRo-Technologie nach Nordfriesland
Foto: Archiv Wyker Dampfschiffs-Reederei Föhr-Amrum GmbH

zu den deutschen Inseln mit Autoverkehr RoRo-Fährschiffe zum Einsatz, mit denen nicht zuletzt der Güterverkehr stark vereinfacht wurde. Schon einige Jahre zuvor hatte in Ostfriesland der Einsatz von Behältern (Containern, die sich größenordnungstechnisch freilich weit unterhalb der später normierten ISO-Abmessungen bewegten) den Stückguttransport revolutioniert.

Zu den autofreien Inseln Ostfrieslands sowie nach Helgoland bestehen diese Behälterverkehre in stetig weiterentwickelter, optimierter Form bis heute fort. Der bis in die 1950er-Jahre hinein erforderliche, personal- und zeitintensive Umschlag der einzelnen Ladungsstücke entfiel damit. Diese Optimierung war eine wichtige Basis für eines der Alleinstellungsmerkmale der deutschen Inselfährschifffahrt: Bis heute werden die meisten dieser „schwimmenden Lebensadern" zu den Inseln und Halligen eigenwirtschaftlich ohne öffentliche Bezuschussung betrieben – und dies ganzjährig, obwohl der Winterverkehr vielfach stark defizitär ist. Manche Verkehre operieren auch ganzjährig mit Verlusten, so wie etwa die Hallig-Linie der W.D.R. von Schlüttsiel nach Hooge und Langeneß.

Für die Husumer Schiffswerft war der Bau von Autofähren von 1960 bis 1997 ein Kerngeschäftsfeld, im Bild die *Langelandsbælt*
Foto: Fotoflite/Sammlung Frederik Erdmann

Dennoch bleiben der öffentlichen Hand Zuschüsse auch in diesem Fall erspart, weil die Hallig-Linie in einem Netz mit der profitablen Föhr-Amrum-Linie betrieben wird. Ähnlich sieht es auch andernorts aus, einzig im Winterverkehr nach Helgoland stellt sich die Situation anders dar. Im europäischen Vergleich ist die Eigenwirtschaftlichkeit der Inselverkehre indessen eine Ausnahme: Vielerorts, etwa in unserem Nachbarland Dänemark, muss die öffentliche Hand zur ganzjährigen Aufrechterhaltung defizitärer Verkehre tief in die Tasche greifen.

Die bezuschussten Verkehre sind dort zwar konzessioniert und unterliegen der Notwendigkeit regelmäßiger EU-Ausschreibungen, zur Einsparung öffentlicher Haushaltsmittel trägt diese Form des Wettbewerbs jedoch kaum bei: In vielen Fällen bewerben sich bei den (an sich schon für die öffentliche Hand kostenintensiven) Ausschreibungen stets nur die etablierten Reedereien, weil die Verkehre trotz Bezuschussung keine attraktiven Renditen abwerfen.

Insgesamt ist die öffentliche Hand in der Bundesrepublik mit den hier historisch gewachsenen „Eigenwirtschaftlichkeitsstrukturen" wesentlich besser gestellt. Erhalten bleiben können diese jedoch nur, wenn die Betriebsführung effizient erfolgt – und der vorwiegend saisonale Tourismus die Ertragsbasis der Reedereien stärkt.

Von der Lustfahrt zur Butterfahrt

Der maritime Tourismus war im 19. Jahrhundert die Keimzelle der heutigen Inselverkehre – heute ist er unverändert ihre wirtschaftliche Basis. Doch auch jenseits des Inselverkehrs haben sich in den zurückliegenden rund 200 Jahren viele For-

Volle Fahrt voraus in Richtung Föhr und Amrum: Für viele Urlauber sind die deutschen Inselfähren ein Teil ihres Urlaubserlebnisses

Foto: Frederik Erdmann

men der touristischen Schifffahrt entwickelt. Am Anfang standen dabei die sogenannten Lustfahrten – Ausflugsfahrten von Insel zu Insel oder zum Festland, vielfach an Bord relativ einfacher Schiffe.

Ende des 19. Jahrhunderts führte der Begründer der Flensburger Fördeschifffahrt, Friedrich Mommse Bruhn, diese Idee weiter: Mit der *Ernst Günther* stellte er 1885 den ersten Salondampfer in Dienst. Mit diesem für damalige Verhältnisse geradezu luxuriös ausgestatteten Schiff sollte sich die Ausflugsfahrt zu einer Art kleinen Küstenkreuzfahrt weiterentwickeln. Noch heute legt die erhalten gebliebene *Alexandra* Zeugnis dieser gediegenen Form der Ausflugsfahrt ab. Wenige Jahre nach dem Ende des Zweiten Weltkriegs, 1952, etablierte sich dann etwas anderes: Zunächst auf der Relation Flensburg–Kollund entstand ein einkaufsorientierter Kurzstreckenverkehr, den anfangs die beiden kleinen Motorschiffe *Forelle* und *Libelle* der Förde-Reederei bedienten. Mit ihnen fuhren in erster Linie deutsche Passagiere auf die dänische Nordseite der Förde, um dort preiswert Butter und andere Lebensmittel einzukaufen – die sogenannte Butterfahrt war geboren.

Schon bald wurden auch direkt an Bord Waren steuer- und abgabenfrei angeboten, basierend übrigens auf Zollvorschriften, die bis ins Jahr 1869 zurückreichten und den Erwerb sowie den Verbrauch von abgabenfreiem Schiffsbedarf ermöglichten.

Aus den bescheidenen Anfängen auf der Flensburger Förde entwickelte sich innerhalb weniger Jahre ein Geschäft, das die deutsche Küstenpassagier-Schifffahrt mehr als vier Jahrzehnte lang wesentlich prägen sollte: Nach unterschiedlichen Statistiken waren allein in der auf den Bordverkauf ausgerichteten Butterfahrt Mitte der 1980er-Jahre rund 18,5 Millionen Menschen jährlich in der westlichen Ostsee unterwegs – der größte Teil von ihnen an Bord von Schiffen deutscher Reedereien.

In Spitzenzeiten waren gut 150 Fahrgastschiffe allein an diesem Geschäft beteiligt, über 5.000 Arbeitsplätze hingen von der Butterfahrt ab. Entsprechend hart war der Einschnitt, den das von der EU verordnete Ende dieses Verkehrs zum

Eine echte Husumerin war auch die 1971 für den dänischen Reeder Asger Lindinger gebaute Fähre *Westerland*

Foto: Sammlung Frederik Erdmann

1. Juli 1999 bedeutete. Nach Polen bestand der abgabenfreie Warenverkauf zwar noch einige Jahre fort, doch an die Rekord-Beförderungszahlen der 1970er- und 1980er-Jahre konnte die Branche später nie wieder anknüpfen.

Wertschöpfungs- und Jobmotor

Der sowohl durch den Siegeszug des Ro-Ro-Konzepts als auch durch das Florieren der Butterfahrt begründete Boom der deutschen Küstenpassagier-Schifffahrt vor allem in den 1960er- bis 1980er-Jahren generierte nicht nur in den Schifffahrtsunternehmen, sondern auch in der Schiffbauindustrie Wertschöpfung. Heute ist der Bau von Küstenpassagier-Schiffen für die deutschen Werften allenfalls ein Randgeschäft, attraktiv ist für einige Betriebe weitaus mehr der Unterhalt der Bestandsflotte. Früher sah dies anders aus: Namentlich die damalige Husumer Schiffswerft etablierte sich ab 1960 auch international als einer der Marktführer für kleinere Fahrgastschiffe und Fähren zum Einsatz auf küstennahen Routen.

Noch vor ihren deutschen Kollegen gaben mehrere dänische und schwedische Reedereien hier Fährschiffe in Auftrag. Mit ihrem Bau sammelte die Husumer Werft Erfahrungen, die später auch das Erscheinungsbild namentlich der nordfriesischen Fährschifffahrt prägten. Bald war in Husum so viel Expertise zusammengetragen worden, dass die von Hans Kröger geführte Werft nicht nur international konkurrenzfähige Fähr- und Fahrgastschiffe kleinerer Größe baute, sondern sie im eigenen Hause auch selbst entwarf.

Auch die Papenburger Meyer Werft sammelte im Bau von Küstenpassagier-Schiffen und Fähren insbesondere für den Einsatz in Ostfriesland wertvolle Erfahrungen, bevor sie in den 1960er-Jahren international in den Bau von Fährschiffen und viel später dann in ihr heutiges Kerngeschäftsfeld, den Kreuzfahrtschiffsbau, einstieg. Viele Arbeitsplätze hingen seinerzeit vom Küstenpassagier-Schiffsbau in der Bundesrepublik ab.

Von diesen einstigen Glanzzeiten ist heute nicht mehr viel übrig – im Bau kleinerer Fähren profilieren sich aktuell bei-

Ein seit über 30 Jahren bewährtes „Arbeitspferd“ ist die 1991 als *Hilligenlei* in Husum gebaute *Rungholt*, heute Reservefähre nach Pellworm

Foto: Frederik Erdmann

spielsweise vor allem Werften in der Türkei. Dennoch hängen, etwa bei der Husumer Dock und Reparatur GmbH & Co. KG (HDR), die im Reparaturbereich das Erbe der einstigen Husumer Schiffswerft fortführt, oder bei der Oldersumer Schiffswerft Diedrich, noch immer einige Arbeitsplätze vom Unterhalt und von gelegentlichen Umbauten der deutschen Küstenpassagier-Schiffe ab. Namentlich in Oldersum ist überdies auch Neubaukompetenz weiterhin vorhanden.

Der Löwenanteil der Wertschöpfung aus der Küstenpassagier-Schifffahrt entfällt in Deutschland heute jedoch auf die daran beteiligten Reedereien. Sie zählen in den strukturschwachen Küstenregionen nach wie vor zu den größten Arbeitgebern und bieten mit der Ausbildung zum Schiffsmechaniker sowie mit Praxissemesterplätzen in vielen Fällen auch

FAHRGASTSCHIFFE AN DEN KÜSTEN

25 Millionen begeisterte Gäste

Über zehn Million Menschen sind Jahr für Jahr mit den Fähren und Fahrgastschiffen an Deutschlands Küsten unterwegs. Rechnet man die HADAG-Fährverkehre in Hamburg mit ihren ebenfalls rund zehn Millionen Fahrgästen sowie weitere küstennahe Verkehre hinzu, so kommt man auf rund 25 Millionen Menschen, die die „weiße Flotte“ an Deutschlands Küsten jährlich transportiert. Die Fähren und Fahrgastschiffe sind jedoch nicht nur unverzichtbare Transportmittel und schwimmende Lebensadern, sondern überdies auch Innovationstreiber – etwa mit Blick auf den Einsatz elektrischer Antriebe auf See.

In den Niederlanden gebaut, ist die *Frisia E-I* als vollelektrischer Katamaran seit 2025 im Verkehr nach Norderney in Fahrt
Foto: AG Reederei Norden-Frisia

Einmal „auftanken" bitte: Die *Frisia E-I* wird nach ihrer Ankunft in Norddeich mit dem Ladeanschluss verbunden
Foto: AG Reederei Norden-Frisia

dem Nachwuchs überaus attraktive Einstiege in eine Berufslaufbahn auf See an.

Gut aufgestellt, aber ...

Insgesamt ist die deutsche Küstenpassagier-Schifffahrt gut aufgestellt und darf mit Fug und Recht als Innovationsmotor für die bundesrepublikanische Seeschifffahrt insgesamt gelten. Ob Digitalisierung, Einsatz alternativer Brennstoffe oder Umstellung auf elektrische Antriebe: In all diesen Bereichen zählten und zählen die küstennah operierenden Fähr- und Fahrgastschiffsreedereien zu den Vorreitern. Dennoch warten Herausforderungen auf die Branche: Namentlich die Flotte deutscher Ausflugsschiffe ist im Durchschnitt verhältnismäßig alt und erfordert mittelfristig Ersatzinvestitionen.

Ihre Realisierung wird nicht zuletzt durch die vielfach geringen Unternehmensgrößen erschwert: Eine familiengeführte Reederei mit ein oder zwei Fahrgastschiffen war in den 1970er-Jahren durchaus in der Lage, ein Neubauprojekt wirtschaftlich tragfähig umzusetzen. Heute ist dies für einen solchen Betrieb angesichts massiv gestiegener Baupreise, weitaus strikterer Regularien und eines stark ausgedünnten Portfolios möglicher Bauwerften kaum mehr darstellbar – nurmehr größere Unternehmen können Neubauten finanziell stemmen.

Erschwerend kommt der sehr geringe Standardisierungsgrad in der Fähr- und Fahrgastschifffahrt hinzu: Anders als etwa im Regionalflugverkehr gibt es keinerlei standardisierte Schiffstypen. Selbst zwischen Nord- und Ostfriesland sind Autofähren nur im Ausnahmefall und unter Mühen austauschbar – Grund dafür ist ein seit den 1960er-Jahren gewachsenes Kuriosum: Auf nordfriesischen Fähren liegt das Autodeck (im Einklang mit dem auch international vorherrschenden Design) unterhalb des Salondecks, auf ostfriesischen Fähren hingegen darüber und mithin verhältnismäßig weit oben im Schiff.

Die landseitigen Rampen müssen jeweils auf diese Anordnung zugeschnitten werden und erlauben daher keinen einfachen Schiffstausch. In einer zumindest teilweisen Standardisierung künftiger Neubauten könnte eine Chance für die deutsche Küstenfährschifffahrt liegen. Dänemark liefert hier Anregungen, denn dort wird über das Færgesekretariatet – ein Zusammenschluss kleiner kommunaler Fährbetriebe – derzeit an der Entwicklung eines Standarddesigns zum Einsatz auf verschiedenen Küstenrouten gearbeitet. Darüber hinaus wird vor allem in der Ausflugsschifffahrt an einer weiteren Konsolidierung und Konzentration auf größere Unternehmen kaum ein Weg vorbeiführen.

Jährliche Werftzeit der *Schleswig-Holstein* im HDR-Dock in Husum Foto: Frederik Erdmann

Ein erfolgreiches Beispiel ist in diesem Zusammenhang die Reederei Adler-Schiffe des Unternehmers Sven Paulsen: In den vergangenen Jahren sind mehrere kleinere Reedereien übernommen worden. Sie wurden in das bestehende, mittlerweile sehr breit gefächerte Portfolio mit einer geografischen Präsenz von Nordfriesland bis nach Usedom sowie nach Polen integriert.

DER AUTOR
Frederik Erdmann ist selbstständiger Unternehmensberater. Sein besonderes Interesse gilt seit seiner Jugend der Fährschifffahrt

SERIENFRACHTER IM 20. JAHRHUNDERT

Wie am Fließband

Einfach und in großen Stückzahlen zu produzieren: Das war das Prinzip der in Serie gefertigten Handelsschiffe vom Ersten Weltkrieg bis in die 1980er-Jahre. Wir geben einen Überblick mit Details zu einem der spannendsten Kapitel der Seefahrtsgeschichte

Von Karsten Kunibert Krüger-Kopiske

Handelsschiffe sind in der Regel Einzelfertigungen. In Friedenszeiten wurden sie vom Auftraggeber zusammen mit der Bauwerft nach den Vorstellungen der jeweiligen Reederei entworfen. Meist wurden dann nur wenige Schiffe gebaut, was teils erhebliche Kosten nach sich zog. In der Bundesrepublik Deutschland bestand die größte Bauserie aus den elf 1967 für Hapag gebauten Schiffen der *Frankfurt*-Klasse.

Anders sah die Situation während kriegerischer Auseinandersetzungen aus. Um Verluste schnell zu kompensieren oder einem gestiegenen Transportbedarf nachzukommen, wurden Standard-Designs entwickelt und der Schifffahrt angeboten. Im Prinzip beschritten alle seefahrttreibenden Nationen den Weg der Massenproduktion von Schiffen in dieser Zeit.

Großbritannien begann im Ersten Weltkrieg, Schiffe „am Fließband" abzuliefern. Natürlich mussten hier Kompromisse gemacht werden, denn die Schiffe sollten einfach und schnell zu bauen sein. Unter der Aufsicht der britischen Regierung erhielten alle Schiffe die Vorsilbe „WAR". Von 821 bestellten Einheiten sind 416 an die Regierung geliefert und zur Bereederung an Privatgesellschaften übergeben worden. 279 wurden nach dem Krieg direkt verkauft und die restlichen Aufträge nach dem Kriege storniert.

Standardfrachter der USA

Die Vereinigten Staaten bauten Ende des Ersten Weltkriegs ebenfalls Standardschiffe. Da für einen modernen Schiffbau zur damaligen Zeit die Werften ausgelastet waren und generell der Schiffbau noch un-

War Shamrock Typ A – 5.030 BRT, 125,5 m Länge

Alle Zeichnungen: Karsten Kunibert Krüger-Kopiske
Abbildungen nicht maßstabsgetreu

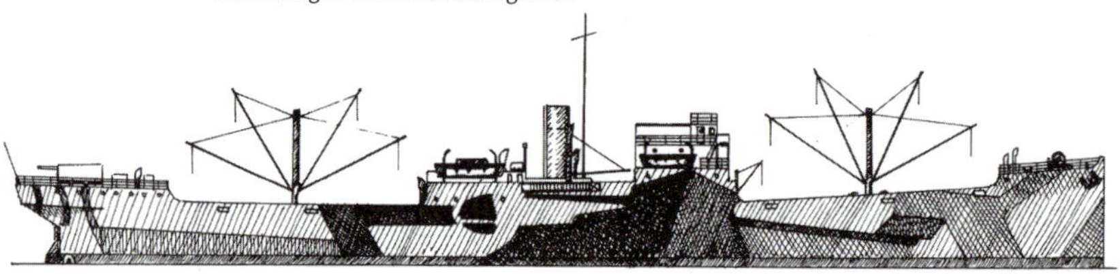

Hog Islander Typ B (Design No. 1024) – 7.430 BRT, 136,55 m Länge

terentwickelt war, mussten hier zunächst einmal die Fertigungsstellen errichtet werden. Über die American International Company, der seit Ende 1916 die New York Shipbuilding Company mit ihrer Werft in Camden gehörte, erarbeitete man im Zuge des Schiffbauprogramms Pläne für eine völlig neue Werft in der Nähe von Philadelphia in Hog Island, da in New York die Expansionsmöglichkeiten der bestehenden Werft nicht gegeben waren.

Am 13. September 1917 schlossen die Emergency Fleet Corporation und die American International Company einen Vertrag zum Bau einer Werft. Der Vertrag sprach der Regierungsbehörde das Recht zu, diese nach Errichtung zu erwerben. Gleichzeitig erging der Auftrag zum Bau von 50 7.500-tdw-Frachtern des Emergency Fleet Corporation Designs 1022 (Hog Islander Typ A). Am 23. Oktober wurde der Auftrag um 70 Schiffe des Designs 1024 (Hog Islander Typ B) erweitert, ein dritter Vertrag über die Lieferung von 60 Schiffen des Typs A folgte am 7. Mai 1918. Von diesem 180 Schiffe umfassenden Programm, das bis August 1919 abgeschlossen sein sollte, sind bis April 1921 insgesamt 122 Schiffe gebaut worden, von denen 110 dem Typ A entsprachen. Das Design für die Schiffe ging zurück auf die Arbeiten des Schiffbauingenieurs Major John York vom Shipping Board Design Department und des Konstruktionsbüros der New York Shipbuilding Corporation.

Neben dem Schiffbaubetrieb von Hog Island gab es noch zwei weitere Werke anderer Firmen, die ihre Aufträge ausschließlich von der regierungseigenen Emergency Fleet Corporation erhielten und

Cape San Lucas als *Congostroom* (1943) – 5.190 BRT, 7.488 t Tragfähigkeit, 125,67 m Länge

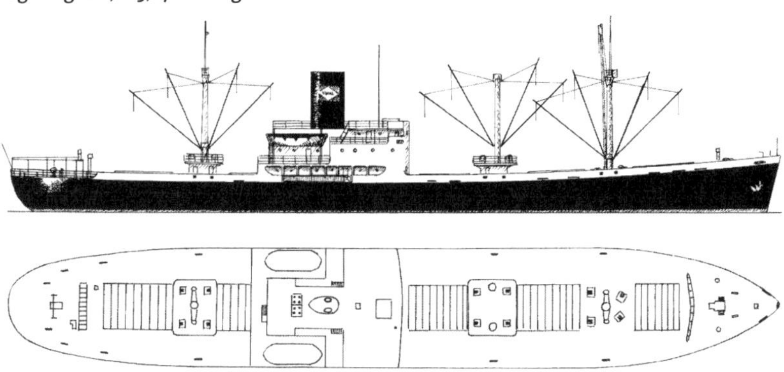

EC2-S-C1 *Jeremiah O Brian Liberty* – 7.176 BRT, 10.795 t Tragfähigkeit – 134,6 m Länge

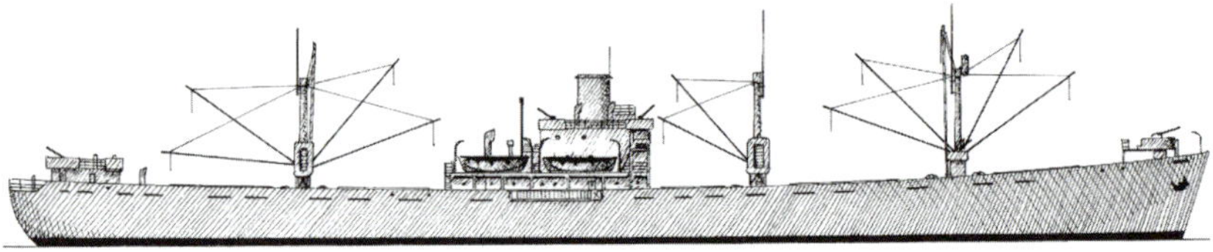

Empire Liberty – 5.281 BRT, 10.795 t Tragfähigkeit, 130,0 m Länge

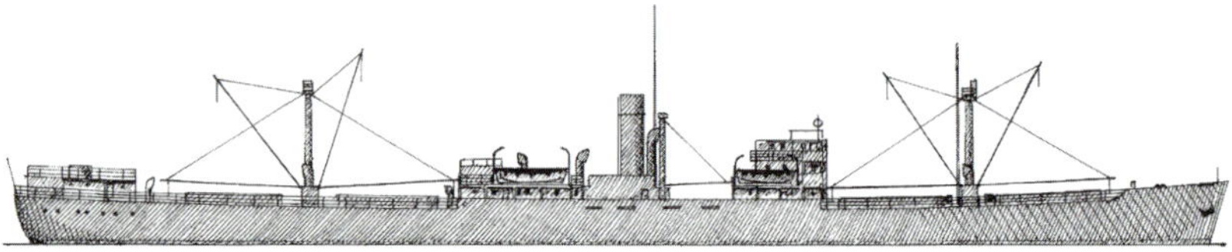

darum „agency yards" genannt wurden. Alle drei Betriebe bauten Standardschiffe und kooperierten eng miteinander. Im Fall des Betriebs von Hog Island handelte es sich mit ihren 50 Slips um den größten Schiffbaubetrieb der Welt, der jedoch alle Vorprodukte von anderen Unternehmen bezog. In diesem Sinne war Hog Island, berücksichtigt man den Ausstoß von nur 122 Schiffen, völlig überdimensioniert.

Weltgrößtes Schiffbau-Programm

1936 wurde in den Vereinigten Staaten die Maritime Commission (USMC) gegründet, die den Bau von zivilen Handelsschiffen administrieren sollte. Hintergrund waren die erwarteten geopolitischen Spannungen und die Sicherung US-amerikanischer Handels- und militärischer Interessen, denen die Handelsflotte damals nicht mehr entsprach. Neben Mehrzweckfrachtern sind auch Tanker, Passagierschiffe und eine Reihe von Schleppern und Hilfsschiffen gebaut worden. Insgesamt konnten mehr als 6.000 Einheiten abgeliefert werden, darunter die T2-, T3-Tanker und Passagierschiffe (im wesentlichen P3-Typen).

Jedes Schiff erhielt ein Präfix in der Klassifizierung. Hier wird nur auf die Stückgutfrachter Bezug genommen, also Schiffe der Typen C1 bis C4. Wissend, dass der Bau und der Betrieb eines Handelsschiffes in den USA aufgrund des höheren Gehaltsniveaus in den Vereinigten Staa-

Rosie, die Nieterin: Werbeplakat aus den 1940er-Jahren Foto: Wikipedia/gemeinfrei

ten deutlich teurer würden, entschied die US-Administration, amerikanische Schifffahrt zu subventionieren. Um Missbrauch dieser staatlichen Transferleistungen zu verhindern, wurden Schiffe von der USMC bei den Werften in Auftrag gegeben und diese dann an die privaten Reeder weitergegeben.

Während des Zweiten Weltkriegs beschlossen die Alliierten, den Schwerpunkt des Handelsschiffbaus nach Nordamerika zu verlagern, wo man sicher vor eventuellen Fliegerangriffen der Deutschen war.

Die „Liberty"- und „Victory"-Schiffe waren die bedeutendsten Typen. Obwohl insbesondere die „Liberties" speziell für den Transport lebenswichtiger Güter für Großbritannien gedacht waren und nur für die Kriegszeit zum Einsatz kommen sollten, bestimmten sie die Stückgutfahrt bis in die 1960er-Jahre. Mit der Verwertung dieser Einheiten (das letzte kommerziell genutzte Schiff wurde 1982 recycelt) und den wachsenden Anforderungen an den Seetransport ergab sich die Anforderung an Reeder und Werften, neue Schiffe zu stellen.

Von den „Liberty"-Schiffen fanden nur zwei den Weg in die deutsche Handelsflotte: *Hedwigshütte* im Westen und *Ernst Moritz Arndt* im Osten.

Kanadische Schiffe

Von ähnlicher Größe wie die „Liberties" waren die Schiffe der Typen Ocean, Fort und Park, von denen die Oceans in den USA geliefert wurden. Das Ursprungsdesign stammte in den 1930er-Jahren aus Großbritannien von der Thompson-Werft und wurde in Nordamerika dann an die Bedingungen der Massenproduktion angepasst. Während britische Schiffsrümpfe noch weitgehend genietet waren, konnte diese Konstruktion hier nicht im selben Maßstab realisiert werden – insbesondere weil auch Frauen in die Produktion eingebunden wurden. Ein Symbol für starke Frauen im Schiffbau war dennoch „Rosie the riveter" (Rosie, die Nieterin).

Hansa-Frachter

Auch im Einflussbereich des Deutschen Reichs sind während des Zweiten Weltkriegs Serienschiffe gebaut worden. Allerdings in deutlich geringerer Zahl als bei den Alliierten. Als Folge des Raub- und Eroberungskriegs ging eine Reihe von Schiffen deutscher Reeder verloren, wurden

DAS DEUTSCHE HANSA-PROGRAMM

Typ	BRT	DwT	Länge	Einheiten	Bauzeit
Hansa A	1.923	3.090	91,8 m	28* / 52**	1943–45
Hansa B	2.819	5.280	109,5 m	33 / 5	1943–45
Hansa C	5.300	10.200	133,9 m	12 / 1	1944
Summe				**173 / 58**	

*geplant **geliefert

Wesergau, Frachtertyp Hansa A

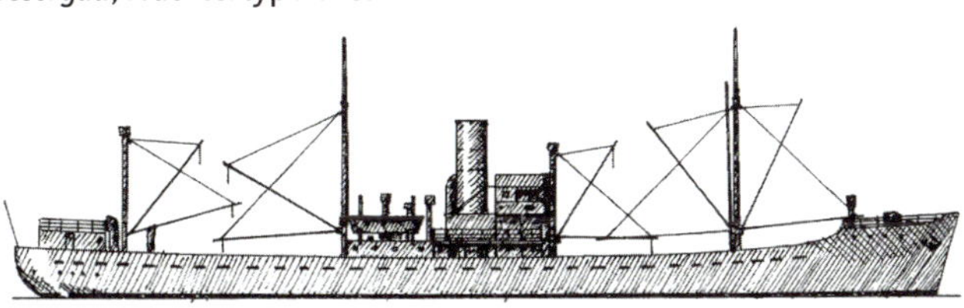

Endoura Maru (1944), Typ 2A

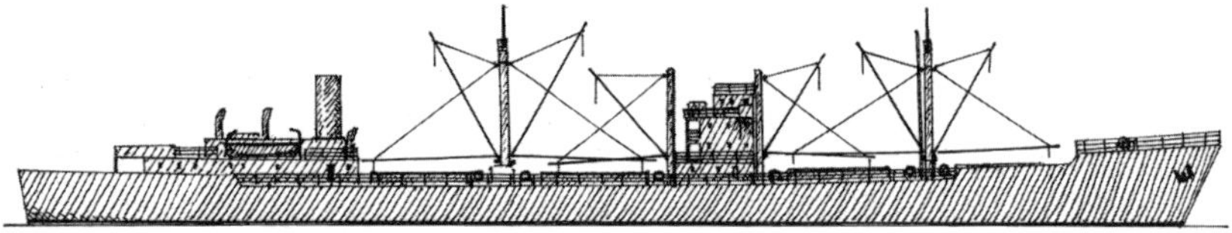

in fremden Häfen interniert oder von der Kriegsmarine beschlagnahmt – unter anderem zur Durchführung der „Operation Seelöwe“, der geplanten Invasion Großbritanniens.

Ein halbwegs sicheres Fahrtgebiet war zunächst nur die Ostsee, und auch diese wurde mit dem Angriff Deutschlands auf die Sowjetunion 1941 immer problematischer zu befahren. Schiffbaukapazitäten für Frachter waren kaum noch vorhanden, denn die Werften waren zum großen Teil mit dem Bau von U-Booten beschäftigt. Während der Kriegshandlungen bezog das Deutsche Reich seine dringend benötigten Rohstoffe meist über Land aus dem Osten, von Verbündeten oder Eroberten und Ausgebeuteten.

Um Ersatz für verlorene Tonnage zu schaffen, entwickelte die Schiffahrt Treuhand GmbH, ein Zusammenschluss einiger deutscher Reedereien, drei Frachtertypen, die auf unterschiedlichen Werften im Deutschen Reich oder den besetzten Gebieten gebaut wurden oder werden sollten. Das Design hatte eine führende Werft entworfen und an andere Baubetriebe weitergegeben. Abweichungen vom Standard waren nur in begründeten Ausnahmefällen erlaubt. Später wich man davon ab, insbesondere weil Verträge annulliert und ins Ausland vergeben wurden.

Japanische Serienfrachter

Erst 1943 begann Deutschlands „Achsenpartner“ Japan mit der Serienfertigung von Standardfrachtern, nachdem in den ersten Jahren eine hohe Zahl von ungeschützten Schiffen alliierten U-Booten zum Opfer gefallen war. Zwischen 1943 und 1945 sind in unterschiedlichen Klassen 1.123 Einheiten gebaut worden (818 Frachter). Alle Schiffe waren minimalistisch ausgelegt ohne ausreichende Rettungsmittel für die Besatzungen.

Nach dem Zweiten Weltkrieg

Als die „Liberties“ und „Victories“ Ende der 1960er-Jahre aufgrund ihrer Konstruktion und ihres Alters kaum noch finanzierbare Versicherungen fanden, verschwanden sie von den Weltmeeren. In Deutschland, Großbritannien und Japan wurden zeitgemäße Designs entwickelt, die diese ersetzen sollten. Es waren im Wesentlichen einfache, schnell und günstig zu bauende

Murree (IMO Nr. 8000161)

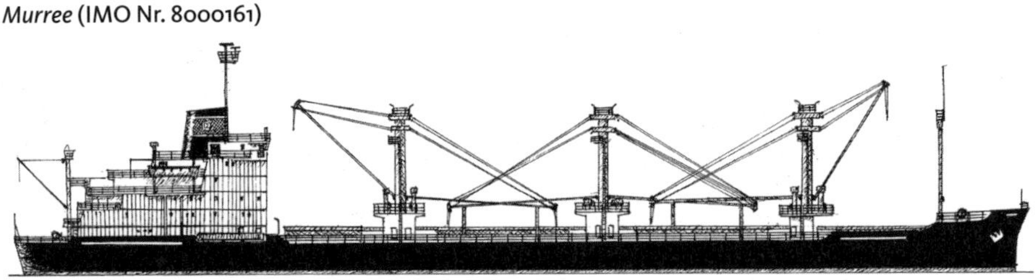

BUCHTIPP
Wer die exzellenten Schiffszeichnungen von Karsten Kunibert Krüger-Kopiske schätzt, hat viel Freude an seinem umfangreichen Werk:
Schiffszeichnungen Hapag – Norddeutscher Lloyd – Hapag-Lloyd
450 Seiten, Format 29,9 x 24,3 cm
ISBN 978-3-7822-1558-9
Preis 59,00 Euro
Bestellnummer 15589

Schiffe, die sowohl in der Tramp- als auch zeitweise in der Linienschifffahrt Beschäftigung fanden. Insgesamt wurden alle ca. 30 Standard-Frachtertypen ab den 1960er-Jahren, die in größerer Stückzahl gebaut wurden, als „Liberty Ship Replacements" bezeichnet.

Das mit 211 zwischen 1968 und 1988 gebaute SD-14-Design war der zahlenmäßig größte Standard-Frachtertyp nach dem Zweiten Weltkrieg. Die Typenbezeichnung steht für „SD" = Schelterdecker, also für ein Schiff mit einem Zwischendeck und „14" für 14.000 Tonnen Tragfähigkeit. Dieser Typ sollte im Standard ca. 900.000 britische Pfund kosten (nach damaligen Währungsverhältnissen ungefähr neun bis zehn Millionen D-Mark). Auch deutsche Reeder bestellten. 17 Schiffe übernahm die Reederei Egon Oldendorff in Lübeck, sechs gingen an die Hamburg-Süd-Gruppe, drei an John T. Essberger und vier an den Hamburger Reeder Scheder-Bieschin.

Nach den unterschiedlichen Anforderungen der Besteller wurde das Ladegeschirr in gewissen Veränderungen gestaltet. Weitgehend unverändert blieb die Hauptmaschine. Im Wesentlichen war diese ein Sulzer Zweitakt-Dieselmotor mit einer Bohrung von 68 cm, der – je nach Zylinderstation – eine Listung von 5.300 kW erbrachte und dem Schiff eine Geschwindigkeit von 15 Knoten erlaubte. Eine vergrößerte Version war der SD 18, der jedoch nur in geringer Zahl gebaut wurde. Anfang 2026 existierte noch ein Schiff des Typs SD 14. Es ist die ehemalige *Morviken* (IMO No 7422805), die heute als *Hai Ji Shun* für einen chinesischen Reeder betrieben wird (gebaut im April 1988 bei Austin & Pickersgill Ltd.-South Dock, Sunderland unter der Nummer 463).

Japans Freedom-Typ
Nach einem kanadischen Design bot auch die Ishikawajima-Harima Heavy Industries in Tokio zwischen 1967 und 1982 den sogenannten „Freedom"-Typ an. Mit ca. 14.000 Tonnen Tragfähigkeit und einer Länge von 141 Metern entsprachen sie in etwa den SD-14-Typen. Die Werft vergab auch Lizenzen nach Spanien und Argentinien. Insgesamt umfasste die Serie MK I 171 Schiffe und der verbesserte Typ MK II 26. Diese Ausführung hatte integrierte horizontale schwenkbare Bord-

Freedom MK II *Efdim Hope*

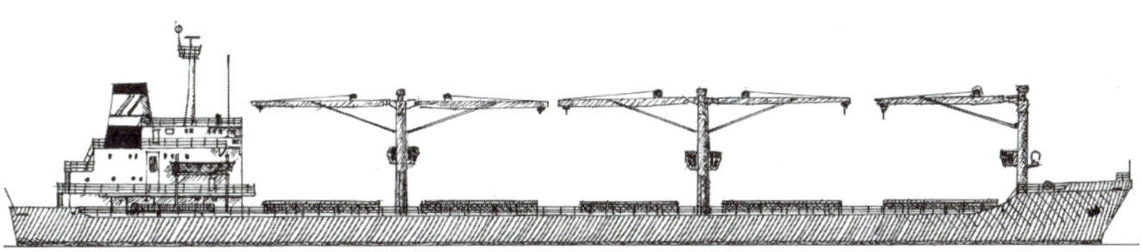

DAS DEUTSCHE BAUPROGRAMM

Typ	Werft	Bauzeit	Anzahl
„German Liberty" / „Deut. Mehrzweckfrachter"	Bremer Vulkan	1969–1975	19
	Flensburger Schiffsbau-Gesellschaft	1968–1973	17
	Rickmerswerft GmbH	1969–1976	9
		1969–1978	**45**
„Bremen Progress"	Bremer Vulkan	1976–1977	4
		1976–1977	**4**
„36"	AG „Weser" Werk Seebeck	1968–1969	3
		1968–1969	**3**
„36L"	AG „Weser" Werk Seebeck	1969–1980	57
		1969 -1980	**57**
„36 Liner"	AG „Weser" Bremen	1977–1978	6
		1977–1978	**6**
„Trampko"	Orenstein-Koppel u. Lübecker Machinenbau	1969–1978	17
	Schlichting-Werft GmbH	1969–1978	16
		1969–1978	**33**
„Rendsburg"	Paul Lindenau Schiffswerft & Maschinenfabrik	1969–1975	7
	Werft Nobiskrug GmbH	1969–1973	14
		1969–1975	**21**
„Pioneer"	Blohm + Voss GmbH	1968–1970	5
		1968–1970	**5**
Gesamt		**1968–1980**	**174**

kräne, die aufgrund ihrer Höhe einen reibungslosen Lade- und Löschbetrieb ermöglichten.

Deutsche Standardfrachter

In der Bundesrepublik Deutschland sind insgesamt 174 Schiffe im Rahmen des „Liberty"-Ersatzprogramms geliefert worden. Mit einer Tragfähigkeit von ca. 15.000 Tonnen entsprachen sie in etwa den SD 14 aus Sunderland. Auch die Deutschen Werften zielten mit technisch einfachen Schiffen vor allem auf Trampreeder. Es galt der Grundsatz, dass die Schiffe lediglich entsprechend den Anforderungen der Klassifikationsgesellschaften gebaut werden sollten. Neben Hapag, die einen Vertrag über einen Supertanker in sechs Mehrzweckfrachter umwandeln ließ, bestellten meist nur deutsche Trampreeder. Einige verbesserte Linienfrachter gingen ins Ausland.

Das Angebot umfasste anfangs grundsätzlich nur einfache Schiffe mit wenig Schwergutgeschirr, denn es galt, auch für kapitalschwache mittelständische Reeder

„Deutscher Mehrzweckfrachter" *Elisabeth Oldendorff* (1969) – 9.328 BRT, 15.075 t Tragfähigkeit, 139,73 m Länge

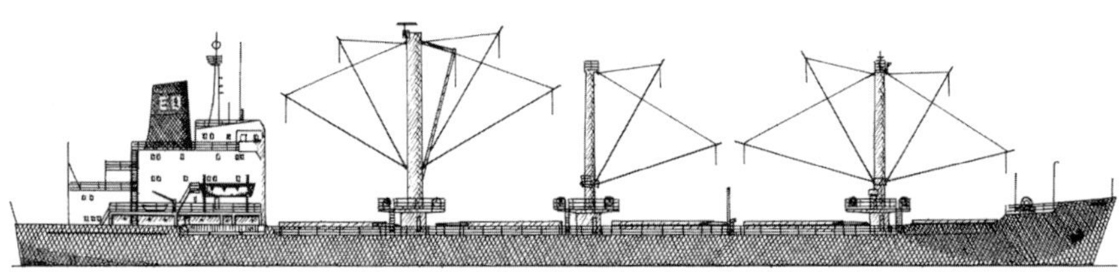

Vyborg, Typschiff (1963–1969) – 12.295 Dwt, 150,91 m Länge

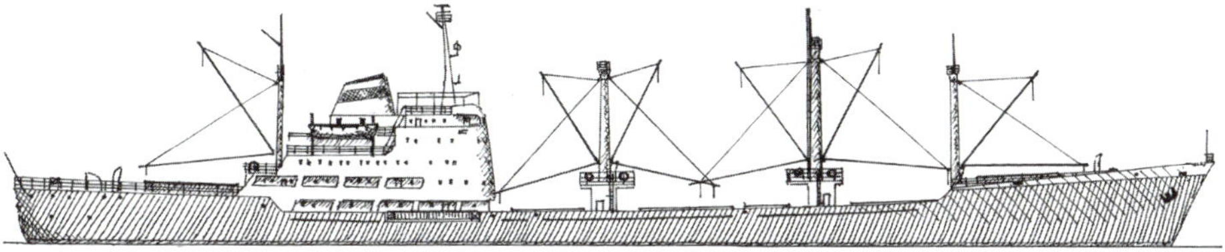

aus Deutschland oder Griechenland preislich attraktiv zu bleiben. So lag der Angebotspreis für einen „Deutschen Mehrzweckfrachter" 1968 bei zwölf Millionen D-Mark, also knapp über dem Konkurrenten SD 14. Um auch im aufkommenden Containerverkehr für Linienreeder einsetzbar zu sein, erhielten die Schiffe ein stärkeres Geschirr – Stülckenbäume oder Kräne.

Einige deutsche Standardschiffe gingen direkt an Linienreedereien:

- „German Liberty" / Deutscher Mehrzweckfrachter: 2 an die niederländische Nedlloyd Lines, 6 für die Maritime du Zaire
- „Bremen Progress": 3 für die britische Ellerman Lines
- 36 L: 2 für India Steamship, 2 an COSCO China, 6 an die iranische Arya National Shipping
- 36 Liner: 6 an Hapag-Lloyd
- „Trampko": 6 an die Compagnie Nationale Algerienne
- „Rendsburg": 3 an die Hamburg-Süd-Gruppe

Was passierte in der DDR?

Auch in der DDR gab es die Serienfertigung von Mehrzweckfrachtern. Jedoch boten die ostdeutschen Werften keine „Liberty"-Ersatzschiffe an. So erwarb die Sowjetunion, die einer der Hauptabnehmer des DDR-Schiffbaus war, nur 41 Schiffe über das Lend-Lease-Abkommen während des Zweiten Weltkriegs. Trotz der Bedeutung der Betriebe zwischen Wismar und der Oder wurden – neben Fischerei-Fahrzeugen – fünf Serien mit mehr als 30 Schiffen abgeliefert.

Alle diese Einheiten gingen in den Export. Wenn überhaupt, so erhielt die DDR-Handelsflotte nur Einheiten aus größeren Serien, die nicht von fremden Reedern übernommen wurden.

Größer als 10.000 Tonnen Tragfähigkeit hatten nur drei Serien, die zumeist an sowjetische Reedereien gingen, einige auch in den Westen.

DER AUTOR

Karsten Kunibert Krüger-Kopiske ist Experte für Handelsschifffahrt und vermutlich der letzte Schiffszeichner

Foto: Krüger-Kopiske

TAIWAN – DEMOKRATISCHES BOLLWERK IM PAZIFIK

Im Visier Chinas

Die Gewässer rund um Taiwan stehen im Zentrum wachsender strategischer und geopolitischer Spannungen. China will Taiwan kontrollieren und die USA aus dem Pazifik verdrängen, um diese Weltregion zu dominieren. Steht ein Krieg unmittelbar bevor?

Von Dr. Heiko Herold

Chinas Drohkulisse, hier ein Flugzeugträger-Verband im Südchinesischen Meer im Oktober 2024, ist ernst zu nehmen
Foto: picture-alliance/Xinhua News Agency/Chen Mengxi

Taiwan nimmt aufgrund seiner Lage innerhalb der sogenannten „ersten Inselkette" eine zentrale strategische Position im Indopazifik ein. Diese Inselkette erstreckt sich von Japan über Taiwan und die Philippinen bis nach Borneo und ist von entscheidender Bedeutung für den Zugang zwischen dem Ost- und dem Südchinesischen Meer sowie zu den angrenzenden Seewegen in den Pazifik und den Indischen Ozean. Taiwan bildet dabei einen geostrategischen Schlüsselpunkt entlang zentraler maritimer Engstellen und Seehandelsrouten, die für den globalen Handel und die militärische Logistik von hoher Relevanz sind, primär für die Verbindung Nordostasiens mit Europa und dem Nahen Osten.

Regionale Sicherheitsdynamik

Die geostrategische Bedeutung Taiwans prägt auch seine Beziehungen zu den Nachbarstaaten und macht die Inselrepublik zu einem zentralen Faktor der regionalen Sicherheitsdynamik zwischen China, den Vereinigten Staaten, Japan und weiteren indopazifischen Mächten. Die geografische Lage Taiwans schränkt Chinas direkten Zugang zum Pazifik erheblich ein und beeinflusst damit maßgeblich dessen maritime Expansionsbestrebungen sowie seine strategischen Abschreckungsfähigkeiten, besonders im Hinblick auf U-Boot-Operationen und den Einsatz ballistischer Raketensysteme.

Die Gewässer rund um Taiwan stehen im Zentrum strategischer und geopolitischer Spannungen. Sie umfassen das Ostchinesische Meer im Norden, die Taiwanstraße im Westen, das Südchinesische Meer im Süden und den Pazifik im Osten. Die Taiwanstraße ist eine bedeutende internationale Wasserstraße, die das Ost- mit dem Südchinesischen Meer verbindet. China beansprucht sie als Teil seiner inneren Gewässer; diese Position entbehrt jedoch jeder rechtlichen Grundlage, widerspricht dem Völkerrecht und verletzt das Seerechtsübereinkommen der Vereinten Nationen (UNCLOS), einschließlich der dort verankerten Prinzipien der freien Schifffahrt.

China verfolgt expansive maritime Ansprüche, die deutlich über seine völkerrechtlich anerkannten Küstengewässer und seine ausschließliche Wirtschaftszone hinausreichen, vor allem im Rahmen der expansiven und international umstrittenen „Zehn-Strich-Linie". Diese umfasst – unter Berufung auf vermeintliche historische Rechte – nahezu 90 Prozent des Südchinesischen Meeres und überschneidet sich mit den maritimen Hoheits- und Nutzungsrechten Taiwans sowie mehrerer südostasiatischer Staaten. Auch diese Ansprüche sind völkerrechtswidrig. Ein

Taiwans Staatspräsident Lai Ching-te inspiziert in Keelung die in Taiwan gebauten Tarnkappen-Korvetten der *Xu Jiang*-Klasse

Foto: picture-alliance/Newscom/Jameson Wu

UNCLOS-Schiedsgericht wies sie im Juli 2016 eindeutig zurück und stellte fest, dass sie weder eine rechtliche noch eine faktische Grundlage besitzen.

Chinas Präsenz

Dennoch setzt China alles daran, diese Ansprüche durchzusetzen, unter anderem mittels sogenannter Grauzonen- bzw. hybrider Operationen, verstärkter militärischer und paramilitärischer Präsenz, gezielter Lawfare sowie groß angelegter Landgewinnungsprojekte zur militärischen Nutzung mit dem Ziel, faktische Kontrolle zu etablieren und den Zugang

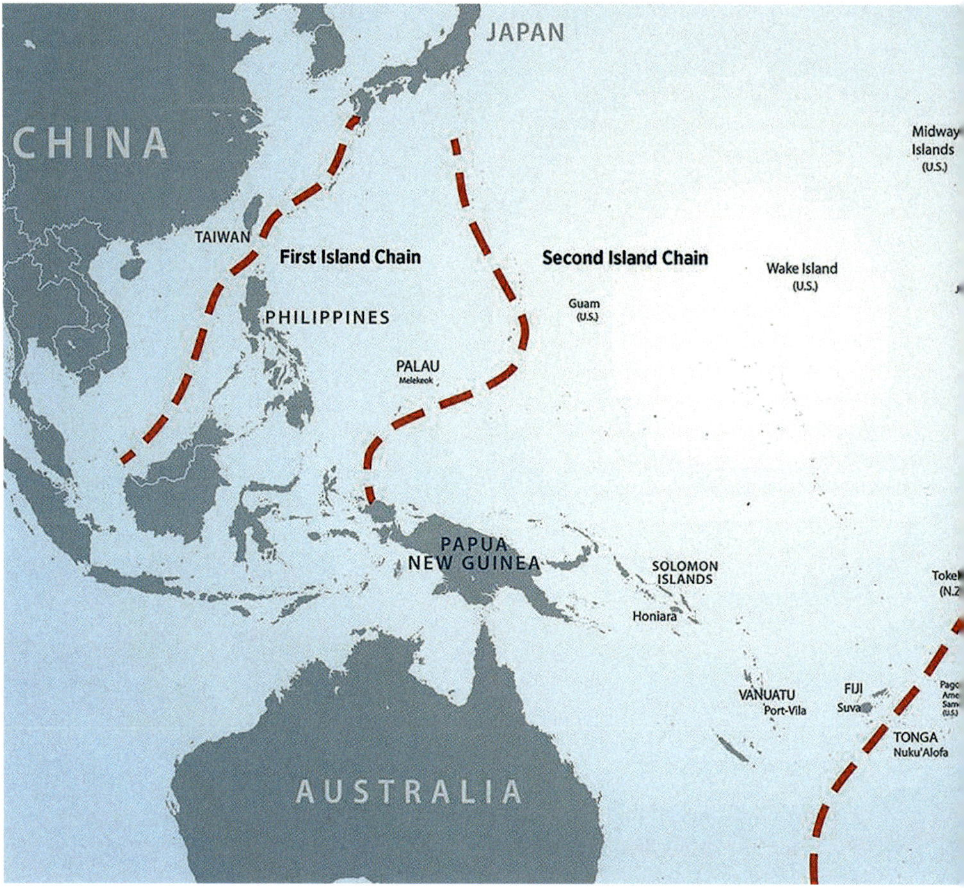

Drei Inselketten kennzeichnen die geografische Lage im Pazifik Foto: U.S. Navy

zum Südchinesischen Meer zu beschränken.

Als Reaktion darauf vertiefen die Vereinigten Staaten und regionale Akteure wie die Philippinen und Japan ihre militärische Zusammenarbeit, etwa durch bilaterale Verteidigungsabkommen und gemeinsame Marineübungen im Südchinesischen Meer. Diese intensivierte Kooperation spiegelt die wachsende Sorge über Chinas zunehmenden Einfluss wider und dient der Sicherung der Freiheit der Schifffahrt sowie der regionalen Sicherheit in diesen umstrittenen Gewässern.

China stellt für Taiwan eine zunehmende Bedrohung dar, vor allem durch explizite Drohungen einer gewaltsamen Annexion, irreführend als „Wiedervereinigung“ bezeichnet, obwohl Taiwan nie Teil der Volksrepublik war. Pekings Strategie zielt darauf ab, Taiwan zu unterwerfen, ohne einen Schuss abzufeuern, und setzt dabei auf Grauzonen-Taktiken, die darauf ausgelegt sind, die Verteidigungsfähigkeit Taiwans zu unterminieren, Grenzverletzungen zu normalisieren, Ressourcen zu erschöpfen und die Insel letztlich durch wirtschaftliche Erdrosselung, Desinformation und psychologischen Druck zur Aufgabe zu zwingen.

Kampfbereit: An der Entschlossenheit Taiwans, mit seinen Streitkräften dem chinesischen Aggressor entgegenzutreten, mangelt es nicht
Foto: picture-alliance/Zumapress.com/Cheng-Chia Huang

Im maritimen Bereich umfassen diese Grauzonen-Operationen mittlerweile gezielte Sabotageakte gegen maritime und sonstige kritische Infrastrukturen sowie als „hoheitlich“ deklarierte Einsätze der chinesischen Küstenwache in den umstrittenen Gewässern um Taiwans vorgelagerte Inseln.

Regelmäßige Manöver

Chinesische Streitkräfte dringen regelmäßig sowohl in Taiwans maritime Zonen als auch in seine „Luftverteidigungsidentifikationszone“ jenseits der Medianlinie ein, mit Hunderten von Vorfällen pro Monat unter Einsatz von Militärflugzeugen, Kriegsschiffen und Drohnen.

Ziel dieser Aktivitäten ist es, Taiwans Reaktionsfähigkeit zu schwächen und seine Reaktionszeiten zu testen. Die chinesische Volksbefreiungsarmee führt regelmäßig sehr große Manöver rund um Taiwan durch, bei denen Blockadeoperationen, amphibische Landungen und Raketenangriffe geübt werden, um Invasionstaktiken zu verfeinern und die Bereitschaft zu rascher Eskalation zu demonstrieren.

Aus militärischer Sicht handelt es sich hierbei um ein gezieltes „Shaping the Battlefield“, mit dem im Vorfeld eines möglichen kinetischen Konflikts, also einer direkten militärischen Auseinandersetzung, günstige operative Bedingungen geschaffen werden.

Untermauert wird all dies durch den rasanten Ausbau der chinesischen Marine, die inzwischen zahlenmäßig die größte der Welt ist und über Flugzeugträger sowie nuklear betriebene U-Boote verfügt, und durch die umfassende Modernisierung der chinesischen Luftstreitkräfte mit einem Schwerpunkt auf Tarnkappenflugzeugen, Langstreckenbombern und unbemannten Drohnensystemen. Chinas Ziel ist es, in einem möglichen kinetischen Konflikt rasch See- und Luftüberlegenheit zu erlangen und eine militärische Intervention der Vereinigten Staaten abzuschrecken.

Erhöhtes Kriegsrisiko

Die Frage, wie realistisch ein chinesischer Angriff auf Taiwan in naher Zukunft ist, beschäftigt Politiker, Militärs und Analysten weltweit. Zahlreiche Warnungen aus den USA, Japan, Taiwan selbst und anderen Partnerstaaten unterstreichen das erhöhte Risiko in den kommenden Jahren. Immer wieder wird das Jahr 2027 genannt – ein symbolisch und politisch bedeutsames Datum: der 100. Jahrestag der Volksbefreiungsarmee und ein Zieljahr, bis zu dem China seine Streitkräfte vollständig modernisiert haben will.

Nach Einschätzung der US-Geheimdienste hat Chinas Präsident Xi Jinping sein Militär angewiesen, bis 2027 für eine militärische Übernahme Taiwans bereit zu sein. Xi hat wiederholt erklärt, die „Taiwan-Frage“ noch zu seinen Lebzeiten lösen zu wollen. Anders als Deng Xiaoping versteht er die sogenannte Wiedervereinigung nicht als langfristigen Prozess, sondern als politisches Vermächtnis – was den innenpolitischen Druck zusätzlich erhöht.

China intensiviert seit Jahren seine militärischen Vorbereitungen, teils offen sichtbar, teils verdeckt. Die Lage ist auch geopolitisch hochgefährlich, da sich das strategische Umfeld in den letzten Monaten verändert hat. Viele Beobachter halten einen chinesischen Angriff auf Taiwan während der zweiten Amtszeit von Donald Trump für realistisch.

Aus Pekings Sicht könnte ein US-Präsident, der Verbündete verunsichert und multilaterale Strukturen infrage stellt, die Kosten einer militärischen Intervention senken. Xi Jinping bekennt sich zwar öffentlich zum Frieden – doch diese Bekenntnisse dürfen nicht täuschen. Der intensive hybride Krieg gegen Taiwan und die klar erkennbaren Vorbereitungen auf einen kinetischen Konflikt zeichnen ein anderes Lagebild.

Blockade, Störungen, „Testangriffe“?

Gleichzeitig betonen viele Experten, dass China noch nicht vollständig bereit für eine große militärische Operation gegen Taiwan ist. Allerdings wäre es fahrlässig, darauf zu vertrauen, dass China Taiwan erst dann angreift, wenn es militärisch „bereit“ ist. Ein Angriff müsste zudem nicht mit einer groß angelegten Invasion beginnen. Wahrscheinlicher sind eskalierende Vorstufen, etwa die Blockade einzelner Häfen, die Störung kritischer See-

KERNELEMENTE DER ABSCHRECKUNG

Robuste Verteidigungsfähigkeit

- Starke und verlässliche Bündnisse Taiwans, besonders mit den Vereinigten Staaten und Japan, ergänzt durch vertiefte Kooperation etwa mit Australien, den Philippinen und europäischen Partnern
- Maximale Resilienz Taiwans gegenüber hybriden Angriffen und militärischer Eskalation
- Stärkung glaubwürdiger Verteidigungsfähigkeiten Taiwans, einschließlich asymmetrischer Abwehrsysteme, wirksamer Multi-Domain-Denial-Konzepte, robuster maritimer Verteidigung, des gehärteten Schutzes kritischer Infrastrukturen sowie hoher Mobilisierungs- und Durchhaltefähigkeit

Von der modernen *Hai Kun*-Klasse sind acht Einheiten für die Marine Taiwans geplant
Foto: picture-alliance/Zumapress.com/ Cheng-Chia Huang

handelsrouten oder militärische „Testangriffe“ auf vorgelagerte taiwanische Inseln wie Pratas, Taiping, Kinmen oder Matsu.

Wie lässt sich ein Angriff verhindern? Entscheidender Faktor ist Abschreckung, und zwar eine Abschreckung, die aus chinesischer Perspektive so kostspielig ist, dass sie das Machtmonopol der Kommunistischen Partei bedroht. Was Xi und die Parteiführung am meisten fürchten, ist nicht nur ein militärisches Scheitern, sondern ein Angriff, der im Chaos endet und das Regime selbst gefährdet.

Weltweites Krisenszenario

Die Taiwan-Frage darf nicht isoliert betrachtet werden. Wir befinden uns bereits mitten in einer systemischen Rivalität zwischen Autokratien und Demokratien. Taiwan, die Ukraine und Israel stehen an vorderster Front. Der von Autokratien geführte hybride Krieg richtet sich gegen den globalen Westen und intensiviert sich kontinuierlich.

Weitere kinetische Konflikte zeichnen sich ab, und es ist unklar, ob sie verhindert werden können. Sollten sich die Autokraten durchsetzen, würde die regelbasierte internationale Ordnung durch eine multipolare Weltordnung ersetzt, die nichts anderes bedeutet als exklusive Einflusssphären für wenige Großmächte.

Im Indopazifik heißt das konkret: China will Taiwan kontrollieren und die USA aus dem Pazifik verdrängen, um diese Weltregion zu dominieren. Doch die Kommunistische Partei Chinas denkt bereits weiter und träumt von einer sinozentrischen Weltordnung.

Taiwan ist ein wichtiges demokratisches Bollwerk, das Chinas hegemonialen Ambitionen entgegensteht, internationale Seehandelswege sichert und einen wesentlichen Beitrag zur Aufrechterhaltung der regelbasierten internationalen Ordnung leistet. Die Bewahrung der politischen Eigenständigkeit Taiwans liegt daher eindeutig im strategischen Interesse Deutschlands und der europäischen Staatengemeinschaft.

DER AUTOR
Dr. Heiko Herold ist Non-Resident Fellow am Institut für Sicherheitspolitik an der Universität Kiel (ISPK) und Fregattenkapitän d.R.

Die Seenotretter kamen im vergangenen Jahr zahlreichen Fischerei-Fahrzeugen und ihren Besatzungen zu Hilfe und waren viele Male für Seeleute von Handelsschiffen oder Passagiere von Fähren und Fahrgastschiffen in Aktion. Auch Menschen, die Wassersport betreiben oder an den Küsten von Niedersachsen, Schleswig-Holstein und Mecklenburg-Vorpommern Erholung suchen, konnten sich erneut auf die Hilfe der DGzRS-Besatzungen verlassen.

Insgesamt haben die Besatzungen der 60 Seenotrettungskreuzer und -boote im vergangenen Jahr 1.723 Einsätze gefahren (Vorjahr: 1.775 Einsätze, Details siehe Kasten). Der leichte Rückgang ist allein durch weniger Einsatzanläufe bedingt, ohne dass die Seenotretter tatsächlich eingreifen mussten. Das belegt auch die Entwicklung der folgenden Zahlen: Die Seenotretter halfen 2025 insgesamt 3.389 (Vorjahr: 2.967) Menschen. Allein 135 (79) von ihnen wurden aus Seenot gerettet, weitere 327 (403) aus Gefahr befreit.

ARD-Dokumentation

Die Arbeit der Seenotretter ist im abgelaufenen Jahr einem Millionenpublikum bekannt geworden. Die sehr erfolgreiche ARD-Dokuserie „Die Seenotretter" zeigt hautnah Einsätze und Bordleben auf verschiedenen Stationen sowie die Arbeit der von der DGzRS betriebenen deutschen Rettungsleitstelle See in Bremen. Zwei Staffeln mit insgesamt 16 Folgen sind aktuell in der ARD-Mediathek zu sehen.

Großartige Unterstützung haben die Seenotretter im abgelaufenen Jahr von ihrem Botschafter Klaus-Peter Wolf er-

Das Seenotrettungsboot *Nimanoa* in Fahrt
Foto: Die Seenotretter – DGzRS/ypscollection.de

TV-Moderatorin Laura Wontorra, neue ehrenamtliche Botschafterin der Seenotretter auf Nord- und Ostsee, und Felix Reder, Vormann der Station List Foto: Die Seenotretter – DGzRS

FÜR 3.400 MENSCHEN AUF NORD- UND OSTSEE IM EINSATZ

Mission: Rettung

Auf Nord- und Ostsee waren die Besatzungen der Deutschen Gesellschaft zur Rettung Schiffbrüchiger (DGzRS) im Jahr 2025 insgesamt mehr als 1.700-mal im Einsatz. Die Seenotretter haben dabei nahezu 3.400 Menschen geholfen. Sie retteten allein rund 460 Menschen aus Seenot oder befreiten sie aus Gefahr

EINSATZZAHLEN IM DETAIL

1.723 Fahrten!

Im Jahr 2025 haben die Besatzungen der rund 60 Seenotrettungskreuzer und -boote in Nord- und Ostsee bei insgesamt 1.723 Einsatzfahrten (2024: 1.775 Einsatzfahrten) 3.389 (2.967) Menschen Hilfe geleistet.
Im Einzelnen haben sie (Vorjahreszahlen in Klammern)

- 135 (79) Menschen aus Seenot gerettet,
- 327 (403) Menschen aus drohender Gefahr befreit,
- 237 (243) Mal erkrankte oder verletzte Menschen von Seeschiffen, Inseln oder Halligen zum Festland transportiert,
- 34 (26) Schiffe und Boote vor dem Totalverlust bewahrt,
- 920 (900) Hilfeleistungen für Wasserfahrzeuge aller Art erbracht sowie
- 532 (616) Einsatzanläufe und Sicherungsfahrten absolviert.

In vielen Fällen griffen die Seenotretter frühzeitig ein und begrenzten so Schäden bereits im Vorfeld. Zudem waren sie 2.789-mal in ihren Revieren zwischen Borkum im Westen und Ueckermünde im Osten auf Kontrollfahrt.

Niedersächsische Nordseeküste
Die Besatzungen der an der niedersächsischen Küste stationierten Seenotrettungskreuzer und -boote haben bei 476 (494) Einsatzfahrten 1.186 (735) Menschen geholfen. Davon wurden 33 (13) Menschen aus Seenot gerettet und 67 (89) weitere aus Gefahrensituationen befreit.

Schleswig-Holsteinische Nordseeküste
Die Seenotretter der Stationen an der schleswig-holsteinischen Nordseeküste waren 198-mal (166) im Einsatz und halfen 277 (214) Menschen. Davon wurden 42 (7) Menschen aus Seenot gerettet und 43 (25) weitere aus Gefahrensituationen befreit.

Schleswig-Holsteinische Ostseeküste
An der Ostseeküste Schleswig-Holsteins waren die Seenotretter 670-mal (662) im Einsatz für 1.059 (1.001) Menschen. Sie retteten 34 (37) Menschen aus Seenot und befreiten weitere 149 (160) aus Gefahrensituationen.

Mecklenburg-Vorpommersche Ostseeküste
In Mecklenburg-Vorpommern waren die Seenotretter zu 379 (453) Einsatzfahrten für 867 (1.017) Menschen unterwegs. Sie retteten 26 (22) Menschen aus Seenot und befreiten weitere 68 (138) aus Gefahrensituationen.

In Aktion: Mehrere Seenotrettungskreuzer bei einer Übung vor Helgoland
Foto: Die Seenotretter – DGzRS/ypscollection.de

Der Kreuzer *Eugen* kommt einem in Gefahr geratenen Plattbodenschiff vor Norderney zu Hilfe Foto: Die Seenotretter – DGzRS

halten. Der Erfolgsautor und Erfinder der Ostfriesland-Krimis hat auf ungezählten Lesungen und Bühnenveranstaltungen für die DGzRS geworben. Mit seinem neuen Roman „Ostfriesenerbe" setzt er den Seenotrettern ein literarisches Denkmal. Klaus-Peter Wolf wird auch künftig als Botschafter aktiv bleiben.

Neue ehrenamtliche Botschafterin der Seenotretter ab 2026 ist Fernsehmoderatorin und Sportjournalistin Laura Wontorra. „Die Seenotretter liegen mir am Herzen. Bei jedem Wetter leisten sie unglaublich wichtige Arbeit", sagt die gebürtige Bremerin.

Wontorra ist die 27. ehrenamtliche Botschafterin der Seenotretter. Die Reihe begann im Jahr 2000 mit dem Liedermacher Reinhard Mey.

Modernisierungen

Durchschnittlich 30 Jahre lang sind die Rettungseinheiten der DGzRS im harten Einsatz auf Nord- und Ostsee. Entsprechend müssen die Seenotretter fortlaufend ältere Seenotrettungskreuzer und -boote durch moderne Neubauten ersetzen. „Zweckgebundene Erbschaften helfen uns dabei ebenso wie die beständige Spendenbereitschaft vieler einzelner Menschen im ganzen Land, die zusammen Großes bewirken", erläutert DGzRS-Geschäftsführer Nicolaus Stadeler.

2025 nahmen zwei neue Seenotrettungsboote ihren Dienst auf. Auf den Stationen Zinnowitz auf Usedom und Zingst sind im März 2025 zwei weitere Einheiten der neuen 8,4-Meter-Klasse auf die Namen *Klaus-Georg Butenschön* und *E. Ruhfus* getauft worden. Sie verfügen jeweils über Spezialtrailer und Traktor. Die besondere mobile Technik ist notwendig, weil die Seenotretter dort in jeweils zwei Revieren im Einsatz sind, sowohl auf der Ostsee als auch auf dem Usedomer Achterwasser beziehungsweise den rückwärtigen Bodden.

Im Bau befindet sich der Prototyp eines etwa 12,75 Meter langen neuen Seenotrettungsbootes. Er soll im Laufe dieses Jahres abgeliefert und zunächst auf vielen

Seenotretter-Botschafterin Laura Wontorra mit dem DGzRS-Sammelschiffchen, Deutschlands wohl bekanntester Spendendose

Foto: Die Seenotretter – DGzRS

Stationen „auf Herz und Nieren" erprobt werden. Über seine anschließende Stationierung ist noch nicht entschieden. Bewährt sich der Prototyp, soll er für viele Freiwilligen-Stationen der DGzRS in Serie gehen.

Der Bau eines neuen Seenotrettungskreuzer-Typs mit Tochterboot wiederum steht kurz vor der Auftragsvergabe. Eine Arbeitsgruppe der DGzRS-Inspektion und erfahrener Seenotretter verschiedener Stationen hat den neuen Typ mitentwickelt und bis Ende vergangenen Jahres die abschließenden Details festgelegt.

150 Jahre Sammelschiffchen

Das Jahr 2025 stand im Zeichen des 160-jährigen Bestehens der Seenotretter und des Jubiläums 150 Jahre Sammelschiffchen. Die DGzRS wurde 1865 gegründet. Bereits seit 1875 wiederum gibt es die Sammelschiffchen. Heute sind rund 13.000 an vielen öffentlichen Orten zwischen Flensburg und Sonthofen, Aachen und Frankfurt an der Oder im Einsatz. Deutschlands wohl bekannteste Spendendose trägt nicht unerheblich zur Finanzierung der DGzRS bei – inzwischen auch auf digitalem Weg via NFC-Tag oder QR-Code.

Die Sammelschiffchen stehen mit großer Symbolkraft für die freiwillige Bereitschaft der Seenotretter zum mutigen Einsatz bei jedem Wetter, rund um die Uhr, ebenso wie für die unabhängige, freiwillige Finanzierung – ohne jegliche staatlich-öffentliche Mittel in Anspruch zu nehmen.

Einen unmittelbaren Eindruck von der Arbeit auf Nord- und Ostsee vermittelt der Tag der Seenotretter. Immer am letzten Sonntag im Juli demonstrierten die Seenotretter auf vielen Stationen ihre Technik, Leistungsfähigkeit und Einsatzbereitschaft, das nächste Mal am 26. Juli 2026. Im vergangenen Jahr besuchten mehr als 40.000 Menschen den zentralen Aktionstag der DGzRS.

INFO

Die Seenotretter – Deutsche Gesellschaft zur Rettung Schiffbrüchiger (DGzRS)
Werderstraße 2, 28199 Bremen
www.seenotretter.de

Original Rezepte und Geschichten der Seenotretter-Stationen an Nord- und Ostsee

Silke Arends »Das Seenotretter-Kochbuch«
144 Seiten / € (D) 24,95
ISBN 978-3-7822-1385-1

Der jährlich neu erscheinende große Wandkalender mit spektakulären Bildern über den gefährlichen Alltag der Seenotretter

Peter Neumann
»... WIR KOMMEN 2027«
56 x 41,5 cm
€ (D) 29,95
ISBN 978-3-7822-1588-6

Der spannende Bau von zwei neuen Kreuzern für die Seenotretter

Peter Neumann »TWINS – SK 36 SK 37«
176 Seiten / € (D) 29,95
ISBN 978-3-7822-1298-4

JETZT BESTELLEN

Webshop: koehler-mittler-shop.de / E-Mail: vertrieb@koehler-mittler.de / Tel: Tel: 0711 6672-1589
Maximilian Verlag, Stadthausbrücke 4, 20355 Hamburg
oder im Buchhandel

70 JAHRE BUNDESWEHR AN DER ELBE

Fels in der Brandung

Die Bundeswehr und Hamburg – das war zehn Jahre nach dem Ende des Zweiten Weltkriegs keine Liebe auf den ersten Blick. Doch spätestens seit der Katastrophenhilfe bei der Großen Flut 1962 ist eine vertrauensvolle Partnerschaft zwischen Stadt und Streitkräften entstanden, die bis heute anhält und aufgrund der sich ändernden sicherheitspolitischen Lage in Europa eine neue Bedeutung erhält

Von Eggo Rettmer

Hamburg war im Kalten Krieg hinter Koblenz der zweitgrößte Standort der Bundeswehr in Deutschland. Doch obwohl Hamburg der größte Hafen Deutschlands war und ist, große Werften hier zu Hause waren oder sind: Ein Standort der Marine war Hamburg, das „Tor zur Welt", für die Bundeswehr nie.

1955 verhandelten Senat und Bundesministerium der Verteidigung darüber, auch Dienststellen und Einheiten der Bundeswehr in Hamburg zu stationieren. Die Stadt hätte es bevorzugt, wie bereits in der Weimarer Republik keine Garnisonsstadt zu werden, hätte dann jedoch die Kasernenanlagen kaufen müssen und entschied deshalb, Truppenstationierungen als das geringere Übel in Kauf zu nehmen. Jahre später gestand Hamburgs Erster Bürgermeister Herbert Weichmann: „Die erste Motivation lag (...) in einem nüchternen finanziellen Kalkül."

So kehrte das Militär elf Jahre nach Kriegsende in die Hansestadt zurück. „Mit Distanz und – besonders in den traditionellen Arbeitervierteln – mit Misstrauen sah man wieder deutsche Militäruniformen in Hamburg." Spätestens mit der Flutkatastrophe 1962 begannen Stadt und Bevölkerung, die Bundeswehr in Hamburg mit anderen Augen zu sehen. Die Katastrophenhilfe der Bundeswehr während der Sturmflut ist bis heute unvergessen.

Hamburg war Truppen- und von Anfang an auch Bildungsstandort der Bundeswehr. So fanden hier unter anderem die Führungsakademie, die Heeresoffizierschule II oder später die Universität der Bundeswehr ihre Heimat genauso wie drei kampfstarke Panzergrenadierbrigaden (wenn man Wentorf bei Hamburg hinzurechnet). Auch das Bundeswehrkrankenhaus ist in Hamburg fest verankert. Nach dem Ende des Kalten Kriegs verließen die Kampftruppen die Stadt. Heute ist Hamburg vor allem ein Bildungsstandort der Bundeswehr.

Geostrategische Bedeutung

Für die Stationierung sprachen vor allem drei unterschiedliche Gründe. Zunächst die Kostengründe: Es gab in Hamburg etwa 30 weitestgehend intakte Kasernen und rund 30 weitere, ehemalige Wehrmachtsliegenschaften. Infrastruktur war also vorhanden. Ein Neubau an anderer Stelle wäre teurer geworden. Dann spielten sicherlich auch politische Gründe eine

Marinekompanie des Wachbataillons in der Clausewitz-Kaserne Führungsakademie der Bundeswehr in Hamburg 1999
Foto: p-a/SZ-Photo/Karl-Bern Karwasz

Rolle – mit dem Aufbau herausragender Bildungsstätten der Streitkräfte entsprach die Bundeswehr auch dem Drängen der Stadt.

Das aus militärischer Sicht gewichtigste Argument war jedoch die geostrategische Bedeutung Hamburgs für die Verteidigungsplanung. Zum einen war die Freie und Hansestadt der größte grenznahe Ballungsraum der Bundesrepublik Deutschland. Neben den gut 1,8 Millionen Einwohnern gab es in der Stadt „wirtschaftliche und verkehrstechnische Einrichtungen von höchstem militärischen Wert“. Elbbrücken und – später – Neuer Elbtunnel und Köhlbrandbrücke waren neben den Brücken in Lauenburg die einzige Möglichkeit, im norddeutschen Raum die Elbe ohne amphibische Hilfsmittel zu überqueren.

Angenommene Angriffsrichtungen der Warschauer-Pakt-Staaten auf NATO-Gebiet, 1953
Foto: NATO S.G. 161/3

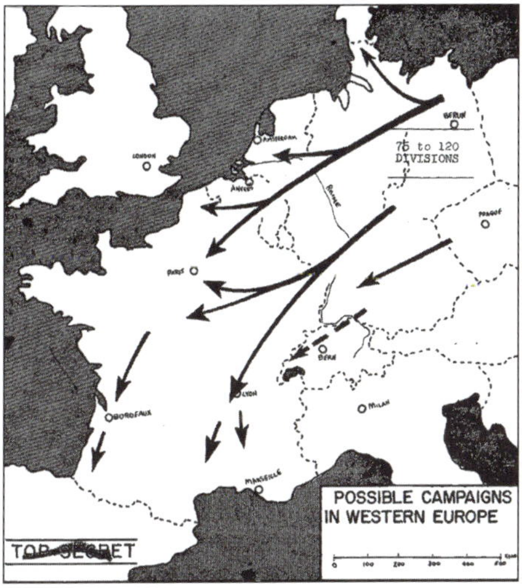

Zentrum Hamburg

Zum anderen besaß die Lage der Stadt eine herausragende Bedeutung für die militärische Operationsplanung der NATO. Hamburg war wie ein Fels in der Brandung der vermuteten Angriffsrichtungen zunächst der sowjetischen Streitkräfte, später des Warschauer Paktes. Bereits in den frühen 1950er-Jahren ging die NATO davon aus, dass in einem möglichen Krieg in der Mitte Europas die gegnerischen Streitkräfte unter anderem möglichst rasch die dänischen Ostseeausgänge und die Nordseehäfen zu besetzen versuchten. Spätere Untersuchungen polnischer und ostdeutscher Operationspläne bestätigten diese Annahmen, stehen jedoch unter dem Vorbehalt, dass die eigentlichen Operationspläne der Sowjetunion und des Warschauer Paktes bis heute kaum bekannt sind.

„Offene Stadt"?

Diese Annahmen über die Angriffsrichtungen feindlicher Kräfte beeinflusste die Standortentscheidungen der Bundeswehr für Hamburg wesentlich. Nordöstlich, zwischen Lübeck und Hamburg, galt es, einen Vorstoß Richtung Dänemark und Ostsee-Ausgänge zu verhindern. Südlich von Hamburg sollte der Zugriff auf Nordseehäfen und Kanalküste verwehrt werden. Deshalb waren in Hamburg zwei Brigaden stationiert, die Panzergrenadierbrigade 7 südlich und die Panzergrenadierbrigade 17 nordöstlich der Elbe. Eine weitere Brigade war in Wentorf bei Hamburg stationiert, die Panzergrenadierbrigade 16. In einem „heißen Krieg" hätten die Brigaden 16 und 17 am Elbe-Lübeck-Kanal und die Brigade 7 in Niedersachsen gekämpft. Elbbrücken und der Elbtunnel wären wohl gesperrt, das heißt vor allem gesprengt worden. Ob Hamburg selbst, wie von der Bundeswehr zumindest von 1962 bis 1978 angenommen, zur „offenen Stadt" erklärt worden wäre, konnte bis heute nicht zweifelsfrei belegt werden.

Die Grundzüge dieser Verteidigungsplanung galten bis zum Ende des Kalten Kriegs. Auch wäre Hamburg vermutlich nicht von den – polnischen – Truppen des Warschauer Pakts angegriffen, sondern zunächst nördlich und südwestlich umgangen worden und zum Ziel von Atomwaffen-Schlägen geworden. Mit der deutschen Wiedervereinigung und der Auflösung des Warschauer Pakts veränderte sich die Sicherheitslage. Die Bundeswehr wurde massiv verkleinert.

Auf Verkleinerung ...

Heute gibt es in Hamburg keine Kampftruppen mehr. Dabei waren es vor allem ihre rund 6.000 bis 7.000 Soldaten, die genügend „boots on the ground" (und Bergepanzer, Flussboote, Hubschrauber) bringen und bei der Sturmflut 1962, beim Heidebrand 1975 oder beim Schneewinter 1978/79 so zahlreich und wirksam helfen konnten. Und von der Verkleinerung der Streitkräfte und der damit verbundenen Aufgabe von Kasernen hat die „wachsende Stadt" profitiert. Flächen für dringend benötigten Wohnraum waren und sind knapp. So wurden nicht nur aus Schwertern Flugscharen, auch aus Kasernen wurden Wohngebiete. Doch eine einmal konvertierte Fläche ist unwiderruflich für die Bundeswehr verloren. In einer sich ändernden Sicherheitslage fehlt dieser Raum. Viele Kasernen sind aus dem Stadtbild verschwunden.

Hamburg ist heute für die Bundeswehr vor allem ein Bildungs-, Forschungs- und

Katastrophe in Norddeutschland 1962: In der folgenschwersten Sturmflut des 20. Jahrhunderts kamen 347 Menschen ums Leben, allein 315 in Hamburg
Foto: picture-alliance/Gerd Herold

Hamburgs Innensenator Helmut Schmidt zeichnet am 3. Dezember 1962 Soldaten der Bundeswehr für ihren Einsatz aus
Foto: picture-alliance/dpa

Bergepanzer befreien im Februar 1979 die Autobahn Hamburg–Hannover von Schneemassen
Foto: picture-alliance/Lothar Heidtmann

Gesundheitsstandort. Führungsakademie, Helmut-Schmidt-Universität, Bundeswehrkrankenhaus oder Bundeswehrfachschule stehen für moderne und anspruchsvolle Forschung und Lehre in den Streitkräften. Das Bundeswehrkrankenhaus leistet darüber hinaus stationär, ambulant oder mit seinem Rettungszentrum einen wichtigen Beitrag nicht nur für die Gesundheit der Soldaten, sondern auch für alle Hamburger. Und im Hintergrund unterstützt das Bundeswehr-Dienstleistungszentrum (früher: Standortverwaltung) mit seinen überwiegend zivilen Mitarbeitenden. In Hamburg gibt es Dienststellen, die man auf den ersten Blick gar nicht mit der Bundeswehr verbindet, wie zum Beispiel das Tropeninstitut, die Sportfördergruppe oder das Militärrabbinat.

... folgt wieder Vergrößerung

Seit 2022 wird viel von der „Zeitenwende" gesprochen. Für die Garnisonsstadt Hamburg ist es die vierte Zeitenwende innerhalb von 100 Jahren. Mit der bedingungslosen Kapitulation 1945 verließ das deutsche Militär die Stadt, britische Truppen zogen in viele der Kasernen ein. Gut zehn Jahre später kamen die ersten Soldaten der jungen Bundeswehr nach Hamburg zurück. Nach der Wiedervereinigung bis in die frühen 2000er-Jahre hinein verließen die Kampftruppen die Stadt. Und heute ist mit Russlands völkerrechtswidrigem Überfall auf die Ukraine der Krieg nach Europa zurückgekehrt.

Die Bundeswehr reagiert darauf – die Landes- und Bündnisverteidigung steht wieder im Vordergrund. Doch können „diese Herausforderungen (...) nicht rein militärisch, sie müssen gesamtstaatlich und gesamtgesellschaftlich gemeistert werden", heißt es im Territorialen Führungskommando.

Die Freie und Hansestadt Hamburg und die Bundeswehr in Hamburg müssen sich diesen Herausforderungen stellen, auch ohne Kampftruppen und mit nur noch wenigen verbliebenen Kasernen. Doch Hamburg ist keine Frontstadt mehr. Als rückwärtiger Logistik-Hub ist die Rolle Hamburgs heute eine andere als im „Kalten Krieg" und die Stadt damit wohl anderen Bedrohungen ausgesetzt, auf die es sich vorzubereiten gilt.

Marine auf und an der Elbe

„Der Hamburger Hafen ist der größte deutsche Seehafen und Europas drittgrößter Containerhafen", schreibt Hamburgs Behörde für Wirtschaft, Arbeit und Innovation, und „hat eine herausragende Bedeutung als internationale Handelsdrehscheibe für Staaten in“ Europa, Amerika und Asien. Nicht nur für den Handel, auch für das Militär kann der Hafen eine bedeutende Drehscheibe sein, die die Bundeswehr 2025 in der Übung „Red Storm Bravo“ auch als solche nutzte.

Trotz des Niedergangs deutscher Werften war und ist Hamburg auch ein bedeutender Standort für den Schiffbau. „Über viele Jahrzehnte, bis in die 70er Jahre hinein, war Hamburg im Schiffbau einer der weltweit führenden Standorte“, schreiben Peter Wieske und Holger Mahler für die Stiftung Historische Museen Hamburg. Das galt sicherlich auch für den Bau von Schiffen der Marine. Heute sind es vor allem noch Blohm + Voss im Neubau oder die Norderwerft für Reparaturen oder Modernisierungen, die Hamburgs Bedeutung für den Marineschiffbau auch heute noch begründen.

Doch ein Marinestandort der Bundeswehr war Hamburg nie. Die Standortdatenbank der Bundeswehr zeigt für Hamburg kaum Treffer für das Suchwort „Mar“. Die Häfen an der Nord- und Ostsee wie zum Beispiel Wilhelmshaven, Kiel, Rostock oder ehemals Olpenitz waren und sind die klassischen Marinehäfen. Es mag die Lage des Hamburger Hafens gewesen sein, die den Ausschlag gab – rund 100 Kilometer landeinwärts von der Elbmündung und damit der Nordsee gelegen. Dennoch gibt es zwei kleine und doch feine Dienststellen der Marine in der Hansestadt. Dass beide hier beheimatet sind, erklärt sich einerseits aus den Schiffbau- und -reparaturkapazitäten der Stadt und andererseits aus Hamburgs Bedeutung für die Handelsschifffahrt.

Marineanlagen

Nahe den Werften hat der „Werftliegerunterstützungszug“ sein Zuhause – eine recht sperrige Bezeichnung für eine praktische Einrichtung. Wenn Sie Ihr Auto in die Werkstatt bringen, dann bietet die Werkstatt Ihnen einen Kaffee, einen Warteraum, einen Leihwagen oder einen Shuttleservice an. So können Sie die Wartezeit überbrücken, vielleicht dank WLAN im Warteraum etwas arbeiten und die Zeit sinnvoll nutzen. Genau das bietet der Werftliegerunterstützungszug den Besatzungen während des Werftaufenthalts. Die Marineanlage Reiherdamm bietet Unterkunft für knapp 260 Gäste, 36 Büros mit bis zu drei Arbeitsplätzen, Verpflegung aus der eigenen Truppenküche sowie Sport- und Freizeitaktivitäten auf dem Gelände. Die Innenstadt selbst ist über den Alten Elbtunnel schnell zu erreichen. Der Zug unterstützt darüber hinaus Marinebesatzungen anderer Nationen oder im Rahmen der Amtshilfe bei Großveranstaltungen wie dem Hamburger Hafengeburtstag.

Während das Landeskommando Hamburg die Schnittstelle der Bundeswehr zum Bundesland Hamburg ist, stellt die Marineschiffahrtsleitstelle die Zusammenarbeit zwischen ziviler Schifffahrt und Marine sicher und agiert als Bindeglied zwischen beiden bei NATO- oder EU-Einsätzen. Auch lassen sich Besatzungen der Handelsschifffahrt hier in Marineverfahren und -organisation einweisen, oft von ihren eigenen Kollegen: Die Marineschifffahrtsleitstelle bindet oft Handelsschiffskapitäne und -offiziere als Reserveoffiziere ein. Das ermöglicht schon in Friedenszeiten ein gutes gegenseitiges persönliches und fachliches Verständnis. In einem Krisen- oder Verteidigungsfall sorgen mobile Marineschifffahrt-Leitteams für die Koordination und Sicherheit der zivilen Schiffe in ihrem Verantwortungsbereich, der sich von der Elbe über Schleswig-Holstein bis Mecklenburg-Vorpommern erstreckt.

Ergänzend sei die bundesweit einzigartige Rolle der Abteilung Protokoll/Küste im Landeskommando Hamburg für die Marinen dieser Welt erwähnt. Die Abteilung unterstützt nicht nur beim Hamburger Hafengeburtstag, sie plant und koordiniert im Rahmen des Host Nation Support die Besuche von (jährlich etwa 25)

Die grundständige Überholung des Segelschulschiffes *Gorch Fock* und ihr Weiterbetrieb war für die Deutsche Marine auch symbolisch von großer Bedeutung Foto: Eggo Rettmer

Schiffen anderer Marinen in der Hansestadt und beratend in allen anderen norddeutschen Seehäfen. Das gelingt durch die gute Zusammenarbeit mit den jeweiligen Botschaften, den Behörden der Stadt wie zum Beispiel und vor allem der Hamburg Port Authority und auch den für das jeweilige Schiff zuständigen Schiffsagenten.

Weltoffen und zukunftsorientiert

Hamburg ist also (k)ein Marinestandort. Doch ist Hamburg nicht nur dank der Handelsschifffahrt, sondern auch dank der Marine auf allen Weltmeeren und den Häfen dieser Welt vertreten. Schiffe der Deutschen Marine heißen *Hamburg*. Und Hamburg ist auch Patenstadt der *Gorch Fock* – nach der Indienststellung 1958 übernahm der damalige Bürgermeister Max Brauer per Handschlag die Patenschaft für das Segelschulschiff der Bundesmarine. Bereits vor Gründung der Bundeswehr benannte die Marine Kriegsschiffe nach der Hansestadt, zum Beispiel im 19. Jahrhundert eine Dampfkorvette oder im frühen 20. Jahrhundert einen Kleinen Kreuzer.

In der Bundesmarine war es der erste Zerstörer-Neubau der jungen Bundesrepublik, den Hamburgs Erster Bürgermeister Max Brauer am 26. März 1959 in der Hamburger Stülcken-Werft auf den Namen *Hamburg* taufte. Bis zur Außerdienststellung in den frühen 1990er-Jahren legten Schiff und Besatzung mehr als 450.000 Seemeilen zurück und waren mehr als 120-mal in ausländischen Häfen zu Gast. 2004 beerbte dann ein Schiff der *Sachsen*-Klasse den außer Dienst gestellten Zerstörer. Seitdem hat die Fregatte *Hamburg* den Namen der Hansestadt in mehr als 80 Häfen auf fünf Kontinenten getragen. Neben der Stadt ist auch das Technische Hilfswerk in Hamburg Pate der Fregatte.

Allerdings ist das Schiff keine waschechte Hamburgerin – gebaut in Kiel, ist es wohl eher zugereist. Doch zeigte die Freie und Hansestadt Hamburg auch hier Weltoffenheit und verlieh der Fregatte *Hamburg* 2012 das Fahnenband der Stadt. So heißt es in einer Pressemeldung des Flottenkommandos: „Fahnenbänder werden international in vielen Armeen als besondere Ehrung vergeben und stellen in Deutschland die höchste Ehrung dar, die einem Militärverband – und damit auch einem Schiff oder Boot – erwiesen werden kann. Sie sind das sichtbare Zeichen der Anerkennung und Verbundenheit der Regierung gegenüber den jeweiligen Verbänden."

Hamburg war der zweitgrößte Standort der Bundeswehr, nicht jedoch ein Marinestandort. Heute ist die Stadt einer der größten oder der größte Bildungsstandort der Streitkräfte. Stadt und Bundeswehr blicken auf eine nun 70 Jahre anhaltende Partnerschaft in Frieden zurück. Bauen wir darauf, dass auch die nächsten Jahre friedlich bleiben.

DER AUTOR

Eggo Rettmer beschäftigt sich als Marineoffizier der Reserve seit 20 Jahren u.a. mit Fragen rund um die Bundeswehr in Hamburg

HAPAG-LLOYD – EINE DER WELTWEIT FÜHRENDEN LINIENREEDEREIEN

Groß, größer …

Auch mit Fusionen und Übernahmen hat die größte deutsche Linienreederei einen Spitzenplatz in der weltweiten Containerschifffahrt behauptet. Das Unternehmen ist mit 14.000 Mitarbeitern in 140 Ländern präsent und verfügt über einen Containerbestand von 3,8 Millionen TEU. Weltweit sorgen 130 Liniendienste für Verbindungen zwischen mehr als 600 Häfen auf allen Kontinenten

Von Hans Jürgen Witthöft

Die jüngere Geschichte der größten deutschen Linienreederei Hapag-Lloyd ist nicht zuletzt geprägt von Fusionen und Übernahmen. Getrieben von wirtschaftlichen Zwängen ging es dabei stets um die schiere Größe, um den erreichten Platz gegenüber den Wettbewerbern zu behaupten. Abgesehen von den vielen Fusionen oder Übernahmen der Vorgängergesellschaften Hamburg-Amerika Linie (Hapag) und Norddeutscher Lloyd in über 100 Jahren begann die neue Ära der beiden einstigen Rivalen 1970 mit einer in der internationalen maritimen Branche viel beachteten Fusion zur Hapag-Lloyd AG.

Nachdem die ordentlichen Hauptversammlungen der beiden Unternehmen, die im Juli 1970 stattfanden, ihre Zustimmung zu der Fusion gegeben hatten, wurde diese rückwirkend zum 1. Januar rechtskräftig. Auslöser war die beginnende Containerisierung und der dadurch sich abzeichnende notwendige Kapitalbedarf, der für die beiden Reedereien allein nicht zu bewältigen war.

Die ehemaligen Hapag- bzw. Lloydschiffe zeigten erstmals am 1. September 1970 die vereinbarten neuen Reedereifarben; und das waren zu diesem Zeitpunkt der gelbe Hapag-Schornstein mit dem schwarz-weiß-roten Topp und die weiße Flagge mit blauem Schlüssel und Anker des Norddeutschen Lloyd. Dieser 1. September 1970 gilt gemeinhin als „Gründungstag" des neuen Unternehmens – zumindest ideell.

Der Betrieb des fusionierten Unternehmens begann folgerichtig mit den ersten Containerschiffen, wobei deren Größenentwicklung für gewöhnlich in drei aufeinander folgende Generationen unterteilt wird:

- 1968 mit vier Schiffen zu je 750 TEU auf dem Nordatlantik
- Die beiden ab 1970 im Australien-Dienst beschäftigten Einheiten hatten bereits eine auf je 1.500 TEU angewachsene Stellplatzkapazität.
- Die Kapazität der dritten Generation, der vier Ostasien-Containerschiffe, verdoppelte sich mit je 3.000 TEU. Die Schiffe hatten die beiden Reedereien noch vor der Fusion einzeln bei ihren „Hauswerften" geordert.

Hapag-Lloyd heute: Der Neubau *Hamburg Express* (23.660 TEU) am Hamburger Burchardkai

Alle Fotos: Hapag-Lloyd

Die Hapag-Lloyd AG zählte von Anfang der Containerisierung an zur weltweiten Spitzengruppe der Container-Linienreedereien und war bestrebt, diese Position in den kommenden Jahren zu behaupten. Beispiele dieses Bestrebens waren unter anderem die Indienstellung der *Frankfurt Express*, des mit 3.045 TEU seinerzeit größten Containerschiffes. Dem folgte 1991 die *Hannover Express* mit 4.409 TEU als erstes Schiff der nächstgrößeren Klasse.

So ging es mit vielen Neubauprogrammen und immer größeren Schiffen weiter. Doch inzwischen hatte sich die Eignerstruktur grundlegend verändert. 1997 einigte sich die Preussag AG in Hannover mit den Aktionären der Hapag-Lloyd AG, in erster Linie mit den mehrheitlich beteiligten Banken, auf die Übernahme von 99,2 Prozent des Grundkapitals der Reederei. Die Preussag nannte sich 2002 in TUI AG um.

2005 gab die TUI bekannt, dass sie für ihre Tochter Hapag-Lloyd die kanadische Reederei CP Ships für etwa 1,7 Milliarden Euro erworben hat. Diese Übernahme war ein wichtiger Schritt für die Reederei Hapag-Lloyd, um eine der größten Containerreedereien zu bleiben. Einer der wichtigsten Akteure in diesem Segment waren die Hamburger bereits. CP Ships betrieb zum Ende des Geschäftsjahres 2005 eine Flotte von 78 Schiffen mit zusammen 187.000 TEU. Acht Neubauten befanden sich noch im Zulauf. Alle ehemaligen CP-Schiffe erhielten bei geplanten normalen Werftaufenthalten die Hapag-Lloyd-Farben und den Namenszusatz „Express“. Nach vollständiger Integration von CP Ships umfasste die Flotte von Hapag-Lloyd 138 Einheiten mit einer Gesamtkapazität von 467.220 TEU. Damit war die Position als Nummer fünf in der weltweiten Container-Linienschifffahrt gefestigt.

Übernahme-Interessenten

Große Unruhe gab es, als die TUI verlauten ließ, ihr Engagement in der Containerschifffahrt beenden und damit die Hapag AG abstoßen zu wollen, um sich auf ihr Touristik-Kerngeschäft zu konzentrieren. Relativ rasch zeigten sich daraufhin zwei

Gruppen an einer Übernahme interessiert: zum einen eine Hamburger Investorengruppe um den Logistikunternehmer Klaus-Michael Kühne und den persönlich haftenden Gesellschafter der Bank M. M. Warburg, Christian Olearius, die die Reederei in Hamburg halten wollten; zum anderen die Großreederei Neptune Orient Lines (NOL) aus Singapur. Beide gaben Angebote ab, die TUI aber bald als „enttäuschend" zurückwies. Unter dem Eindruck der einsetzenden internationalen Finanzkrise beendete NOL aber überraschend noch 2008 ihr Interesse.

Die 2002 gebaute *CP Aurora* (4.121 TEU) gehörte CP Ships und fährt bei Hapag-Lloyd als *Liverpool Express*

Daraufhin kam es unter der Ägide des ehemaligen Hamburger Finanzsenators Wolfgang Peiner unter Beteiligung der Hansestadt Hamburg zur Bildung des Konsortiums „Albert Ballin", das schließlich nach mehrfacher Umschichtung 56,7 Prozent der Hapag-Lloyd-Anteile übernehmen konnte. Den Rest behielt TUI als nunmehriger Minderheitsgesellschafter. Damit war eines klar: Nach elf Jahren unter dem Dach der TUI war Hapag-Lloyd wieder ein selbstständiges Unternehmen und belegte in einem Ranking der internationalen Containerreedereien vom Juli 2008 nach Maersk, MSC, CMA CGM und Evergreen Platz sechs mit einem Marktanteil von vier Prozent. Zum Vergleich: Maersk kam damals als Branchenprimus auf 16,1 Prozent.

Auf das einsetzende Hin und Her einschließlich der Kapitalhilfen und der gewährten hohen Bürgschaften soll hier nicht weiter eingegangen werden. Es muss allerdings noch angemerkt werden, dass die Hamburgische Bürgerschaft im März 2012 insgesamt 420 Millionen Euro für den Erwerb von 36,9 Prozent der Hapag-Lloyd-Anteile bewilligte, vorher waren es 23 Prozent. Damit wurde die Hansestadt größter Einzelaktionär der Traditionsreederei. Das Konsortium „Albert Ballin" wurde Ende September 2013 wieder aufgelöst.

Im Markt der Container-Riesen

Bereits 2010 war zu erkennen, dass sich Hapag-Lloyd schnell von den Einflüssen der Weltwirtschaftskrise und des daraus resultierenden stagnierenden Welthandels erholte. Dies zeigte sich in der Erwartung eines deutlichen operativen Gewinns – aber nicht nur, denn die Reederei stieg auch mit Bestellung von vier weiteren Neubauten mit jeweils 13.200 TEU in Südkorea in den Markt der Megacontainerschiffe ein. Darüber hinaus konnte der im Zuge der vorangegangenen Krise verpfändete traditionsreiche Firmensitz an der Alster zurückgekauft werden.

Fast wäre es 2012/13 zu einer großen Fusion im nationalen Rahmen gekommen, denn Ende 2012 wurde bekannt, dass Hapag-Lloyd und die Reederei Hamburg Süd über ein Zusammengehen verhandeln würden. Dass solche Gespräche tatsächlich stattgefunden haben, bestätigte sich bald. Aber sie dauerten nicht lange. Zu sehr unterschieden sich die Firmenkulturen voneinander. Als Hapag-Lloyd darauf bestand, die andere Traditionsreederei ganz zu übernehmen, brach die von der Familie Oetker geprägte Reederei Hamburg Süd die Gespräche ab.

Hauptgrund für diese Entscheidung sei, dass beide Eigentümergruppen bislang keine Einigkeit über eine partnerschaftliche Ausgestaltung der Transaktion erzielen konnten, hieß es in einem offiziellen Statement. Bei einem Zusammenschluss wäre die viertgrößte Reederei der Welt mit mehr als 250 Containerschiffen und einer Stellplatzkapazität von mehr als einer Million TEU entstanden, wurde bedauernd an anderer Stelle festgehalten. Zu der Zeit rangierte Hapag-Lloyd nach einer Aufstellung des Branchendienstes Alphaliner vom Juli 2012 gemessen an der Transportkapazität mit 679.000 TEU auf Rang sechs der größten Linienreedereien. Erwartet wurden bis Ende 2013 noch zehn Containerschiffs-Neubauten mit einer Kapazität von jeweils 13.200 TEU.

Größte Fusion seit Jahrtausendwende

Den Sprung auf den vierten Platz im Ranking erreichte Hapag-Lloyd 2014 dann mit einer Fusion, die aber im Gegensatz zu der mit der Hamburg Süd wie angestrebt gelang. Übernahmekandidat war die Containersparte des chilenischen Wettbewerbers Compania Sud Americana de Vapores (CSAV), der auf Platz 16 im weltweiten Ranking lag. Nach einem bei Aktionen dieser Art üblichen langen Tauziehen wurde es die größte Fusion in der weltweiten Schifffahrt seit der Jahrtausendwende.

Am Ende entstand die viertgrößte Container-Linienreederei der Welt. Andere Quellen sehen Hapag-Lloyd nach der Fusion auf Platz fünf. Die beiden nun fusionierten Reedereien waren lediglich dem allgemeinen Trend in der Schifffahrt gefolgt, bei dem der Wettbewerb von immer größeren Reederei-Unternehmen mit immer größeren Schiffen mit Kapazitäten von mittlerweile bis zu 18.000 TEU ausgetragen wurde.

Cautin (11.217 TEU) wurde 2014 gebaut, fuhr für CSAV und fährt heute bei Hapag-Lloyd

Lapidar erklärte der neue Vorstandschef Rolf Habben Jansen die Vorgänge: „Es ist nun einmal so in unserer Branche, dass es auf Größe ankommt.“ Er sah die Flotte mit einem Durchschnittsalter von acht Jahren gut aufgestellt und erwartete Synergieeffekte in Höhe von mehr als 240 Millionen Euro. Insgesamt würden sich die beiden Reedereien ideal ergänzen: Hapag-Lloyd sei stark in den Nordatlantik- und Fernostverkehren, während sich CSAV mehr auf die Nord-Süd-Fahrtgebiete beschränken würde. Im Endeffekt stellte CSAV zwei Mitglieder im Hapag-Lloyd-Aufsichtsrat und war nach einer Kapitalerhöhung, an der sich das chilenische Unternehmen beteiligte, mit 34 Prozent größter Anteilseigner der Hamburger Reederei. Gut 75 Prozent entfielen zusammen auf die Stadt Hamburg, die Kühne Maritime und die TUI.

Fakt war, dass CSAV am 30. November 2014, also wenige Tage vor dem Closing der angestrebten Fusion, eine Flotte von 40 Containerschiffen mit einer Kapazität von 211.000 TEU einsetzte. Fünf weitere Schiffe mit jeweils 9.500 TEU waren noch

NEUE GESELLSCHAFTERSTRUKTUR SEIT 2017*

Flotte von 230 Schiffen

CSAV 22,6 Prozent, Stadt Hamburg 14,8 Prozent, Kühne Maritime 14,6 Prozent, Qatar Holding 14,4 Prozent, der saudi-arabische Public Investment Fund 10,1 Prozent, TUI 8,9 Prozent, 14,6 Prozent im Streubesitz. Der Aufsichtsrat wurde mit zwei von den neuen Anteilseignern bestimmten Mitgliedern vergrößert. Die UASC-Flotte bestand Mitte 2017 aus 58 Schiffen mit einer Gesamtkapazität von 600.000 TEU. Zwei Neubauten mit je 15.000 TEU waren noch nicht abgeliefert. Die Flotte von Hapag-Lloyd umfasste nach der Integration der UASC-Einheiten 230 Schiffe mit Stellplatzkapazität von 1,6 Millionen TEU.

*nach Fusion mit der United Arab Shipping Company (UASC)

bestellt. Einschließlich der von CSAV übernommenen Einheiten bestand die Flotte von Hapag-Lloyd Ende 2014 aus 191 Containerschiffen mit einer Kapazität von 1,1 Millionen TEU und war damit zumindest nach eigener Einschätzung die viertgrößte Linienreederei der Welt.

Börsennotierung

Der nächste Höhepunkt in der jüngeren Unternehmensgeschichte, oder gar ein Wendepunkt, wie ihn Vorstandschef Rolf Habben Jansen später nannte, war der Gang an die Börse. Im November 2015 wurden 13,2 Millionen Aktien zu je 20 Euro an der Frankfurter Börse platziert, wodurch Hapag-Lloyd rund 265 Millionen Euro einnahm. Dieses Kapital wurde für die Modernisierung und Erweiterung der Flotte verwendet und schuf so die Basis für das Wachstum der nächsten Jahre. Es wurde gemunkelt, dass Neubauten mit rund 19.000 oder 20.000 TEU geordert werden sollten.

Das war aber gar nicht nötig, denn Mitte 2016 wurde bekannt, dass Hapag-Lloyd die nächste Fusion vorbereitete – mit der United Arab Shipping Company (UASC), die bereits die entsprechenden Schiffsgrößen in ihrer Flotte hatte. Die UASC war zu diesem Zeitpunkt die Nummer zwölf unter den weltgrößten Linienreedereien. Durch den Ende Mai 2017 erfolgten Zusammenschluss entstand die fünftgrößte Container-Linienreederei der Welt. Und diese Position sollte gehalten werden.

Der Niederländer Rolf Habben Jansen ist seit Juli 2014 Vorsitzender des Vorstands der Hapag-Lloyd AG

Hapag-Lloyd blieb auch danach ein in Deutschland registriertes, börsennotiertes Unternehmen mit Hauptsitz in Hamburg.

CEO Rolf Habben Jansen kommentierte das Geschehen mit den Worten: „Das ist ein wichtiger strategischer Meilenstein und ein großer Schritt nach vorn für Hapag-Lloyd. Wir verfügen künftig nicht nur in Lateinamerika und auf dem Atlantik über eine ausgesprochen starke Marktposition, sondern auch im Mittleren Osten, wo wir zu einem führenden Anbieter werden."

Stärkung der Position

Doch es gab noch eine Lücke im weltweiten Liniennetz der Reederei: der wirtschaftlich aufstrebende Kontinent Afrika. Diese Lücke wurde Mitte 2021 mit der Übernahme der niederländischen Containerreederei Nile Dutch Investments B.V. (NileDutch) mit Sitz in Rotterdam geschlossen. NileDutch war einer der führenden Anbieter von Containerdiensten von und nach Westafrika mit 40 Jahren Erfahrung. Die Niederländer unterhielten zehn Liniendienste und brachten zehn Containerschiffe mit einer Stellplatzkapazität von zusammen 29.500 TEU in die Hapag-Lloyd-Flotte ein, dazu 320 in der Afrikafahrt erfahrene Mitarbeiter.

„Afrika ist für Hapag-Lloyd ein wichtiger strategischer Wachstumsmarkt. Die Übernahme von NileDutch stärkt unsere Position vor allem in Westafrika und ist eine hervorragende Ergänzung zu unseren bestehenden Aktivitäten auf dem Kontinent. Unsere gemeinsamen Kunden werden von einem dichteren Netzwerk von und nach Afrika sowie deutlich höheren Transportfrequenzen profitieren", hieß es zu der Übernahme aus dem Unternehmen.

Abgerundet wurde das Afrika-Engagement mit der Übernahme des Container-Liniengeschäfts der Deutschen Afrika-Linien (DAL) im März 2022. Unterstützt wurde damit die Strategie, die darauf abzielte, auf dem südafrikanischen Markt weiter zu wachsen. Nicht nur die 150 auf das Afrika-Geschäft spezialisierten Mitarbeiter wurden in die Hapag-Lloyd-Organisation integriert, sondern auch die vier Liniendienste nach Südafrika und dem Indischen Ozean sowie das einzige Containerschiff *DAL Kalahari* mit einer Kapazität von 6.589 TEU. Das war die letzte Übernahme, vorerst jedenfalls.

Und es soll nicht das Ende sein ...

Diese Chronik wäre unvollständig, wenn nicht auch ein fehlgeschlagener Übernahmeversuch und ein zu Jahresbeginn 2026 noch laufender genannt würde. So hatte sich Hapag-Lloyd 2024 neben anderen Interessenten um die Übernahme der südkoreanischen Reederei Hyundai Merchant Marine (HMM) bemüht, scheiterte jedoch am Einspruch des staatlichen Hauptaktionärs. HMM blieb auch weiterhin selbstständig.

Das zweite, noch nicht entschiedene Übernahmeangebot galt im Dezember 2025 der israelischen Reederei ZIM, der Nummer zehn im internationalen Ranking. Auch Maersk und MSC hatten Angebote abgegeben. Der ZIM-Betriebsrat soll sich aber bereits gegen eine Übernahme durch Hapag-Lloyd ausgesprochen haben. Knackpunkt waren dessen arabische Anteilseigner und Mitglieder im Aufsichtsrat. Eine Entscheidung stand bei Redaktionsschluss noch aus.

Im September 2025 präsentierte sich das Unternehmen Hapag-Lloyd nach eigenen Angaben als eine der weltweit führenden Linienreedereien. Das Unternehmen ist mit 14.000 Mitarbeitern an Standorten in 140 Ländern mit 400 Büros präsent. Hapag-Lloyd verfügt über einen Containerbestand von 3,8 Millionen TEU – inklusive einem großen und modernen Kühlcontainerbestand. Weltweit sorgen 130 Liniendienste für Verbindungen zwischen mehr als 600 Häfen auf allen Kontinenten.

Niledutch Antwerpen (Baujahr 2015, 3.500 TEU) steht nach Umbenennung in *NC Bravo* im Dienst der brasilianischen Reederei Norcoast (50 Prozent Hapag-Lloyd)

Dafür steht der Reederei eine Flotte von 305 modernen Containerschiffen und einer Gesamttransportkapazität von 2,5 Millionen TEU zur Verfügung. Mit dieser Flotte rangiert Hapag-Lloyd unverändert auf Platz fünf im internationalen Ranking hinter Mediterranean Shipping Corp. MSC (Italien), Maersk Shipping (Dänemark), COSCO (China) und CMA CGM (Frankreich). Mit Stichtag 30. September 2025 waren außerdem mit Investitionen in Höhe von ca. vier Milliarden US-Dollar 24 Neubauten mit 312.000 TEU bei zwei chinesischen Werften zur Ablieferung zwischen 2027 und 2029 bestellt. Dabei handelt es um zwölf Schiffe zu je 16.800 TEU bei der Yangzijiang Shipbuilding Group und um zwölf Schiffe mit je 9.200 TEU bei der New Times Shipbuilding Co. Alle diese Neubauten erhalten Flüssiggas-Dual-Fuel-Antriebe.

SCHRITTWEISE ERWEITERUNG DES AUFGABENSPEKTRUMS

Auf neuem Kurs

Nach Jahrzehnten des Küstenschutzes und der Schmuggler-Bekämpfung verlagert sich die Strategie der Marine Albaniens hin zu Seeüberwachung, Such- und Rettungsdiensten sowie internationaler Kooperation, vor allem im Rahmen der NATO-Integration seit 2009

Von Dr. Heiko Herold

Obwohl Albanien über eine 362 Kilometer lange Küste am Adriatischen und Ionischen Meer verfügt und der albanisch besiedelte Küstenraum des westlichen Balkans darüber hinaus noch größer ist, sind die Albaner – trotz einer regional bedeutsamen illyrischen Seefahrttradition in der Antike – historisch nie ein ausgeprägtes Seefahrervolk gewesen.

Ihre kollektive Identität ist seit Jahrhunderten vielmehr von der dominierenden Berglandschaft geprägt, die sich über den gesamten albanischen Siedlungsraum erstreckt, vom alpinen Hochgebirge der Albanischen Alpen im Norden über das waldreiche Gollak-Hochland im Osten bis hin zum zerklüfteten Pindos-Gebirge im Süden.

Gründungstag: 25. Dezember 1925

Deshalb verwundert es nicht, dass Albanien nach der Staatsgründung im November 1912 zunächst nur Heereseinheiten zu seiner Verteidigung aufstellte. Erste Bestrebungen, eigene Marinestreitkräfte aufzubauen, machte die Besetzung des jungen Staates während des Ersten Weltkriegs zunichte. Erst unter der Ägide des Präsidenten Ahmet Zogu kam es am 25. Dezember 1925 zur Gründung der albanischen Marine. An diesem Tag trafen die beiden ehemaligen deutschen Minensuchboote FM-16 und FM-23, die in Italien angekauft worden waren, im Hafen von Durrës ein. Noch am gleichen Tag wurden sie mit albanischen Besatzungen versehen, als Kanonenboote umklassifiziert und unter den Namen *Shqipëria* und *Skënderbeu* in Dienst gestellt. Ihre Hauptaufgaben waren Küstenschutz und die Bekämpfung des Schmuggels an der adriatischen Küste.

Nach der Gründung des Albanischen Königreichs 1928 wurde der Aufbau der albanischen Marine unter starkem italienischen Einfluss vorangetrieben. Italien prägte sowohl die Beschaffung von Schiffen als auch die Institutionalisierung der Seestreitkräfte.

Zwischen 1928 und 1934 erhielt Albanien vier moderne Küstenschutzboote, die den operativen Kern der Marine bildeten. Damit traten die bereits 1925 beschafften Kanonenboote, die wegen technischer und wirtschaftlicher Mängel 1935 außer Dienst gestellt wurden, zunehmend in den Hintergrund.

Mit italienischer Unterstützung entstand 1928 auch ein Marinekommando in Durrës. Weitere Marinestandorte verteilten sich entlang der Küste in Shëngjin, Durrës, Vlora und Saranda.

Italienische Besatzung

Mit der italienischen Invasion Albaniens im April 1939 übernahm die Regia Marina sämtliche albanischen Marineeinheiten. Die Besatzungszeit endete im November 1944. Nach dem Krieg kehrten drei Küstenschutzboote nach Albanien zurück und blieben dort bis 1970 im Einsatz.

Nach dem Ende des Zweiten Weltkriegs begann die junge Volksrepublik Albanien unter Enver Hoxha mit dem Wiederaufbau der Marine. Vorrang hatten zunächst Küstensicherung, Minenräumen und die Wiederherstellung der staatlichen Kontrolle über Häfen und Seewege.

In den späten 1940er- und frühen 1950er-Jahren erfolgte der institutionelle Aufbau der Forcat Detare Shqiptare nach sowjetischem Vorbild. Mit Unterstützung der UdSSR wurden erste moderne Kriegsschiffe beschafft. Parallel dazu begann der Aufbau von regionalen Küstenschutzbrigaden, Signal- und Beobachtungsposten, Instandsetzungsstrukturen sowie Minen- und Torpedodepots. Albanische Marineoffiziere erhielten ihre Ausbildung an der Kaspischen Rotbanner-Offiziershochschule der sowjetischen Seestreitkräfte.

Außenpolitische Isolation

Mitte der 1950er-Jahre errichtete die Sowjetunion den Marinestützpunkt Pashaliman bei Vlora, der noch heute besteht, und stationierte dort ein Dutzend U-Boote der *Whiskey*-Klasse (Projekt 613). Vier dieser U-Boote fuhren mit albanischer Besatzung. Im Zuge des sino-sowjetischen Konflikts brach Hoxha 1961 mit der Sowjetunion, womit Albanien jegliche sowjetische Militärhilfe verlor. Als die UdSSR darauf den Marinestützpunkt Pashaliman räumte, vereinnahmte Hoxha die vier U-Boote mit albanischer Besatzung, von denen das letzte erst 2003 außer Dienst gestellt wurde.

Mit Unterstützung des neuen Bündnispartners China gelang es, den Betrieb der U-Boote und anderer Marineeinheiten aufrechtzuerhalten. Im September 1961 richtete die Forcat Detare Shqiptare eine Marineschule in Pashaliman ein, aus der sich einige Jahre später die Marineakade-

ZUM 100. GRÜNDUNGSTAG

Marine mit Zukunft

„Die Vision für die Zukunft der albanischen Marine basiert auf der Stärkung der operativen Kapazitäten, der Entwicklung echter Kampffähigkeiten, der Modernisierung der Hafeninfrastruktur und der Anbindung an den Korridor VIII (eine multimodale Verkehrsachse zwischen Schwarzem Meer und Adria), der Modernisierung der Schiffbau- und Reparaturwerft sowie der Vertiefung der Zusammenarbeit mit Verbündeten – nicht als Selbstzweck, sondern als Bedingung, als Bedingung für die Gewährleistung der maritimen Souveränität, der nationalen Sicherheit und der Rolle Albaniens als Partner, als würdiger Verbündeter in der NATO."

Präsident Bajram Begaj anlässlich des 100. Gründungstages der albanischen Marine im Dezember 2025

Das Minensuchboot FM 23 der Kaiserlichen Marine, hier im Hafen von Wilhelmshaven, wurde als *Skënderbeu* 1925 für die albanische Marine in Dienst gestellt
Foto: picture-alliance/WZ-Bilddienst

Iliria ist eines von vier Patrouillenbooten dieses Typs im Dienst der Küstenwache, die ein Teil der Marine Albaniens ist Foto: Wikipedia

mie in Vlora entwickelte, die bis zum Jahr 2007 bestand.

Nachdem Hoxha infolge der chinesisch-amerikanischen Annäherung Ende der 1970er-Jahre auch mit China gebrochen hatte, ging Albanien in die außenpolitische Isolation.

Diese Phase war geprägt von Improvisation, strenger Autarkiepolitik und einer starken ideologischen Überhöhung der Verteidigungsaufgaben, auch im Marinebereich. Besonders charakteristisch für diese Zeit war der Bau Hunderttausender kleinerer und größerer Bunker im gesamten Land, auch entlang der Küste – das in Beton gegossene Partisanenkonzept.

Während der gesamten Existenz der Volksrepublik Albanien (1946–1991) verstand sich die albanische Marine primär als Instrument der Küstenverteidigung und war in das umfassende Verteidigungskonzept des sozialistischen Staates eingebettet, das ihn – in den Worten Enver Hoxhas – zur „unbezwingbaren Festung des Sozialismus und des Kommunismus an den Küsten der Adria" machen sollte.

Mit dem Systemwechsel Anfang der 1990er-Jahre geriet die albanische Marine in eine tiefe Krise. Politischer Kontrollverlust, wirtschaftlicher Zusammenbruch und institutionelle Auflösung führten zur Zerstörung, Plünderung und Außerdienststellung großer Teile der Flotte und der Infrastruktur.

Neue Impulse und Aufwuchs

Erst ab den 2000er-Jahren setzte ein langsamer Wiederaufbau ein, begleitet von internationaler Unterstützung und einer grundlegenden strategischen Neuausrichtung. Der Fokus verlagerte sich vom reinen Küstenschutz hin zu Seeüberwachung, Such- und Rettungsdiensten sowie internationaler Kooperation, vor allem im Rahmen der NATO-Integration seit 2009.

Aktuell umfasst die albanische Marine, die seit Januar 2026 unter dem Kommando von Konteradmiral Arsen Mullaj steht, 750 Soldatinnen und Soldaten sowie 21 seegehende Einheiten, überwiegend Patrouillenboote.

Preisrätsel
Mitmachen und gewinnen!

Wissen Sie's?

Gewinnen Sie bei unserem Silbenrätsel!
Erster Preis: ein Büchergutschein über 150 Euro
Zweiter bis sechster Preis: jeweils zwei Tickets für das IMMH (insgesamt 5 x 2 Tickets)

Schreiben Sie Ihre Lösung und Ihre gut lesbare Anschrift auf eine ausreichend frankierte Postkarte und schicken Sie diese an: Maximilian Verlag GmbH & Co KG, Stadthausbrücke 4, 20355 Hamburg, oder per E-Mail an: raetsel-floka@koehler-books.de

Einsendeschluss ist der 31. März 2027.
Die Gewinner werden bis zum 30. April 2027 benachrichtigt.
Der Rechtsweg ist ausgeschlossen.

Unser aktuelles maritimes Buchprogramm finden Sie unter:
www.koehler-books.de
Internationales Maritimes Museum Hamburg:
www.imm-hamburg.de

Aus den folgenden Silben sind 18 Wörter mit den unten aufgeführten Bedeutungen zu bilden.

BAR – BA – BOR – DEA – DECKS – DER – DIR – EIG – ELMS – EM – EN – ER – ERAS – FE – FEU – FI – GA – GA – GAT – GE – GO – GUR – IN – IM – ISO – KE – LA – LAND – LER – LI – LING – MEIS – MUS – NA – NA – NEN – NEP – NER – ONS – PEL – RAT – RE –RE – REN – TA – TA – TE – TER – TIE – TION – TUN – UN – VI – VOUR

1. Nichtseemann
2. Ausfuhrverbot für Handelsschiffe
3. Linien gleichen Luftdrucks auf der Wetterkarte
4. Masten und Tauwerk eines Schiffes
5. durch elektrische Ladung hervorgerufene Lichterscheinung
6. Gegenpunkt zum Zenit
7. Höchster Unteroffizier im seemännischen Bereich eines Schiffes
8. Schiffsbesitzer
9. Schiffsgeländer
10. im Rumpf eingebauter Motor
11. Ortsbestimmung von Schiffen
12. Verzierung am Schiffsbug
13. Schutzheiliger der Seeleute
14. römischer Meeresgott
15. Schaufelrad zur Beförderung von Kühlwasser in Motorsystemen
16. Segelschiff von James Cook
17. flache Stelle im Gewässer
18. Segelrennen

1	2	3	4	5	6	7	8	9
10	11	12	13	14	15	16	17	18

Bei richtiger Lösung ergeben die Anfangsbuchstaben eine maritime Berufsbezeichnung.

Viel Erfolg!

Foto: Hapag-Lloyd AG, Hamburg

EINE BAHNBRECHENDE IDEE WIRD 100 JAHRE ALT

Geniale Erfindung

Der Voith Schneider Propeller hat einen festen Platz in der Welt der Schiffsantriebe. Er ermöglicht sowohl den Vortrieb von Schiffen als auch deren präzises Manövrieren und kann zudem effizient zur Reduzierung von Rollbewegungen beitragen. Bis heute wurden mehr als 4.600 Stück mit Eingangsleistungen von bis zu 4.000 kW gefertigt

Von Dr. Dirk Jürgens

Die Geburtsstunde des Voith Schneider Propellers (VSP) schlug 1926 mit erfolgreichen Modellversuchen in der Wiener Schiffbautechnischen Versuchsanstalt. Der Wiener Maschinenbaustudent und Erfinder Ernst Schneider gewann die Unternehmerfamilie Voith dafür, in seine bahnbrechende Erfindung zu investieren. Doch wie entstand diese außergewöhnliche Idee?

Schneiders Inspiration stammte aus der Bewegung einer Fischflosse. 1925 stieß er auf einen Fachartikel über den „Welstrieb“, eine Erfindung des Österreichers Franz Wels (1873–1940). Dieser Antrieb orientierte sich an der Schuberzeugung von Delfinen und Fischen. Der Voith Schneider Propeller weist daher einen bionischen Entwicklungscharakter auf. Es war ein steiniger Weg, den die Firma Voith gemeinsam mit Ernst Schneider gehen musste, um aus der Idee einen zuverlässigen Schiffsantrieb zu entwickeln. Doch Voith bewies Pioniergeist und Durchhaltevermögen. Es war die gemeinsame Leistung von Ernst Schneider und den Ingenieuren und Technikern der Firma Voith, die eine visionäre Idee in die praktische Umsetzung gebracht haben. Daher trägt dieser einzigartige Schiffsantrieb zu Recht den Namen Voith Schneider Propeller.

GRUNDLEGENDES FUNKTIONSPRINZIP

Schwingend in Fahrt

Die Flügel eines Voith Schneider Propellers führen eine Schwingbewegung aus. Die Normalen der Profilsehnen schneiden sich während ihres Umlaufs im Steuerpunkt N'. Der Schub lässt sich durch die Verschiebung des Steuerpunktes N' von „Voraus“ über „Null“ bis „Zurück“ verändern.

Die Drehrichtung und auch die Drehzahl des VSP bleiben dabei konstant; lediglich die Amplitude und die Phasenlage der Flügelschwingung werden verändert. Der Steuerpunkt N' kann vollkommen variabel eingestellt werden, sodass auch Steuerkräfte in Längs- und in Querrichtung erzeugt werden können.

Ein moderner elektrischer Voith Schneider Propeller von 2025 mit integriertem Elektromotor

Alle Fotos, sofern nicht anders angegeben: Firma J.M. Voith, Heidenheim

Die *North Sea Giant* ist das größte Schiff, das mit VSP angetrieben wird (153,6 m x 30 m x 7 m), 3 x VSP 36 R6 ECR/300-2, je 3.800 kW achtern und 2 x VSP 36 R6 ECR/280-2, je 3.800 kW vorn, Reeder: North Shipping, Werft: Metalships, Spanien, Ablieferung 2014

Der VSP ist in der Welt der Schiffsantriebe einzigartig. Er ist ein Schiffsantrieb, bei dem Schubrichtung und -größe am schnellsten und präzisesten eingestellt werden können. Er zeichnet sich zudem durch einen hohen Wirkungsgrad aus. Da der VSP gleichzeitig Antriebs- und Steuerkräfte erzeugt, sind zusätzliche Anhänge wie Wellenböcke, Wellenhosen, Schiffsruder, Gondeln oder Schäfte bei Schiffen mit VSP nicht erforderlich.

Schiffe profitieren

Was sind nun die technischen Besonderheiten des VSP? Zum einen die vertikale Drehachse und die beweglichen, schwingenden Flügel. Die Schwingbewegung der Flügel wird durch ein kinematisches Getriebe (Kinematik) realisiert. Ein weiteres, technisch einzigartiges Merkmal ist die Steuerung des Schubs nach kartesischen Koordinaten – einer X/Y-Logik: Die Längs- und die Querkraft des VSP können unabhängig voneinander variabel eingestellt werden.

Die Firma Voith legte gemeinsam mit Ernst Schneider ein unglaubliches Entwicklungstempo an den Tag: 1926 erfolgten die ersten Modellversuche mit dem neuartigen Prinzip der Schuberzeugung nach Ernst Schneider, und schon 1928 fuhr die *Torqueo*, das erste Boot mit einem VSP. Sie wurde auf der Bremer Lürssen-Werft gebaut. Nach dem erfolgreichen Einsatz des VSP im Vorführschiff *Torqueo* (1928) suchte Voith aktiv nach weiteren

Zur besseren Veranschaulichung empfiehlt sich das interaktive Programm iVSP der Firma J.M. Voith. Es bietet eine anschauliche Erklärung des Funktionsprinzips sowie die Möglichkeit, verschiedene VSP-angetriebene Schiffe präzise und aktiv zu manövrieren

Schiffstypen, die vorteilhaft mit dem VSP ausgerüstet werden können.

Für welche Schiffe eignet sich eine VSP-Propulsion? Dazu zählen Fahrgastschiffe, Schwimmkrane, zahlreiche Typen von Marineschiffen, Fähren (insbesondere Doppelendfähren), Spezialschiffe wie Tonnenleger, Feuerlöschboote, Schwimmbagger, Kabelleger sowie Steinewerfer, Offshore-Schiffe, Behördenfahrzeuge (wie Polizei- und Zollboote), Forschungsschiffe, Yachten und natürlich Schleppfahrzeuge. Bei den Schleppfahrzeugen mit VSP spielt der Voith Wassertrecker die dominierende Rolle. Für die Vertriebs- und Entwicklungsingenieure von Voith ergibt sich damit seit jeher ein erfreulich breites Anwendungsspektrum an Schiffen für den VSP. In der heutigen Zeit nimmt der Bedarf an steuerbaren Antrieben stark zu – unter anderem getrieben durch die Energiegewinnung auf See durch Windturbinen, deren Errichtung und Wartung hochmanövrierfähige Schiffe erfordern.

Geniale Idee: Ernst Schneider (18.6.1894–1.6.1975) ist der Erfinder des Voith Schneider Propellers

Seit der Erfindung des Voith Wassertreckers im Jahr 1952 durch den Voith-Ingenieur Wolfgang Baer wurden weltweit über 1.000 Einheiten gebaut. Mit ihrer einzigartigen Manövrierfähigkeit und Sicherheit haben Voith Wassertrecker die Schleppertechnik revolutioniert. Beim Voith Wassertrecker werden die VSP im Bug angeordnet, das Schleppgeschirr über das Heck geführt; dadurch sind die Kraft- und Momentenverhältnisse in der Schiffsassistenz besonders sicher. Der erste Voith Wassertrecker war die *Biene*, die 1952 in Dienst gestellt wurde. Bereits 1955 folgte der erste seegängige Schlepper: *Stier*, der für den Norddeutschen Lloyd in Dienst gestellt wurde.

Erste Modellversuche mit einem VSP im Juli 1926, SVA Wien. Modellpropeller-Durchmesser: 500 mm

Intuitive Steuerung

Doppelendfähren und Fahrgastschiffe wurden sehr schnell zu einer wichtigen Anwendung für den VSP. Das erste Fahrgastschiff war die *Kempten* im Jahr 1930; sie fuhr als Linienschiff für die Deutsche Reichsbahn auf dem Bodensee.

Bei Doppelendfähren kommt der Vorteil des VSP besonders deutlich zum Tragen: Die X/Y-Logik ermöglicht schnelles Beschleunigen und Abbremsen, ohne

In der Werft: Das Fahrgastschiff *Kempten* (45 m x 7,4 m x 1,5 m), 2 x VSP 16E/85, je 280 PS (206 kW), gebaut von der Deggendorfer Werft und Eisenbau, 1930

Unterwasserschiff der *Edda Fram*
(85,8 m x 19,2 m x 6,5 m),
2 x VSP 32 R5 ECR/300-2, je 2.500 kW,
Reeder: Østensjø Rederi AS, gebaut 2007 auf der spanischen Werft Astilleros Gondán S.A.

dass die Propeller ihre Drehrichtung ändern oder gedreht werden müssen – wie es bei Ruderpropellern erforderlich ist. Das spart wertvolle Zeit und verhindert unerwünschte Querkräfte. Die Steuerung ist intuitiv und folgt unmittelbar den Bewegungen des Schiffes; dadurch werden sicheres und schnelles An- und Ablegen ermöglicht – selbst unter anspruchsvollen Bedingungen.

Zwischen Manhattan und Staten Island fahren drei Voith-Fähren; mit 97,5 Meter Länge sind sie die größten VSP-Fähren. Angetrieben werden sie von 2 × VSP 36RV6 ECS/285-2 mit jeweils 3.900 kW Eingangsleistung.

Die kleinsten VSP des aktuellen Bauprogramms sind die elektrischen eVSP 9X5/100 mit 200 kW Eingangsleistung. Sie treiben drei Hafenfähren der Reederei HADAG im Hamburger Hafen an.

BUCHTIPP
Birgit u. Dirk Jürgens,
Voith Schneider Propeller
320 Seiten
Format 23 x 29 cm
ISBN 978-3-7822-1579-4
Preis 44,95 Euro
Bestellnummer 15794

Minenabwehr-Fahrzeuge

Viele moderne Minenabwehr-Fahrzeuge der NATO sind mit VSP ausgerüstet. Minenabwehrfahrzeuge müssen folgende Anforderungen erfüllen: hohe Manövrierfähigkeit, minimale Unterwasserschall- und Magnetsignatur sowie hohe Robustheit (Schockfestigkeit) gegenüber explodierenden Seeminen. Die Antriebsanlage spielt dabei eine besonders wichtige Rolle, und VSP können diesen Fahrzeugen die

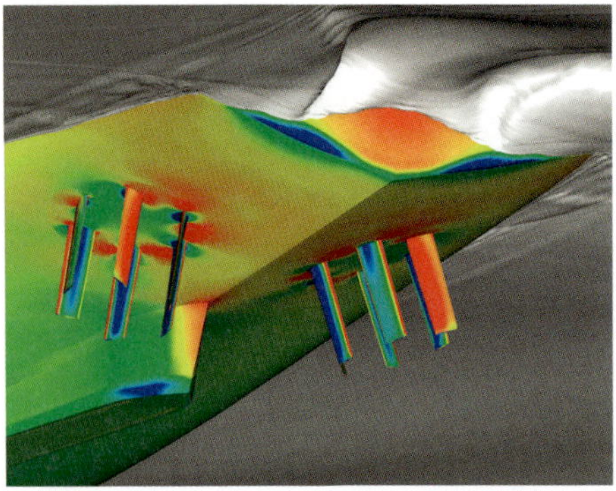

Berechnete Druckverteilung zur detaillierten Analyse der Wechselwirkung zwischen VSP und Schiffskörper im Heckbereich eines Schiffes

VORTEILE FÜR SCHIFFE MIT VSP

Antrieb und Steuerung

- Kombinierte Funktion: Der VSP übernimmt gleichzeitig die Aufgaben von Antrieb und Steuerung.
- Präzise Kraftentfaltung: Kräfte können stufenlos in beliebige 360°-Richtung nach einer einzigartigen X/Y-Logik erzeugt und extrem schnell verändert werden.
- Rollstabilisierung: Dank der Voith Rollstabilisierung (VRS) lassen sich Rollbewegungen im Seegang wirkungsvoll reduzieren. Diese Funktionalität ist seit dem Jahr 2007 verfügbar.
- Hoher Wirkungsgrad: Der VSP zeichnet sich durch einen hohen Wirkungsgrad aus im Vergleich zu anderen steuerbaren Antrieben.
- Große Strahlfläche: Aufgrund seiner rechteckigen Form ist die Strahlfläche bei gegebenem Tiefgang bis zu 50 Prozent größer als bei einem vergleichbaren Schraubenpropeller. Dies führt zu geringeren Strahlgeschwindigkeiten und einem somit höheren Wirkungsgrad – ein Vorteil, der sich direkt aus dem Impulssatz ableiten lässt.
- Systemvereinfachung: Im Vergleich zu konventionellen Schiffen mit Propeller und Ruder entfallen beim Voith Schneider Propeller zusätzliche Bauteile wie Wellenböcke, Wellenhosen, Stevenrohre sowie durchs Wasser führende Wellenleitungen – oft mit erheblicher Neigung, was zu einer schädlichen Schräganströmung an Welle und Propeller führt. Auch eine störende Propellernabe gibt es beim VSP nicht; im Wasser befinden sich ausschließlich die schuberzeugenden Flügel.

geforderten Eigenschaften bestmöglich verleihen. Seit 1934 wurden insgesamt 485 VSP für Minenabwehr-Fahrzeuge gefertigt.

Zunächst wurden sie in Minenräumbooten, den R-Booten, von 1934 bis 1945 erfolgreich eingesetzt. Diese Boote verfügten über leichtes Räumgeschirr. Das erste R-Boot mit VSP war die R8, gebaut auf der Werft Fr. Lürssen.

Ein modernes Minenbekämpfungsfahrzeug ist das Typschiff der polnischen *Kormoran*-Klasse mit insgesamt sechs Einheiten, das neueste Schiff lief 2025 vom Stapel.

Offshore- und Forschungsschiffe

Ein Offshore-Schiff ist ein Spezialschiff für vielfältige Aufgaben auf hoher See – etwa den Bau, die Wartung und die Versorgung von Offshore-Anlagen wie Bohrinseln und Windparks. Zu den wichtigsten Typen zählen Installationsschiffe mit leistungsfähigen Kränen, Versorgungsschiffe, Kabelverlegeschiffe sowie Schiffe für den Personentransport. Viele dieser Einheiten sind mit Dynamischer Positionierung (DP) ausgestattet, um auch unter schwierigen Bedingungen exakt auf der geforderten Position zu bleiben.

Für diese Aufgaben ist der VSP ausgezeichnet geeignet. Seine einzigartige und extrem schnelle Schubverstellung nach der X/Y-Logik sowie seine Unempfindlichkeit gegenüber Ventilation – Lufteinbruch von der Wasseroberfläche beim Seegang – machen ihn zur optimalen Lösung für anspruchsvolle Offshore-Einsätze. Bei allen genannten Offshore-Schiffstypen hat sich der VSP über Jahrzehnte als besonders effizient und zuverlässig bewährt.

Für Forschungsschiffe kommt zusätzlich eine sehr hohe Anforderung an den Unterwasserschall hinzu. Der sehr langsam drehende VSP (die Drehzahl beträgt nur ca. 30 Prozent im Vergleich zu einem Schraubenpropeller) ist dabei ein entscheidender Vorteil. Zum Erzielen eines

VSP mit acht Flügeln: Forschungsschiff *Meteor* IV (125 m x 21 m x 6,4 m), geplante Fertigstellung 2026, 2 x eVSP 32X8/285, je 2.500 kW und 1 x VIT 2000-1650H, 1.650 kW, Bauwerften: Meyer und Fassmer, Reeder: Briese Research, Eigentümer: Bundesrepublik Deutschland Foto Marc Petrikoswki

Im Radkörper installierte Flügel eines achtflügeligen elektrischen VSP (eVSP X8/285) während der Werksmontage in Heidenheim 2024. Die Flügel haben eine Blattlänge von 2.850 mm

minimalen Unterwasserschalls wird die *Meteor* IV das erste Schiff sein, das einen VSP mit acht Flügeln erhält.

Die Zukunft des VSP

Voith stellt sich den zentralen Herausforderungen der Dekarbonisierung und Digitalisierung, und der VSP kann hierzu entscheidende Beiträge leisten. Sein hoher Wirkungsgrad sorgt für eine deutliche Steigerung der Energieeffizienz und reduziert den Kraftstoffverbrauch. Die Integration des Elektromotors hat zur Entwicklung des elektrischen VSP geführt – ein wichtiger Schritt in Richtung emissionsfreier Antriebe. Darüber hinaus unterstützt der VSP die Digitalisierung der Schifffahrt durch Arbeiten an autonomen Schiffsoperationen und ferngesteuerten Schleppern. Dank seiner einzigartigen Physik und Technik bietet der VSP mehr als genug Potenzial, um auch in den kommenden 100 Jahren aktive Beiträge für eine nachhaltige und intelligente Schifffahrt zu leisten.

DER AUTOR
Dr. Dirk Jürgens ist Leiter Forschung und Entwicklung bei Voith Turbo Marine. Er promovierte mit einer Arbeit über die Hydromechanik von Voith Schneider Propellern

FAHRTEN DES NDL-SEGELSCHULSCHIFFS *KOMMODORE JOHNSEN* 1936–1945

Rekordhalter

Um stets über genügend gut ausgebildetes seemännisches und nautisches Personal zu verfügen, brachte der Norddeutsche Lloyd (NDL) aus Bremen als erste deutsche Reederei Segelschulschiffe in Fahrt. Darunter die *Kommodore Johnsen*, bei ihrer Indienststellung das fünftgrößte Segelschulschiff der Welt

Von Christian König

Die am 23. März 1921 als Baunummer 372 bei der Kieler Germaniawerft vom Stapel gelaufene Viermastbark *Magdalene Vinnen* II trug nach der 1921 als Reparationszahlung an Italien abgelieferten *Magdalene Vinnen I* (ex *Dunstaffnage*) erneut den Vornamen der Ehefrau des Reeders Adolf Vinnen. Der 117,5 Meter und 14,6 Meter breite Neubau hatte 5.340 Tonnen Ladekapazität und 4.192 Quadratmeter Segelfläche (3.117 m^2 Rah- bzw. 1.075 m^2 Schratsegel). Er fuhr unter Kapitän Lorenz Peters bis 1936 sowohl in der chilenischen Salpeter- als auch in der australischen Weizenfahrt. Das Schiff umrundete dafür mehrfach Kap Hoorn.

Indienststellung

Nach der Weltwirtschaftskrise ließen sich Segelschiffe bei Vinnen nicht mehr gewinnbringend einsetzen. Am 9. August 1936 erwarb der Norddeutsche Lloyd das Schiff und baute es für den Einsatz als frachttragendes Segelschulschiff (Rufzeichen DOFN) für bis zu 60 Kadetten um.

In Erinnerung an den dienstältesten NDL-Kapitän und den ersten Kapitän des Schnelldampfers *Europa*, Kommodore Nikolaus Johnsen, benannte man die *Magdalene Vinnen II* in *Kommodore Johnsen* um und stellte sie am 16. September 1936 unter Kapitän Otto Lehmberg in Dienst. Otto Lehmberg war ein herausragender Segelschiffkapitän, der als Offizier für den Norddeutschen Lloyd auf der *Herzogin Sophie Charlotte* gefahren war und in den 1920er-Jahren die Schulschiffe *Oldenburg* und *Bremen* geführt hatte. Sein Auftrag auf der *Kommodore Johnsen* bestand indes einzig und allein darin, seinen ersten Offizier Gottfried Clausen auf die Übernahme des Kommandos bestmöglich vorzubereiten. Nur auf einer Reise sollte er das Schiff führen, dann dem jüngeren Clausen weichen.

Die 60 Kadetten an Bord verteilten sich auf drei Jahrgänge. In aller Regel begann die Ausbildung der jungen Männer nach dem Erlangen der Mittleren Reife, also im

Schmuckstück: Schiffsglocke der Viermastbark

Alle Fotos: Sammlung König

Kommodore Johnsen des Norddeutschen Lloyd Anfang Dezember 1936 unter Kapitän Otto Lehmberg vor Montevideo

Alter von 16 bis 17 Jahren. Nach zwei Jahren konnten sie sich einer Prüfungskommission stellen, die beispielsweise in Flensburg über die Matrosenprüfung wachte. Wer die Prüfung bestand, wurde zum Vollmatrosen. Mit Abschluss der Ausbildung konnten die jungen Männer auf jedem Fahrzeug in der Handelsschifffahrt anheuern, sofern Bedarf vorhanden war. Ein kleiner Teil verblieb auf der *Kommodore Johnsen* und verbrachte dort ein drittes Ausbildungsjahr. Im ersten und zweiten Ausbildungsjahrgang befanden sich jeweils rund 25 Kadetten, im dritten sechs bis zehn.

Während der seemännischen Ausbildung beim Norddeutschen Lloyd wurden aus Mittelschülern Schiffsjungen, dann Matrosen und schließlich Vollmatrosen. In den ersten beiden Jahren gab es keine Heuer, für die Verpflegung bezahlten die angehenden Seeleute voll selbst. Kapitän Gottfried Clausen nannte in seinen Memoiren „75 M per month" (75 Mark pro Monat) für die Verpflegung, was 1936 etwa der Hälfte des Bruttoarbeitslohns eines vollzeitbeschäftigten männlichen Arbeitnehmers entsprochen hätte. Erst im dritten Lehrjahr erhielten die Kadetten eine Vergütung gemäß Tarif für Vollmatrosen zuzüglich einer festgelegten pauschalierten Summe für Überstunden.

Im Dreischichtbetrieb

An Bord lag die Ausbildung in den Händen der Offiziere, was sich auf die Personalzusammenstellung der Stammbesatzung auswirkte. Neben dem Kapitän waren drei zweite und ein dritter Offizier an

SEGELSCHULSCHIFFE DES NDL

Drei Barken in Fahrt

Auf die 1899 bis 1913 genutzte Viermastbark *Herzogin Sophie Charlotte* ex *Albert Rickmers* (91,50 m lang, 13,20 m breit, 2.591 BRT, 3.170 m² Segelfläche) folgte die Viermastbark *Herzogin Cecilie* (105,17 m lang, 14,02 m breit, 3.242 BRT, 3.530 m²). Als drittes Segelschulschiff kam 1936 die *Kommodore Johnsen* hinzu.

Grobe See bei der zweiten Ausfahrt der *Kommodore Johnsen* von Hamburg nach Port Lincoln in Südaustralien (19.4. bis 18.7.1937)

Bord, die auch die Aufgaben als Funker und Verwalter übernahmen. Zudem gehörten der Stammbesatzung ein Arzt, zwei Schiffsingenieure und jeweils ein Zimmermann, ein Segelmacher, ein Motorenwärter, ein Koch, ein Bäcker, ein Schlachter (gleichzeitig Kochsmaat), ein Steward und ein Messesteward an. Auf einen Bootsmann wurde verzichtet.

In See stehend fuhr man im Dreischichtbetrieb bei gutem Wetter und Tageslicht und im Zweischichtbetrieb bei schlechtem Wetter bzw. nachts. In jeder Situation war es möglich, innerhalb von zehn Minuten alle Männer an Deck zu bekommen.

Beinahe-Katastrophe

Am 8. Oktober 1936 verließ die *Kommodore Johnsen* mit 4.850 Tonnen Steinkohle den Industriehafen von Bremerhaven und segelte in 58 Tagen 6.820 Seemeilen nach Montevideo, wo das Schiff am 6. Dezember eintraf. Von dort lief das Segelschulschiff nach Buenos Aires, lud 4.963 Tonnen Weizen und begann am 8. Januar 1937 mit der Rückreise. Die endete am 3. März beinahe in einer Katastrophe, als in einem Hurrikan unweit der Azoren das Getreideschott unter Luke III nachgab. Die sich verschiebende Weizenladung bescherte dem Schiff mit bis zu 56 Grad erhebliche Schlagseite. Kapitän Lehmberg ließ vorsorglich SOS funken, woraufhin die *Sliedrecht* der NV Phs. van Ommeren's Scheepvaartbedrijf, Rotterdam, ebenso zu Hilfe eilte wie das deutsche Tankschiff *Winkler*.

Um die Wogen zu glätten, pumpten die Tankschiffe Öl ins Meer, was sich jedoch nicht als zielführend erwies. Zum Glück legte sich der Sturm nach einigen Stunden, und es gelang der mutigen Besatzung, den losen Weizen wieder gerade zu trimmen. Nur um Haaresbreite konnte die *Kommodore Johnsen* erhalten werden. Nach 68 Seetagen und 7.822 Seemeilen erreichte Kapitän Lehmberg schließlich Hamburg. Am 31. März 1937 beendete er wie vorgesehen seinen Dienst an Bord, einen Tag später beförderte man den bisherigen 1. Offizier Gottfried Clausen zum Kapitän, dem der Norddeutsche Lloyd das Schiff bis zur Ablieferung 1945 anvertrauen sollte.

Beginn der zweiten Reise

Mit 1.600 Tonnen Ballast überführte Kapitän Clausen die im Bordjargon abgekürzt KJ genannte *Kommodore Johnsen* auf ihrer zweiten Reise (19.4.–18.7.1937) von Hamburg nach Port Lincoln in Südaustralien (89 Seetage, 14.371 Seemeilen), um dort 4.807 Tonnen Weizen für einen britischen Auftraggeber abzuholen. Der Rückweg des nun deutlich schwereren Schiffes dauerte entsprechend länger: Erst nach 111 Tagen und 15.667 Seemeilen erreichte die *Kommodore Johnsen* am 18. Dezember 1937 die schützende Bucht von Falmouth in Cornwall, von wo aus sie

Aufnahme in Buenos Aires während der dritten Ausbildungsreise ab 20. Januar 1938

aufgrund steter Ostwinde sieben Tage später in London eintraf (26.12.1937–2.1.1938, 355 Seemeilen). Die Disponenten in Bremen hatten zu diesem Zeitpunkt schon einen neuen Auftrag für ihr Schulschiff, dessen dritte Reise ab 20. Januar 1938 nach Buenos Aires und anschließend mit 4.728 Tonnen Weizen zurück nach Hamburg führte (insgesamt 14.168 Seemeilen in 93 Seetagen). Nach der Ankunft in Hamburg am 15. Mai 1938 fand man zunächst keinen passenden Auftrag für das Schiff, das mit 1.550 Tonnen Ballast auf einer vorgeschobenen Warteposition auf dem Atlantischen Ozean auf weitere Orders warten sollte.

Neues Ziel in 77 Tagen

Kapitän Clausen schrieb zur Segelschiffsausbildung mit Fracht, dass es zu keinem Zeitpunkt auch nur annähernd gelang, mit der transportierten Ladung Geld zu verdienen. Darum ging es dem Norddeutschen Lloyd aber auch gar nicht. Vielmehr hatte die Mitnahme von Fracht eine erzieherische Funktion. Sie führte den angehenden Seeleuten vom ersten Tag an Bord vor Augen, was der dominierende Faktor in ihrem Berufsleben sein würde: die sichere und schnelle Beförderung wertvoller Güter von A nach B. Notfalls bestanden diese Güter auch nur aus Erde oder Bruchsteinen für den Straßenbau. Oder als Ballast.

Anstatt also untätig im Hafen zu liegen, führte Kapitän Clausen sein Schiff zunächst nach Bremerhaven und dann wieder hinaus, setzte die seemännische Ausbildung ab 9. Juli 1938 in See stehend fort. Schließlich erhielt er ein Ziel, das es anzulaufen galt: Mahé. Die Hauptinsel der im Indischen Ozean vor der Küste Ostafrikas liegenden Seychellen erreichte die *Kommodore Johnsen* nach 77 Seetagen und 11.863 Seemeilen am 26. September 1938. Von Mahé fuhr die Viermastbark drei Tage später nach Providence Island weiter und von dort wieder zurück nach Mahé (sechs Seetage, 810 Seemeilen), bevor sie am 27. Oktober 1939 mit 4.780 Tonnen Guano Mahé mit Kurs Neuseeland verließ. Falls Sie kein Hobbygärtner sind: Guano ist ein feinkörniges Gemenge aus verschiedenen Phosphaten, beispielsweise den Calciumhydrogenphosphaten Brushit und Monetit und dem Calciumphosphat Whitlockit, angereichert mit diversen Apatiten und Nitraten sowie weiteren organischen Verbindungen. Aufgrund des außerordentlich hohen Phosphor- und Stickstoffgehalts und der zusätzlich vorhandenen Elemente Kalium und Schwefel ist Guano ein besonders nährstoffreicher Pflanzendünger.

Ladung wird gelöscht

Nach 53 Seetagen und 7.790 Seemeilen erreichte Kapitän Clausen am 20. Dezember 1938 die Golden Bay (Mohua) am Nordende der Südinsel von Neuseeland. Weil eine Entladung dort vor Januar 1939 mangels Arbeitskräften unmöglich erschien, steuerte das Segelschulschiff kurzerhand nach New Plymouth in der Region Taranaki auf der Nordinsel von Neuseeland (23.–24.12.1938, 138 Seemeilen), löschte die halbe Ladung und erreichte am 22. Januar 1939 Auckland. Mit 1.300 Tonnen Ballast kehrte das Schiff dann zunächst bis 2. März 1939 ins südaustralische Port Lincoln zurück (18 Seetage, 2.498 Seemeilen), von wo man am 26. März 1939 mit

TECHNISCHE DATEN

Kommodore Johnsen

Bauwerft	Germaniawerft, Kiel
Stapellauf	23. März 1921
Länge	117, 5 m
Breite	14,6 m
Verdrängung	6.339 t
Vermessung	3.432 BRZ
Besatzung	55 Mann Stammbesatzung, 110 Kadetten
Antrieb	1 x Dieselmotor
Leistung	2.175 PS
Geschwindigkeit	10 kn, unter vollen Segeln max. 18 kn
Anzahl Masten	4

Weiter geht's: Im Herbst 1938 segelte die *Kommodore Johnsen* nach Mahé, die Hauptinsel der Seychellen

4.884 Tonnen Weizen die Heimreise ins Deutsche Reich antrat.

Nach einem Zwischenstopp in Queenstown ging es weiter nach Cork und schließlich nach Bremerhaven, wo die *Kommodore Johnsen* am 5. August 1939 nach 107 Seetagen und 13.803 zurückgelegten Meilen festmachen konnte.

Der Aufenthalt im Deutschen Reich war zeitlich knapp bemessen, als nächstes Reiseziel sollte die Hafenstadt Bahía Blanca, im Süden der Provinz Buenos Aires am Atlantik gelegen, angelaufen werden. Statt eines goldenen Herbstes und eines sich anschließenden kalten Winters in Norddeutschland reizte Bahía Blanca die Kadetten mit Temperaturen von bis zu 30 Grad. Zudem versprach ein Auslaufen Anfang September günstiges Segelwetter; Südamerika war stets ein beliebtes Ziel. Aber der Kriegsausbruch 1939 machte einen fetten Strich durch alle weiteren Planungen. Für die Dauer des Krieges – man rechnete nur mit wenigen Wochen, höchstens Monaten! – sollte das Segelschulschiff aufliegen. Man begann dennoch damit, das Fahrzeug abzutakeln.

Ein besonderer Dieselmotor

Zur Geschichte des frachttragenden Segelschulschiffes *Kommodore Johnsen* gehört die Geschichte ihres Flautenschiebers, eines 500-PS-Dieselmotors. Originär für bis zu sechs Knoten Geschwindigkeit gedacht, erreichte man mit dem Dieselmotor – dessen Betrieb die Mitnahme eines Motorenwärters erforderlich machte – nur selten mehr als zwei bis drei Knoten. Im Winter 1939, als die *Kommodore Johnsen* in Elsfleth auflag, mottete man den Motor still und heimlich ein. Und wunderte sich dann nicht schlecht beim Norddeutschen Lloyd über eine Aufforderung aus Berlin, das Schulschiff wieder in Fahrt zu bringen. Der Krieg durfte sich

Prof. Dr. Ing. Wolfgang Stocklöw, Großonkel des Autors, kam 1943 als Schiffsjunge im 1. Ausbildungsjahr an Bord

nicht auf den Handelsschiffnachwuchs auswirken. Das Deutsche Reich beauftragte und bezahlte nicht nur die Instandsetzung des zivilen Segelschulschiffes, sondern stellte während der Kriegsjahre überhaupt auch dessen Fortbestehen monetär sicher.

Und gab ihm vorsichtshalber Anfang 1940 zwei Flak-MG und vier Soldaten mit, um sich gegen gegnerische Luftangriffe zumindest irgendwie verteidigen zu können. Wahrscheinlich nahm man diese Maßnahme schon kurze Zeit später wieder zurück; ihr Nutzen war ohnehin zweifelhaft.

Nach dem außergewöhnlich harten ersten Kriegswinter wurde das Segelschulschiff in Bremerhaven eingedockt, konnte erst im Mai 1940 wieder den Ausbildungsbetrieb aufnehmen. Mit 1.780 Tonnen Ballast verlegte man nach Sopot bei Danzig, von wo aus die *Kommodore Johnsen* bis Dezember 1940 östlich von Bornholm 12.305 Seemeilen segelte. Nachdem sich vor der Verlegung von Saßnitz nach Bremerhaven im Dezember 1940 kein geeigneter Schlepper auftreiben ließ, nahm ein Vorpostenboot die *Kommodore Johnsen* in Schlepp und zog sie bis vor Kap Arkona, von wo Kapitän Clausen das Schiff unter Segeln Richtung Kiel fuhr. Um problemlos durch den Nord-Ostsee-Kanal fahren zu können, kürzte man die Takelage kurzerhand bis zu den Eselshäuptern ein und erhöhte den Ballast. Ein Weihnachtsfest in Bremerhaven war dem Schiff dennoch nicht vergönnt: Ein havarierter schwedischer Erzfrachter blockierte die Einfahrt zum Nord-Ostsee-Kanal, erst Ende Januar 1941 erreichte die *Kommodore Johnsen* die Wesermündung.

Umbauarbeiten

Ab Februar 1941 unterzog man das Schulschiff bei den Technischen Betrieben des Norddeutschen Lloyd in Bremerhaven einem zweiten großen Umbau. Um die Unterbringungsmöglichkeiten für bis zu 90 Kadetten zu vergrößern, wurden Poop- und Hochdeck miteinander verbunden und damit ein durchgehendes Halbdeck bis vor den Großmast geschaffen. Die zweiblättrige, für die Rückwärtsfahrt umsteuerbare Schiffsschraube wurde abgenommen und das Schraubengat verschweißt. Nach diesem Umbau stellte man einen Geschwindigkeitszuwachs von bis zu 20 Prozent fest!

Bei den Technischen Betrieben des Norddeutschen Lloyd durfte man die *Kommodore Johnsen* nur als „Füllarbeit" betrachten, kriegswichtige Aufträge waren unbedingt vorzuziehen. Die Offiziere und Kadetten zogen derweil nach Hamburg-Finkenwerder in die dortige Seefahrtschule um.

Aufgrund anderer Aufträge für die Kriegsmarine zog sich der Umbau derart in die Länge, dass sich das Schiff 1941 nicht mehr in Fahrt bringen ließ. Nach dem Umbau verlegte man die *Kommodore Johnsen* am 5. Oktober 1941 unmittelbar nach Flensburg, wo sie überwinterte – und im Eis einfror. Die Kälte erwies sich als kritisch, denn auch die Wasserversorgung – an Bord befanden sich rund 140 Tonnen Frischwasser – fror ein. Mittels Schlitten brachten Seekadetten Frischwasser über das Eis von der kleinen Siedlung Wassersleben an der deutsch-dänischen Grenze bei Kruså nördlich von Flensburg zum Schiff. Als sich im April 1942 der Eispanzer langsam zurückzog, blickte man in ein schwieriges Frühjahr. Erst am 13. Juni 1942 konnte die *Kommodore Johnsen* von Flensburg nach Stettin-Frauendorf verlegen – im Schlepp.

Möglicherweise war das Segelschulschiff bei dieser Verlegungsfahrt erneut mit zwei Maschinengewehren 2-cm-Flak 30 in Sockellafetten C/30 bewaffnet worden, wie eine Bemerkung von Kapitän Gottfried Clausen vermuten lässt: „… zwei Flak-Geschütze aufgestellt (mit 4 Marinern, die sich gut eingefügt haben)".

Kommodore Johnsen glänzt als Schulschiff des Norddeutschen Lloyd in Kiel im April 1944

Schulfahrten unter Segeln auf der Ostsee unterband indes der Kommandierende General der Marinestation der Ostsee, weil ein einzeln fahrender Großsegler für sowjetische Unterseeboote ein geradezu ideales Ziel bot. Erschwerend kam die stetig steigende Verminung der Ostsee hinzu, der man mit dem Einbau einer Mineneigenschutzanlage (MES) begegnete. Mittels der MES-Anlage wurde über stromdurchflossene Spulen ein um das Schiff herumreichendes kompensierendes eigenes Magnetfeld geschaffen. Dieses Magnetfeld schützte das Schiff vor Magnetminen – in der völlig minenverseuchten Ostsee unabdingbar.

Kapitän Gottfried Clausen beugte sich den Anweisungen des Marinekommandos, die Ausbildung der Kadetten fand vor Anker liegend statt. Auf minenfreien Zwangswegen schleppte man das Schiff anschließend zurück nach Flensburg. Ein weiterer, bitterkalter Kriegswinter griff mit seinen frostigen Krallen nach Nordeuropa. Viele Schiffe steckten wochenlang im Eis fest. Beim Norddeutschen Lloyd in Bremen pochte man derweil darauf, Ausbildungsmöglichkeiten des seemännischen Nachwuchses in See stehend zu bekommen. Das sollte sich 1943 dann auch recht überraschend materialisieren.

Im Zweiten Weltkrieg

Am 8. Mai 1943 verließ die *Kommodore Johnsen* im Schlepp Stettin, wurde über Sopot in der Danziger Bucht nach Dünamünde (Daugavgriva) verbracht, einem Stadtteil der heutigen lettischen Hauptstadt Riga. Der Hafen eignete sich als Basis für den Ausbildungsbetrieb. Der Rigaische Meerbusen ließ sich relativ leicht kontrollieren, sodass dort unter Segeln gefahren werden konnte. Rund 4.600 Seemeilen legte das Schiff im Sommer 1943 zurück, bevor es zum Überwintern erneut nach Flensburg gebracht wurde. Obschon sich die Entwicklung an der Ostfront als katastrophal herausstellen sollte, schaffte die *Kommodore Johnsen* im vorletzten

Kriegsjahr 1944 eine schier unglaubliche Gesamtstrecke von 15.707 Seemeilen auf acht Seetörns allein unter Segeln! An 125 Seetagen fuhr das Schiff 847 Segelmanöver. Diese Zahlen sind umso erstaunlicher, wenn man bedenkt, dass das Schiff erst am 16. April 1944 von Flensburg über Kiel (Dockung) nach Memel (heute Klaipeda in Litauen) auslaufen konnte und schon am 12. Oktober 1944 zurück in Flensburg war. Das Fahrtgebiet umfasste die östliche Ostsee zwischen Öland und Gotland; erst unter massivem sowjetischen Feinddruck verlegte man das Schiff von Memel nach Saßnitz.

Zurück in Flensburg war kaum zu glauben, was in den vergangenen sechs Monaten geleistet worden war. 465-mal wurden Segel gesetzt oder festgemacht, mit schäumender Bugwelle hatte man 134 Wenden und 204 Halsen bzw. Backhalsen durchgeführt, 32 Segel gewechselt. Sechsmal war es erforderlich die Segel zu reffen, und auch Rettungsübungen „Boje-über-Bord" wurden sechsmal gefahren. Der längste der acht Seetörns hatte 41 Tage gedauert – und das mitten in einem totalen Krieg, dessen Fronten sich unaufhörlich entlang der Ostsee nach Westen verschoben.

Soldaten der Kriegsmarine an Bord

Vor Schiff und Besatzung lag nun der letzte Kriegswinter, in dem die stationäre Ausbildung wie gewohnt weitergehen musste. Im April 1945 erreichten Unteroffiziersschüler der Kriegsmarine aus Greifswald kommend Flensburg und wurden kurzfristig und mangels geeigneter anderer Möglichkeiten auf der *Kommodore Johnsen* einquartiert. Das änderte indes nichts an ihrem Status als Handelsschiff. In den letzten Kriegswochen sollten viele deutsche Schiffe in der Küstenfahrt und vor allem auch auf der Ostsee alliierten Jagdbombern zum Opfer fallen. Die Präsenz der *Kommodore Johnsen* blieb den britischen und amerikanischen Jabos natürlich nicht verborgen – aber

Titelblatt der Zeitschrift „Signal" zeigt *Kommdore Johnsen* und U 749 (Typ VII C) im Sommer 1943 während der Erprobung von U 749, erkennbar am gelben Band am Turmumbau

keiner von ihnen zielte auf die Viermastbark.

Während vor Neustadt in Holstein in der Lübecker Bucht noch in den letzten Kriegstagen des Zweiten Weltkriegs am 3. Mai 1945 über 7.000 Menschen bei den Versenkungen der *Cap Arcona* und der *Thielbek* ihr Leben verloren, ging der Ausbildungsbetrieb an Bord der *Kommodore Johnsen* auf Glücksburg Reede in der Flensburger Förde relativ ungestört weiter. Auch nach der Kapitulation des Deutschen Reiches am 8. Mai 1945 änderte sich daran nichts. Erst am 29. Juni 1945 holten britische Besatzungssoldaten Stammbesatzung und Kadetten von Bord, internierten die Auszubildenden in einem Lager in Schleswig-Holstein.

Vorher hatte man das Segelschulschiff nach Waffen durchsucht, aber keine gefunden (offensichtlich hatte man sich der oben erwähnten 2-cm-Flak schon vorher diskret entledigt). Die Stammbesatzung wurde verhört, dann aber schnell freigelassen. Man hatte bei der Royal Navy erkannt, dass es sich hier ausschließlich um Handelsschiffpersonal handelte. Kapitän Clausen bemerkte in seinen undatierten Memoiren: „Bei der Rückkehr an Bord wurde festgestellt, dass neben zahlreichem persönlichem Eigentum der größte Teil der nautischen Instrumente fehlte." Manch einem der Seekadetten gelang die Flucht und die Rückkehr zum Schiff, wo man sich freute, die Jungens wieder wohlbehalten zurückzuhaben.

In seinen späteren Erinnerungen aus dem Juli 1972 merkte Kapitän Gottfried Clausen in einem Nebensatz an, dass von der 1939 bis 1944 geläufigen Praxis, Seekadetten der Handelsschifffahrt durch Unabkömmlichstellung (UK) von der Ableistung des Wehrdienstes freizustellen, zumindest teilweise in der Endphase des Zweiten Weltkriegs abgewichen wurde. Mit der geheim gehaltenen UK-Stellung versuchte man bis kurz vor Kriegsende sicherzustellen, dass stets genügend ausgebildetes seemännisches Personal zur Verfügung stehen würde. Neben den Auszubildenden auf der *Kommodore Johnsen* profitierten auch die Kadetten an Bord des Dreimastvollschiffs *Schulschiff Deutschland* (Deutscher Schulschiff-Verein) und der Viermastbark *Padua* – die beide ebenfalls während des Zweiten Weltkriegs auf der Ostsee eingesetzt waren – von dieser Sonderabsprache.

Wer aber seine Ausbildung abgeschlossen hatte, wurde zumeist unmittelbar von der Kriegsmarine übernommen. Bei einzelnen Kadetten ist bekannt geworden, dass sie noch in den letzten Kriegstagen völlig sinnlos im Erdeinsatz verheizt wurden. Im Sommer 1945 befanden sich demnach lediglich einige Schiffsjungen und zwei ehemalige Auszubildende aus dem dritten Lehrjahr an Bord der *Kommodore Johnsen*, wie sich Kapitän Gottfried Clausen erinnerte: „… we had only a handful youngsters in the first year on board – all others left the ship before the end, to join the army."

Abgabe an Sowjets

Im August 1945 verlegte die *Kommodore Johnsen* assistiert von den Schleppern *Ernst* und *Johannes Westphal* von Flensburg Reede ins Hamburger Köhlfleet, wo zum 30. August 1945 die Besatzung auf zwölf Mann Schiffssicherungspersonal reduziert wurde. Zeitgleich erfolgte eine Verlegung in den Waltershofer Hafen, wo eine rund 35-köpfige Besatzung der Kriegsmarinedienststelle (KMD) Hamburg unter Kapitän Franz Witsch das Schiff am 19. Dezember 1945 übernehmen und im Januar 1946 in Swinemünde an eine sowjetische Besatzung abgeben musste.

Als dienstälteste Seeleute gingen Ende Dezember 1945 auch der Zimmermann Herbert Böttcher und Kapitän Gottfried Clausen von Bord, die bis zur Ablieferung der *Kommodore Johnsen* beide jeweils neun Jahre, vier Monate und vierzehn Tage zur Besatzung gehört hatten. Kapitän Gottfried Clausen summierte die zurückgelegten Seemeilen der *Kommodore Johnsen* vor dem Kriegsausbruch auf 97.803, für die Kriegszeit auf den vom MOK Ost ausgewiesenen Gewässern der Ostsee auf 35.149 („davon 32.612 nur unter Segel"). Wie durch ein Wunder kam es zu keinem Zeitpunkt zu Kriegsschäden.

Die heute unter russischer Flagge für die Staatliche Technische Universität Kaliningrad segelnde Viermastbark *Sedov* (IMO 7946356), ex *Kommodore Johnsen* (1936–1945), ex *Magdalene Vinnen II* (1921–1936) ist das größte Segelschulschiff auf unserem Planeten.

DER AUTOR
Christian König ist Experte für Luft- und Seefahrtsgeschichte und Verfasser mehrerer Bücher über deutsche Bord- und Seeflugzeuge

Der Autor dankt Martina Fähnemann (Hapag-Lloyd AG), Frank Glashoff (H&C Stader GmbH), Inge & Peter Keller und Dr. Christian Ostersehlte (Deutsches Schifffahrtsmuseum) für die erstklassige Unterstützung.

EIN WEGBEREITER DER MODERNE

Abbild der Realität

Zu den Großmeistern der stilbildenden Strömung des Naturalismus gehörte der portugiesische Maler João José Vaz. Seine realistischen Darstellungen aus der Lebenswelt der portugiesischen Fischer im ausgehenden 19. Jahrhundert bzw. in den ersten Jahren des 20. Jahrhunderts zeigt das Museu de Marinha im Lissaboner Stadtteil Belém

Von Christian König

Anders als in der Literatur lässt sich der Naturalismus in der bildenden Kunst zeitlich weit weniger genau abgrenzen. Die stilbildende Strömung des Naturalismus dauerte etwa von 1870 bis 1890 und darüber hinaus; der Naturalismus wurde zum Epochenbegriff.

Zu den Meistern des Genres gehörte der am 9. März 1859 in Setúbal geborene portugiesische Maler João José Vaz, der sich vor allem auf die Darstellung maritimer Szenerien verstand. Im Alter von nur 13 Jahren begann João Vaz eine Ausbildung unter anderem bei António da Silva Porto an der Akademie der schönen Künste (Academia das Belas-Artes) in der Hauptstadt Lissabon.

Darstellung des Sichtbaren

In seinen Lehrjahren 1872 bis 1878 zog der Naturalismus viele Künstler in seinen Bann. Als Ausprägung des Realismus suchte der Naturalismus seine Motive in der Natur, in der objektiv wahrnehmbaren Wirklichkeit. Dabei stand die Darstellung des Sichtbaren im Mittelpunkt: Die dem Realismus oft inhärente ästhetische Totalität durch eine zielgerichtete Reduktion der Formen machten sich die Maler des Naturalismus nicht zu eigen. Der Naturalismus besticht durch seine oft feinsten Details und die Darstellung von Alltagssituationen, wirkt besonders heute wie ein Schaufenster in soziale Gepflogenheiten und Lebensrealitäten einer längst vergangenen Zeit.

Und mittendrin befand sich der junge, aufstrebende Maler João Vaz, der schon in seiner frühsten Kindheit und Jugend staunend den Fischern von Setúbal bei der Arbeit zugesehen hatte. An den Stränden des Städtchens rund 20 Kilometer südöstlich von Lissabon sammelte er Eindrücke, Momente, Stimmungen. Er skizzierte Fischerboote und deren Besatzungen, studierte das emsige Treiben an den Landungsstellen, die Fischerfrauen, die beim Auflaufen der Boote auf den Strand die Ochsen führten.

Und er entwickelte seine ganz eigene Art der Darstellung des Spiels von Licht und Schatten auf den Wellen und den Segeln der Boote, wenn sie zwischen dem altehrwürdigen Forte de Santiago do Outão und der Halbinsel Tróia den fangreichen Fischgründen auf dem Atlantischen Ozean entgegensegelten. Viele seiner Bleistiftskizzen und Studien blieben ohne Signatur, selbst bei manchen großen Gemälden verzichtete er darauf.

Ozean als Zentrum

Die Auseinandersetzung mit dem Ozean, der Leben schenkt und Leben nimmt, wurde zum Zentrum aller Schaffenskraft von João Vaz. Seine Liaison mit den Gezeiten und den Booten erzeugte eine Strahlkraft, eine einzigartige Sichtbarkeit.

Ein Teil der Fischereiflotte aus João Vaz' Heimatort Setúbal liegt bei Ebbe vor den Lagerschuppen in Albarquel. In der Bildmitte erkennt man das Forte de Santiago do Outão und dessen markanten Leuchtturm
Alle Abbildungen, außer S. 150 oben: Museu de Marinha

João Vaz' Naturalismus zeigt sich in dieser Szene am Strand von Espinho, südlich von Porto am Atlantik gelegen, Öl auf Leinwand

Der Naturalismus zog vor allem jene Menschen in ihren Bann, deren Leben geschäftig-städtisch geprägt waren. Und die in Vaz' Werken jene Ruhe fanden, für die es in ihren eigenen Leben kaum mehr Platz gab.

Die „Geographische Gesellschaft" von Lissabon bot João Vaz 1881 erstmals ihre Räumlichkeiten für eine Werkschau an, machte seine überwiegend maritime Kunst der Oberschicht Lissabons zugänglich. Die dankte es ihm mit Ankäufen und Kundenaufträgen, was weitere Galerien und Vereinigungen auf den Plan rief. Mit der Sociedade Promotora de Belas-Artes pflegte Vaz einen engen und fruchtbaren Austausch, was seinen Eintritt in die Sociedade Nacional de Belas-Artes beschleunigte. Die Avantgarde in Europa liebte den Naturalismus, verstand ihn als Wegbereiter für eine neue Zeit. Vertreter der malenden und der schreibenden Zünfte arbeiteten sich am Naturalismus regelrecht ab, schilderten ihre Sicht auf die Welt unter Nutzung materialistisch-positivistischer Wissenschaften.

Der Mensch war nicht länger ein autonomes Wesen, das es darzustellen galt. Nein, der Mensch war ein Teil des Gesamtbildes – in den ausufernden Großstädten mit ihren sozialen Brennpunkten und oft genug prekären Lebenssituationen ebenso wie in der Industrie. Oder aber am Strand irgendwo südlich von Lissabon. In Kollektiven und Zirkeln traf man sich, diskutierte, suchte nach neuen Ideen, neuen Perspektiven. Die Lissaboner Löwengruppe – benannt nach einer Schenke, die den goldenen Löwen im Namen führte – vereinte Farbkleckser und Schreiberlinge, um die Wirkung des Naturalismus (und seinen Abverkauf) zu fördern.

Aufbruch in die Moderne

Der umtriebige João Vaz schaffte es schon 1884, als Professor an die Werkschule Escola Industrial Afonso Domingues berufen zu werden. Später sollte er auch ihr

Auf diesem undatierten Ölgemälde auf Leinwand fängt João Vaz drei dickbauchige Karacken ein, zum Ausgang des Mittelalters im 16. Jahrhundert der vorherrschende portugiesische Segelschiffstyp für die transatlantische und pazifische Langfahrt

Direktor werden. Wichtige Quellen für dauerhafte Einnahmen, die vielen damaligen Malern ein Leben lang verwehrt blieben. Am 10. September 1886 hielt der deutsche Germanist Dr. Eugen Wolff im literarischen Verein „Durch!" in Berlin einen Vortrag, in dem er aus dem Wort „modern" einen Kontrastbegriff zur Antike entwickelte: die Moderne.

Aus einer überall in Europa aufkeimenden Idee war der Aufbruch in die moderne Zeitenrechnung gelungen. Und João Vaz wurde einer ihrer stärksten Vordenker in Portugal, arbeitete in Forschung und Lehre, für wohlhabende Privatiers ebenso wie für die Regierung. Als Marinemaler und Zeitungsillustrator betätigte sich Vaz 1896 bis 1898 für das Blatt „Branco e Negro" (Weiß und Schwarz), beriet ab 1912 die portugiesische Regierung hinsichtlich der Reformation des Schulwesens. So setzte er sich für die Aufnahme kaufmännischer und industrieller Bildungsangebote in die

Der portugiesische Marinemaler Professor João José Vaz (1859–1931) war eine Ikone des Naturalismus. Die Aufnahme aus dem Nogueira da Silva Museum datiert auf João Vaz' zweite Lebenshälfte nach 1900
Foto: Nogueira da Silva Museum

Lehrpläne ein, um schon Kindern im Grundschulalter Einblicke in mögliche Tätigkeitsfelder zu vermitteln, die den portugiesischen Nationalstaat voranbringen würde.

Im Selbstexperiment eröffnete er 1914 eine (weiterführende) Schulung für Industriedesign in seiner Heimatstadt Setúbal, die Escola de Desenho Industrial de Setúbal. Beginnend 1915, betätigte er sich erneut im Verlagswesen, illustrierte bis 1920 das Magazin „Atlantida", bis 1926 auch die Zeitschrift „Contemporânea". Die Dekoration des Sitzungssaals der Nationalversammlung schuf er ebenso wie die Interieurs des Theaters Garcia de Resende in Évora. Im Buçaco Nationalwald zeigte er sein überragendes Können bei der Gestaltung des Palácio Hotel do Buçaco. Als der umgangssprachlich „Palácio" genannte Palácio Nacional de Belém – seit Jahrhunderten von der portugiesischen Königsfamilie als Gästehaus unweit des Mosteiro dos Jerónimos genutzt – zum ständigen Sitz des portugiesischen Staatspräsidenten auserkoren wurde, beauftragte man João Vaz mit dessen Ausgestaltung. Der am Praça Afonso de Albuquerque gelegene Palast zählt bis heute zu den Meisterwerken des Künstlers, der am 17. Februar 1931 im Alter von 71 Jahren in Lissabon verschied.

Eintauchen und staunen

Der Wirkung von João Vaz' Arbeiten kann sich auch der zeitgenössische Betrachter kaum entziehen. Wer in die Lebenswelt der portugiesischen Fischer im ausgehenden 19. Jahrhundert bzw. in den ersten Jahren des 20. Jahrhunderts einzutauchen gedenkt, wird im Museu de Marinha im Lissaboner Stadtteil Belém fündig. In einem Teil des Westflügels des Mosteiro dos Jerónimos betreibt die Marinha Portuguesa eines der zahlenmäßig meistbesuchten Museen von Portugal. Das vor allem für seine militärische Sammlung und die gut sortierte Bootshalle mit den königlichen Prunkbarkassen *Bergantim Real* und *Galeota Grande* weltweit bekannte Museum zeigt im Haupthaus in einer Dauerausstellung die Entwicklungen in der portugiesischen Fischerei.

Anhand sorgfältig gefertigter Modelle und durchweg in portugiesischer und englischer Sprache gefassten prägnanten und erklärenden Texten erfahren geneigte Besuchende die Evolution vom einfachen Fischernachen zum Supertrawler. Zur Illustration dienen viele künstlerische Darstellungen von hoher Qualität, die einst in der Bibliothek der Marineschule in der Rua do Arsenal, im Sala do Risco und im Palácio das Laranjeiras hingen. Dort waren sie der Öffentlichkeit nicht zugänglich, weshalb sie in den späten 1950er-Jahren in Belém vereint wurden. Die meist großformatigen Hochkantwerke von João Vaz hängen neben Gemälden, deren Maler stark vom Naturalismus beeinflusst wurden.

INFO
Museu de Marinha
Praça do Império, Santa Maria de Belém
1400-206 Lisboa, Portugal
https://cultura.marinha.pt

João Vaz wirkte stilbildend, wie dieses 1936 von João Reis (1899–1982) gemalte Motiv belegt. Es zeigt einen Fischer beim Ausbessern der Netze

ZWEI FÜNFMASTBARKEN MIT REKORDEN

Tragische Legenden

Die *France* war seinerzeit nicht nur das größte Segelschiff der Welt, sondern auch weltweit der erste Großsegler mit fünf Masten. Und die zweite französische Fünfmastbark *France* II wurde als größter jemals gebauter Rahsegler bekannt. Grund genug, beide Schiffe näher zu betrachten

Von Hans Karr

Im ausgehenden 19. und am Anfang des 20. Jahrhunderts verlor die Segelschifffahrt mehr und mehr an Bedeutung. Die windunabhängigen, technisch sicherer und zuverlässiger werdenden Dampfer übernahmen nach und nach den gesamten Seetransport. Auf Langstrecke blieben indessen die neu entwickelten Vier- und Fünfmastbarken sowie das Fünfmastvollschiff *Preussen* mit Spezialfrachten noch einige Jahre rentabel und gewinnbringend im Einsatz.

Die größten Segelschiffsreedereien jener Zeit waren die französische Reederei Antoine-Dominique Bordes & Fils in Dünkirchen und die Hamburger Reederei F. Laeisz.

Die speziell für Massengüter ausgelegten Schiffe brachten bis zum Beginn des Ersten Weltkriegs hauptsächlich Salpeter von der südamerikanischen Westküste nach Europa, der hier für die Herstellung von Düngemittel und Sprengstoff benötigt wurde. Auf der Ausreise transportierten sie häufig Kohle, die zur Auffüllung der weltweit von den Dampfer-Reedereien für ihre Schiffe angelegten Depots benötigt wurde.

Trotz allem: Die Segelschifffahrt lag in ihren letzten Zügen. Andererseits waren aber auch diese wenigen Jahrzehnte um die Jahrhundertwende schiffbaulich gesehen der technische Höhepunkt der frachtfahrenden Segelschiffe. In ihrer Konstruktion waren sie den rauen und gefährlichen Seegebieten um Kap Hoorn, die regelmäßig auf ihren Reisen passiert werden mussten, besonders gut angepasst. Die beiden genannten führenden Reedereien legten darüber hinaus auch großen Wert auf gutes Personal, gute Schiffspflege und gute Materialqualität bei der Ausrüstung ihrer Schiffe.

Überraschender Neuling

Als Konkurrent zu den deutschen Großseglern, insbesondere zu den Flying P-Linern der Reederei F. Laeisz, ließ die französische Reederei Antoine-Dominique Bordes & Fils in Glasgow auf der Werft D. & W. Henderson & Son eine Fünfmastbark bauen. Dieser Schiffstyp war sogar in der Seefahrernation England etwas vollkommen Neues und in der damaligen Schifffahrtswelt eine große Überraschung.

Das am 2. September 1890 vom Stapel gelaufene und auf den Namen *France* getaufte Schiff war seinerzeit nicht nur das größte Segelschiff der Welt, sondern zugleich auch weltweit der erste Großsegler mit fünf Masten.

Um die Wende vom 19. zum 20. Jahrhundert sollten mit den Fünfmastbarken *Maria Rickmers*, *Potosi*, *R.C. Rickmers* und *France* II sowie dem Fünfmastvollschiff *Preussen* noch fünf weitere ähnlich große Fünfmastrahsegler folgen. Nach dem Ersten Weltkrieg kam mit der *København* erneut eine als frachtfahrendes Se-

Hier liegt es sich gut: *France* (I) im Hafen von Dünkirchen Foto: Archiv Autor

Eine Besonderheit der *France* I waren die flutbaren Doppelboden-Ballasttanks Foto: Sammlung GSW

gelschulschiff genutzte Fünfmastbark in Fahrt.

Die 133,00 Meter lange, 14,83 Meter breite und mit 3.784 BRT vermessene Fünfmastbark *France* war für die Salpeterfahrt von Chile nach Europa bestimmt. Bei der Ausreise sollte das Schiff Kohle nach Brasilien transportieren. Die Ladefähigkeit für den seiner Zeit in Europa so gesuchten Salpeter – er diente hier der Herstellung von Düngemitteln und von Sprengstoff – betrug 5.500 Tonnen. Die 42 Segel der *France* hatten eine Gesamtfläche von 4.520 Quadratmetern und ermöglichten bei günstigem Wind eine Geschwindigkeit von 17 Knoten.

Um gegebenenfalls sichere Ballastreisen zu gewährleisten, war die *France* mit entsprechenden Einrichtungen und Doppelbodentanks ausgerüstet. Des Weiteren war der Segler mit vier Dampfwinden ausgestattet, die sowohl zum schnellen Umschlagen der Ladung wie auch zur Segelbedienung genutzt werden konnten und somit eine Arbeitserleichterung für die 45-köpfige Besatzung bedeuteten. Der Besatzung gelang es einmal im Salpeterhafen Iquique mithilfe der Dampfwinden in nur elf Tagen 5.000 Tonnen Kohle zu löschen und 5.500 Tonnen Salpeter zu laden. Weltrekord!

Bekannt durch Salpeterfahrten

Über zehn Jahre blieb die Fünfmastbark *France* in ihrem Fahrt- und Frachtgebiet – der Salpeterfahrt – im Einsatz. Sie bewährte sich gut und legte schnelle Reisen zurück. Zur deutschen Reederei F. Laeisz entwickelte sich naturgemäß eine beträchtliche Rivalität. Die Besatzungen der beiden Reedereien versuchten auf jeder Überfahrt den Konkurrenten an Schnelligkeit zu überbieten. So wird aus dem Jahr 1896 von einem Rennen zwischen der *France* und der deutschen Fünfmastbark und Flying P-Liner *Potosi*, die 1895 mit 4.026 BRT die *France* als größtes Segelschiff der Welt abgelöst hatte, berichtet. Beide Schiffe schnitten dabei nahezu gleich gut ab. Die *France* schaffte die Reise nach Iquique in 74 Tagen, die *Potosi* brauchte nur einen Tag länger. Die Heimreise bewältigte die *France* in 75 Tagen und die *Potosi* soll es in nur 69 Tagen geschafft haben.

Kollision mit Dampfer

Es gab aber auch weniger erfreuliche Vorkommnisse. Am 25. Januar 1897 ankerte die *France* mit einer Salpeterladung nach einer 79-Tage-Reise von Iquique kommend vor Dungeness in England auf Reede. Infolge nicht korrekt gesetzter Ankerlichter kam es in der Nacht zu einer Kollision mit einem Dampfer, der die irreführenden Lichter falsch interpretierte und die *France* rammte. Durch dessen Manöver des letzten Augenblicks konnte dabei jedoch Schlimmeres verhütet werden. Lediglich die Bordwand der *France* wurde hart gestreift.

Im Mai 1901 befand sich das mit Kohle für Rio de Janeiro beladene Schiff mal wieder auf dem Weg nach Valparaiso. Vor dem Rio de la Plata geriet es in einen heftigen Pampero (stürmischer Südwestwind). In der Folge erhielt die *France* eine starke Krängung, was wiederum ein Verrutschen der Kohleladung nach sich zog. Trotz größter Anstrengung konnte die Besatzung die Ladung nicht mehr trimmen, sodass das Schiff in Seenot geriet.

Am 14. Mai 1901 musste der Kapitän auf Position 34° S und 48° W sein Schiff aufgeben. Die deutsche Viermastbark *Hebe*, die den Fünfmaster mit schwerer Schlagseite vor der brasilianischen Küste in der hochlaufenden See treibend vorfand, konnte glücklicherweise die gesamte Besatzung retten und an Bord nehmen. Die große Fünfmastbark wurde Tage später nochmals als unbemanntes Geisterschiff mit den untersten Rahnocken bereits tief im Wasser liegend gesichtet, bevor sie für immer verschwand.

Neue Bark mit Verbesserungen

Die zweite französische Fünfmastbark *France* war mit 5.633 BRT der größte jemals gebaute Rahsegler. Entstanden ist der 146,50 Meter lange und 16,96 Meter breite Großsegler auf der Werft Chantiers et Ateliers de la Gironde in Bordeaux. Auftraggeber und Eigner war die französische Reederei Prentout–Leblond, Leroux et Compagnie in Rouen. Der Stapellauf fand am 9. November 1911 statt. Um Verwechselungen mit der 1890 gebauten und 1901 gesunkenen Fünfmastbark *France* zu vermeiden, werden die beiden französischen Fünfmaster auch häufig als *France* (I) und als *France* (II) bezeichnet, wobei die Suffixe (I) und (II) nicht Bestandteil der eigentlichen Schiffsnamen sind.

Anfänglich war die *France* mit zwei Dieselmotoren ausgerüstet. Mit jeweils 950 PS Leistung ermöglichten sie dem Schiff über zwei Wellen eine Geschwindigkeit von zehn Knoten. Da die Motoren aber keine guten Resultate lieferten, wurden sie 1919 wieder ausgebaut. Durch diese Maßnahme verbesserten sich die

France II war bis 1919 mit Dieselmotoren ausgerüstet. Man beachte den rauchenden Schornstein
Foto: Archiv Autor

Segel-Eigenschaften des Schiffes erheblich. Außerdem konnte dadurch in der Besatzung der Maschinist eingespart werden. Die neue Besatzungsstärke betrug jetzt 45 Mann.

Auf der *France* gab es zudem viele mechanische Vorrichtungen zur Handhabung der Segel. Außerdem waren eine elektrische Lichtmaschine und eine Funkanlage an Bord vorhanden. Damals noch keine Selbstverständlichkeit, schon gar nicht auf Segelschiffen

„Jubilee-Rigg"

Hinsichtlich der Takelage ist erwähnenswert, dass die *France* an den Masten keine Royalsegel führte, sondern nur fünf Segel. Diese Form in der Auslegung der Takelage wird auch als „Jubilee-Rigg" bezeichnet. Die vorhandenen 38 Segel hatten eine Gesamtfläche von 6.350 Quadratmetern. An Geschwindigkeit konnte die *France* unter Segel 17 Knoten und unter Motor zehn Knoten erreichen. Das größte Etmal, das die Fünfmastbark jemals zurückgelegt hatte, betrug 420 Seemeilen, was einer Durchschnittsgeschwindigkeit von 17,5 Knoten entspricht. Diesen Rekord fuhr sie im Jahr 1921.

Das Einsatzgebiet der Fünfmastbark war von Anfang an die Nickelfahrt nach Neukaledonien, eine zu Frankreich gehörende Inselgruppe im Südpazifik mit großen Nickelerzvorkommen. Bei der Ausreise transportierte die *France*, wie damals in der Segelschifffahrt allgemein üblich, meist Kohle. Auf der Heimreise waren neben Nickelerz auch andere typische Produkte aus der Südsee und Australien, wie zum Beispiel Wolle und Weizen, als Fracht an Bord. Rund 7.000 Tonnen an Transportgut konnte in den riesigen Frachträumen gestaut werden.

Neben der Frachtladung war die *France* auch für die Mitnahme von zahlenden Passagieren eingerichtet. Dafür standen sieben Kabinen in Erster-Klasse-Ausstattung zur Verfügung. Außer gutem Komfort während der Reise gab es einen exzellent ausgestatteten holzgetäfelten Salon, eine Bibliothek und für Fotografen eine bordeigene Dunkelkammer.

Majestätisch: Die Fünfmastbark *France* II als Ankerlieger
Foto: Allan C. Green

Im November 1916 wechselte die *France* durch Verkauf den Besitzer. Die ebenfalls in Rouen ansässige Reederei Compagnie Française de Marine et de Commerce wurde neuer Eigner. Das Schiff erhielt zum Eigenschutz am Bug und am Heck je ein 9-cm-Geschütz eingerüstet, da es während des Ersten Weltkriegs in Fahrt bleiben sollte. Zwischen Nordamerika, Australien, Neukaledonien und Afrika kam das Schiff dann auch hauptsächlich zum Einsatz. Es transportierte auf diesen Reisen verschiedene Güter wie Getreide, Rohleder, Kaffee, Rohöl, Mahagoniholz, Erdnüsse und wiederum Nickelerz.

Drohende Versenkung

In dieser Phase ihres Schiffslebens retteten die Dieselmotoren der Fünfmastbark einmal das Leben. Mit einer Kohleladung war die *France* auf dem Weg von Glasgow nach Montevideo, als am Abend des 28. Februar 1917 nordwestlich vom Kap Finisterre plötzlich Schüsse vor den Bug krachten. In der schon herrschenden Dämmerung konnte die *Franc*e jedoch dem deutschen U-Boot, welches das Schiff aufstoppen und kontrollieren wollte, entkommen. Als feindlichem Handelsschiff hätte dann die Versenkung gedroht. Obwohl die *France* ein schneller Segler war, wäre wohl mit dem Segelantrieb alleine das Entkommen nicht so einfach möglich gewesen.

Gestrandet und abgewrackt

Nach dem Krieg blieb die Fünfmastbark bis 1922 in ihrem angestammten Gebiet in Fahrt, bevor sie ihr Ende durch Strandung fand. In der Nacht vom 11. auf 12. Juli 1922 trieb das Schiff bei Flaute etwa 60 Seemeilen von Noumea, Neukaledonien, entfernt bei Coya auf ein Korallenriff. Eine Bergung des Fünfmasters wäre nach Meinung mehrerer Fachleute durchaus möglich gewesen. Doch davon nahm man Abstand. Die Versicherer überließen den gestrandeten Segler im Dezember 1922 für 2.000 Pfund einem örtlichen Abwrackunternehmen. Ausschlaggebend für diese Entscheidung war wohl die Tatsache, dass die Zeit der Frachtsegler abgelaufen war.

Infolge der damals dramatisch sinkenden Frachtraten lohnte sich folglich unter finanziellen Gesichtspunkten ein Abbergen des gestrandeten Schiffes nicht. Der Rumpf der France blieb noch bis zum Jahr 1944 auf dem Riff liegen. Dann diente er den Amerikanern als Übungsziel für Bombenabwürfe.

DER AUTOR
Hans Karr ist Fregattenkapitän a.D. und Verfasser zahlreicher Bücher über Schiffe und Boote der Deutschen Marine

Der 146,50 Meter lange und 16,96 Meter breite Großsegler *France* II entstand auf der Werft Chantiers et Ateliers de la Gironde in Bordeaux
Foto: Sammlung GSW

DIE AUFWENDIGE SUCHE NACH DEM TAUCHBOOT *TITAN*

Vier Tage Hoffnung

Bei einer Fahrt zur legendären *Titanic* 2023 verschwindet das Tiefsee-Tauchboot *Titan*. Die Überlebenschance für die fünf Menschen an Bord ist gering. Trotzdem läuft eine umfangreiche Rettungsaktion an. Das Ende ist bekannt: Die *Titan* ist implodiert. Aber was genau war passiert?

Von Brigitte Saar

Der Tauchroboter *Odysseus* 6K findet bei seinem ersten Tauchgang am 22. Juni 2023 Teile des Wracks der *Titan*. Der Heckkegel des Tauchboots steht abgetrennt vom Druckkörper senkrecht auf dem Meeresboden
Foto: Pelagic Research Services

Die *Titan* war das erste Tauchboot, das fünf Personen gleichzeitig zum Wrack der *Titanic* bringen konnte. Der röhrenförmige Druckkörper (statt wie sonst üblich eine kugelförmige Überlebenssphäre) war umstritten Fotos: picture alliance/AA|Ocean Gate/Handout, p-a/abaca

Hallo, wir haben ein vermisstes Tauchboot über der Wrackstelle der *Titanic*. Es ist seit 15 Uhr Neufundländer Sommerzeit überfällig."

Die *Titan* befindet sich am 18. Juni 2023 um 10:47 Uhr auf 3.341 Meter Meerestiefe im Nordatlantik, als der Kontakt zu Mission Control abreißt. Per Satellitentelefon informiert der Kapitän des Expeditionsschiffs *Polar Prince* vier Stunden nach dem Verschwinden die Seenotrettungsleitstelle im kanadischen Halifax und löst damit eine der aufwendigsten Such- und Rettungsmissionen der vergangenen Jahre aus. Fünf Menschen sind an Bord der *Titan*, darunter der Chef der Tauchbootfirma Stockton Rush, der französische *Titanic*-Experte Paul-Henri Nargeolet und als zahlende Passagiere Hamish Harding sowie das Vater-Sohn-Gespann Shahzada und Suleman Dawood.

Es ist die dritte Tauchsaison für das experimentelle Tauchboot. 2021 und 2022 ist die *Titan* bereits zwölfmal erfolgreich zur *Titanic* in 3.800 Meter Tiefe getaucht. Die Kommunikation mit Mission Control läuft über Unterwasser-Akustikmodems, über die kurze Textbotschaften durch die Wassersäule übertragen werden können.

Das Joint Rescue Coordination Center in Halifax übergibt den Notfall an das Rescue Coordination Center (RCC) der U.S.-Küstenwache in Boston, das für das Seegebiet über der *Titanic* zuständig ist. Dort werden für den „Search and Rescue"-Einsatz (SAR) zwei Szenarien durchgespielt: Entweder sitzt das Tauchboot unter Wasser fest und kann aus eigener Kraft nicht mehr auftauchen. Oder es ist nach einem System- bzw. Stromausfall notaufgetaucht und muss nun an der Oberfläche gefunden werden. Wenn die fünf Männer noch leben, läuft nun ein makaberer Countdown: Die *Titan* hat Sauerstoff für rund 96 Stunden an Bord – ein enges Zeitfenster für eine Rettung auf hoher See. Der nächste sinnvolle Hafen – St. John's, Neufundland – liegt rund 370 Seemeilen (685 Kilometer) entfernt. Zudem können die Insassen der *Titan* nicht ohne Hilfe aussteigen – das Tauchboot wird von außen mit bis zu 18 Bolzenschrauben verschlossen und kann nicht geöffnet werden, solange es im Wasser schwimmt.

Umfangreiche Mobilisierung

Die Leitstellen in Boston und Halifax schieben eine gigantische Material- und Personalschlacht an: Sie mobilisieren 13 Schiffe, fünf ferngesteuerte Tauchroboter, zwei Schwerlastkräne und eine Dekompressionskammer. Dazu kommen zwölf Flugzeuge zum Materialtransport und für eine Suche aus der Luft, darunter auch vier kanadische U-Boot-Aufklärer, die Dutzende akustische Horchbojen mit Unterwasser-Mikrofonen an der Einsatzstelle abwerfen.

Am Tag nach dem Verschwinden der *Titan* detektieren die Sonobojen ein Klopfen im Wasser, das Experten für „menschengemacht" halten. Über eineinhalb Tage hinweg sind insgesamt fünfmal wiederkehrende rhythmische Geräusche zu hören. Die Angehörigen der Vermissten und die Medien wollen glauben, dass es sich um ein Lebenszeichen aus der Tiefe handelt. Doch die U.S.-Küstenwache geht intern nur noch von einer kleinen Restwahrscheinlichkeit aus, dass die Besatzung der *Titan* noch am Leben ist. Denn die U.S. Navy hat zwischenzeitlich geheime Informationen weitergegeben, dass unter Wasser ein extrem lauter Knall im Bereich *Titanic*-Wrackstelle registriert wurde, als die Kommunikation mit der *Titan* abgerissen ist.

Der erste Notruf über das Verschwinden der *Titan* geht am 18. Juni 2023 in der Seenotrettungsleitstelle im kanadischen Halifax ein

Foto: Brigitte Saar

Trümmer gefunden

Vier Tage wartet die Welt zwischen Hoffen und Bangen auf Gewissheit. Am 22. Juni 2023 gegen 11 Uhr morgens findet der Tauchroboter *Odysseus* 6K schließlich die Trümmer des implodierten Tauchboots am Meeresboden – die SAR-Mission hat

EINSATZMITTEL

Zu Wasser und in der Luft

Schiffe

Die Kanadische Küstenwache aktiviert sechs ihrer eigenen Schiffe: *John Cabot*, *Kopit Hopson*, *Terry Fox*, *Ann Harvey*, *Glace Bay* und *Teleost*. Die Leitstelle in Boston mobilisiert zusätzlich fünf kommerzielle Offshore-Schiffe: *Deep Energy*, *Skandi Vinland*, *Atlantic Merlin*, *Horizon Arctic* und die *Atlantic Kingfisher*. Dazu kommen das französische Forschungsschiff *L'Atalante* sowie *Sycamore* der U.S.-Küstenwache.

Tauchroboter

Drei ROVs (Remotely Operated Vehicles) werden angefragt, die bis 6.000 Meter tauchen können: ***Odysseus*** 6K von Pelagic Services aus den USA, *Victor* 6000 vom französischen Meeresforschungsinstitut IFREMER sowie *Juliet* von Magellan mit Firmensitz auf der Kanalinsel Guernsey. Zwei weitere ROVs mit einer Zertifizierung bis 3.000 Meter Tiefe sind an Bord der *Deep Energy*. Beim Versuch, einen davon über sein Limit hinaus bis zum Meeresboden auf knapp 4.000 Meter zu schicken, wird einer der Tauchroboter zerstört.

Materialtransport

Drei amerikanische Transportflugzeuge vom Typ C-17 Globemaster verlegen den ROV *Odysseus* 6K von Buffalo, New York, nach St. John's, Neufundland. Zwei weitere C-17 Globemaster der U.S. Air Force fliegen nach Jersey, um den ROV *Juliet* nach Kanada zu holen. Eine C-17A Globemaster der britischen Royal Air Force fliegt mit einem mobilen Schwerlastkran vom schottischen Militärflughafen Lossiemouth nach Neufundland (ein zweiter Kran wird per Lkw aus den USA nach Kanada auf den Weg gebracht).

Luftgestützte Suche

Vier Patrouillen-Flugzeuge vom Typ CP-140 Aurora der kanadischen Royal Air Force gehen ab Greenwood, Neuschottland, in den Einsatz. Zwei Lockheed Martin Hercules C-130 der amerikanischen Küstenwache nehmen ebenfalls an der SAR-Mission teil. Eines dieser Flugzeuge gehört zur Internationalen Eispatrouille und kartografiert sonst Eisbergbewegungen im Nordatlantik.

Die *HMCS Glace Bay* mit der Kennnummer 701 ist eines von sechs Schiffen, die für den SAR-Einsatz von der Kanadischen Küstenwache mobilisiert werden. Sie bringt eine Dekompressionskammer von Halifax zur Einsatzstelle Foto: Brigitte Saar

kein Happy End. Den Hinterbliebenen bleibt als kleiner Trost allein der Gedanke, dass das Unglück so unerwartet und schnell geschehen sein muss, dass die Opfer keine Schmerzen erleiden mussten.

Danach wird auch über die enormen Kosten des Einsatzes diskutiert. Genaue Zahlen veröffentlichen die beteiligten Organisationen nicht. Einzelne Posten können aber geschätzt werden: So setzt das kanadische Verteidigungsministerium für eine Flugstunde seiner Patrouillen-Flugzeuge rund 18.000 Euro an. Die kanadische Küstenwache gibt die Kosten pro Schiff und Tag mit 22.000 bis 40.000 Euro an. Kombiniert man die Angaben aus Behördenkreisen mit den Schätzungen aus diversen Medien, ergibt das 2,5 bis vier Millionen Euro für den Gesamteinsatz.

Vorwurf: umstrittenes Design

Gut zwei Jahre nach der Implosion gibt ein Untersuchungsausschuss der U.S.-Küstenwache dem Chef der Tauchbootfirma OceanGate die Schuld am katastrophalen Versagen des Druckkörpers der *Titan*. Stockton Rush hatte das Design und die Konstruktion abgesegnet und weitgehend bestimmt, nach welchen Regeln es betrieben wird. Hauptursache der Implosion sei gewesen, dass OceanGate „bei der Sicherheit, der Erprobung und der Wartung des Tauchboots nicht den etablierten Ingenieursregeln gefolgt ist".

BUCHTIPP
Brigitte Saar,
Tauchboot Titan
280 Seiten
Format 17 x 24 cm
ISBN 978-3-7822-1578-7
Preis 27,95 Euro
Bestellnummer 15787

Der Backbord-Anker der *Titanic*, fotografiert durch das Bullauge der *Titan* während der Expedition 2021
Foto: Arthur Loibl

Die *Titan* ist vor dem Unglück bereits zwölfmal zur *Titanic* getaucht – hier ein Foto vom Bug, aufgenommen am 28. Juli 2021
Foto: Bill Price

Der Druckkörper des Tauchboots war aus einer Karbonfaser-Komposit-Röhre gefertigt, die an den Seiten mit Halbkugeln aus Titan abgeschlossen waren – ein umstrittenes Design für Tiefseetauchgänge. Zudem hat es noch nie ein Tauchboot gegeben, das für *Titanic*-Tiefen ausgelegt war und fünf Personen transportiert – alle anderen sind wegen des hohen Wasserdrucks auf maximal drei Menschen ausgelegt. Die *Titan* war nicht zertifiziert – die Berechnungen und die Konstruktion wurden nicht unabhängig überprüft. Wäre der OceanGate-Chef nicht in seinem Tauchboot ums Leben gekommen, hätte der Untersuchungsausschuss der U.S.-Justiz empfohlen, ein Verfahren gegen ihn einzuleiten wegen fahrlässiger Tötung.

Der Rettungseinsatz wird Stockton Rush oder der Firma OceanGate trotzdem nicht in Rechnung gestellt. Beteiligt waren Ressourcen und Personal aus Kanada, den USA, Frankreich und Großbritannien. In allen vier Ländern gilt bei SAR-Missionen auf See das Prinzip der Kostenfreiheit. Auch bei grober Fahrlässigkeit bleibt der Einsatz umsonst.

Grundsätzlich sind die Küstenwachen der vier Länder dazu verpflichtet zu versuchen, Menschen in Seenot zu retten. Die Organisation und der Betrieb der Küstenwache und der Notrufzentralen sind mit Steuergeldern finanziert und bereits weitgehend in den Haushalt der jeweiligen Länder eingerechnet. Ähnliches gilt für die Flugzeuge, die als Amtshilfe beim Militär angefordert wurden.

Leistung der Einsatzkräfte

Nach dem SAR-Einsatz eine Rechnung zu schreiben würde dem Grundgedanken der Seenotrettung widersprechen: Niemand soll aus Angst vor möglichen Kosten zögern, einen Notruf abzusetzen, wenn er selbst oder andere in Gefahr sind. Zudem wäre es ein juristisches Minenfeld, die zu Rettenden oder ihre Angehörigen zur Kasse zu bitten für Maßnahmen, deren Umfang sie nicht abschätzen, kontrollieren oder ablehnen konnten. Vermutlich würden viele Fälle vor Gericht landen, wo die Küstenwache den Nachweis erbringen müsste, dass alle Aufwendungen geboten und angemessen waren. Dadurch dass die Kosten nicht weitergereicht werden, können die Retter schalten und walten, wie sie es für richtig halten.

Was aber ist mit den kommerziellen Schiffen, die beauftragt wurden, sich am SAR-Einsatz zu beteiligen? Wenn sich ein Schiff in unmittelbarer Nähe zum Ort der Notlage befindet, wird erwartet, dass es ebenfalls kostenlos hilft – die Seenotrettung gilt als solidarische und universelle Verpflichtung aller Seefahrer weltweit. Im Fall der *Titan* mussten alle Rettungsmittel von weiter weg angefordert werden. Die Einsatzleitung in Boston hat die beteiligten Schiffe und Gerätschaften über verschiedene Kanäle – darunter auch ISMERLO, die NATO-Organisation für U-Boot-Rettung – angefragt und dann gechartert. Den entsendenden Firmen steht zu, dass ihre Kosten erstattet werden – für die Zeit im Einsatz ebenso wie die Vorbereitungen. Die technischen Crews der Tauchroboter *Odysseus* 6K und *Viktor 6000* wurden beispielsweise mit Linienflügen nach Kanada eingeflogen.

Der Umfang der Maßnahmen, die Geschwindigkeit, in der die Mission auf die Beine gestellt wurde und die Selbstverständlichkeit, mit der die Beteiligten alles zur Verfügung gestellt haben, was helfen könnte, verdienen Anerkennung. Vier Tage lang spielten Kosten und Aufwand nur eine Nebenrolle bei dem Versuch, Menschenleben zu retten. Dass am Ende stattdessen fünf Tote zu beklagen sind, ist traurig, schmälert die Leistung der Einsatzkräfte aber nicht.

DIE AUTORIN

Brigitte Saar ist Journalistin und recherchiert seit mehr als 25 Jahren rund um das Thema *Titanic*-Expeditionen. 1998 ist sie selbst zum Wrack der *Titanic* getaucht

EIN TRAGISCHER FALL DER SEEFAHRTSGESCHICHTE

„Mayday, Mayday!"

Als die Kapelle im Salon der ersten Klasse gerade „Arrivederci Roma" anstimmte und man sich schon nahe dem Feuerschiff von Nantucket Island befand, das die Einfahrt zum New Yorker Hafen markiert, erschütterte ein gewaltiger Schlag die *Andrea Doria*. Es war der 25. Juli 1956, 23:10 Uhr. Was war geschehen?

Von Barbara und Hans Otzen

Nach dem Zweiten Weltkrieg setzte der transatlantische Reiseverkehr wieder ein. Für die Luftfahrt war die Zeit noch nicht gekommen, sodass viele europäische Länder an die große Tradition der Passagierschifffahrt der Vorkriegszeit anknüpften. Entsprechend wurde auch das nach dem genuesischen Admiral benannte Passagierschiff *Andrea Doria* 1951 auf Kiel gelegt.

Dieser große Luxusliner mit fast 30.000 BRT und über 563 Mann Besatzung hatte Platz für 218 Passagiere der ersten Klasse, 320 Passagiere der Kabinenklasse und 703 Passagiere der Touristenklasse. Ihre Jungfernfahrt begann die *Andrea Doria* am 13. Januar 1953.

Als ihre Schicksalsreise sollte sich die 51. Passage nach New York erweisen, zu der sie am 17. Juli 1956 den Hafen von Genua verließ. Vor der Küste von Nantucket kam es zur Kollision mit dem schwedischen Passagierschiff *Stockholm*. An Bord *der Andrea Doria* befanden sich 1.134 Passagiere und 572 Besatzungsmitglieder, das Schiff war nahezu ausgebucht. Die Reise hatte bei gutem Wetter auf der viel gepriesenen „Sunshine Route" über die Azoren nach New York begonnen, ein wahres Vergnügen mit wenig Wind, viel Sonnenschein und Tanz in allen Klassen – aber mit aufkommendem Nebel vor Nantucket.

Am 25. Juli um 22:45 Uhr ortete das Radar der *Andrea Doria* ein auf parallelem Kurs auf sie zukommendes Schiff, 17 Seemeilen entfernt und vier Grad Steuerbord voraus. Es handelte sich um die *Stockholm* unter dem Kommando von Kapitän Harry Gunnar Nordenson. An diesem Abend hatte jedoch der Dritte Offizier Johan-Ernst Carstens-Johannsen die Kontrolle auf der Brücke. Der Kapitän der *Andrea Doria*, Piero Calamai, ging davon aus, dass die Schiffe in sicherem Abstand von etwa 1,3 Seemeilen aneinander vorbeifahren würden. Aber durch Fehlinterpretation des Radarbildes des Dritten

Mit Aufnahmen der versinkenden *Andrea Doria* gewann der Fotograf Harry A. Trask 1957 den Pulitzer-Preis

Fotos: Wikipedia/gemeinfrei, picture-alliance/Ullsteinbild (r.)

ANDREA DORIA

Die *Andrea Doria* war als erstes die südliche Nordatlantikroute befahrendes Luxusschiff mit drei auf dem Deck platzierten Schwimmbecken ausgestattet
Foto: picture alliance/Everett Collection/CSU Archives

Offiziers der *Stockholm* steuerten stattdessen beide Schiffe im Winkel von 90 Grad aufeinander zu.

Fatale Fehleinschätzung

Als die Schiffe nur noch zwei Meilen voneinander entfernt waren, wurden sie von den jeweiligen Ausgucken in dem immer dichter werdenden Nebel bemerkt. Nun vollzog sich der zweite große Irrtum jener Nacht. Da die Schiffe rechtwinklig aufeinander zufuhren, glaubte man die Lichter der *Stockholm* von der *Andrea Doria* aus auf Steuerbord, die der *Andrea Doria* von der *Stockholm* aus aber auf Backbord zu sichten.

Als Calamai und Carstens-Johannsen die Fehleinschätzung bemerkten, war das Unglück nicht mehr zu verhindern. „Hart Backbord!", brüllte Calamai seine letzte Order heraus. Auf der mit knapp 12.000 BRT erheblich kleineren *Stockholm* riss der Dritte Offizier den Hebel des Maschinentelegrafen auf „Volle Kraft zurück". Doch da bohrte sich schon der gegen Eistrieb verstärkte stählerne Bug der *Stockholm* in die *Andrea Doria* und riss sie steuerbords knapp achtern der Brücke über eine Länge von 20 Metern fast bis zum Kiel auf. Tonnen von Wasser drangen in den Rumpf des Schiffes.

Mit dem riesigen Leck in der Seite bekam die *Andrea Doria* sofort Schlagseite, sodass die Rettungsboote von der Backbordseite nicht mehr zu fieren waren. Damit standen den 1.706 Menschen auf der *Andrea Doria* nur noch knapp über 1.000 Rettungsplätze zur Verfügung, Da die elf

Andrea Doria in der Bauwerft in Genua. Am 16. Juni 1951 vom Stapel gelaufen und am 13. Januar 1953 in Dienst gestellt, war dem stolzen Schiff nur eine kurze Lebenszeit beschieden Foto: Wikipedia/gemeinfrei

Schotten des Schiffes nur bis zum A-Deck reichten, brach bei der Schräglage Wasser von oben herein. Die Schräglage erreichte 20 Grad Steuerbord, Wasser drang in den Maschinenraum ein, die Generatoren fielen aus, der Notstrom reichte nicht, um Ballasttanks backbords zu fluten. Kapitän Piero Calamai wusste in diesem Moment, dass seine *Andrea Doria* nicht mehr zu retten war, und setzte den Notruf „Mayday, Mayday" ab. Dagegen war auf der *Stockholm* nur der Bug zerstört, für das Schiff bestand nach Schließung der Schotten keine grundsätzliche Gefahr mehr.

Das Unglück nimmt seinen Lauf

Natürlich rief die Kollision vor Nantucket Erinnerungen an den Untergang der *Titanic* 44 Jahre zuvor in Erinnerung. Aber im Gegensatz zum damaligen Unglück reagierten die in der Nähe befindlichen Schiffe sofort auf den Hilferuf der *Andrea Doria*. Von allergrößter Bedeutung erwies sich die Entscheidung des Kapitäns, Baron Raoul de Beaudean, von der *Île de France*, die am Tag zuvor von New York aus in See gestochen war, den Kurs zu ändern und die Rettungsaktion zu unterstützen. Die Evakuierung der *Andrea Doria* gestaltete sich angesichts ihrer zunehmenden Schräglage immer schwieriger. Viele Menschen waren schon durch die Kollision umgekommen.

Doch sofort unterstützten die Rettungsboote der *Stockholm* die Aktion, sodass 545 Schiffbrüchige dorthin gebracht werden konnten. Die *Île de France*, die drei Stunden nach der Kollision am Unglücksort eintraf, rettete sogar 735 Passagiere. Zusätzlich wurden Passagiere von drei weiteren zu Hilfe geeilten Schiffen aufgenommen. Am 26. Juli 1956 um 10:29 Uhr versank die *Andrea Doria* in den Fluten des Atlantiks und blieb in 70 Meter Tiefe auf dem Meeresboden liegen.

Die gerichtlichen Anhörungen über die Schuldfrage der Kollision zogen sich über Monate hin. Da beide Schiffe bei Lloyd's of London versichert waren, kam es zu einem Vergleich zwischen den Parteien. Durch die Einigung wurde die Schuldfrage ausgeklammert, es kam zu keinem Urteil. Auch hinsichtlich der Entschädigungen einigten sich die beiden involvierten Reedereien. Unabhängig von der gerichtlichen Seite ist nach der Havarie viel über die eigentliche Kollisionsursache diskutiert worden.

Über mehrere Punkte herrscht Einigkeit, so vor allem über das Fehlverhalten der Schiffsführungen durch falsche Interpretation der Radarbilder bei dichtem Nebel. Beide Schiffe waren unter diesen Wetterbedingungen zu schnell unterwegs. Aus wirtschaftlichen Gründen nicht ausreichender Ballast machte die *Andrea Doria* instabil, auch weil die Treibstofftanks schon fast leer waren. Ihre Schotten reichten im Rumpf nicht hoch genug. Kapitän Piero Calamai gab sich selbst die Hauptschuld am Untergang der *Andrea Doria*.

Er hat dieses Unglück niemals verwunden und nie wieder ein Schiff geführt. Übrigens wurde die *Stockholm* repariert und als Kreuzfahrtschiff an die DDR verkauft, für die sie bis 1985 unter dem Namen *Völkerfreundschaft* Dienst tat. Danach ist sie mehrfach weiterveräußert worden und befuhr, grundlegend renoviert, noch jahrelang als Kreuzfahrtschiff die Meere, bis sie 2025 zum Abwracken verkauft wurde.

BUCHTIPP
Barbara und Hans Otzen,
SOS in Seenot
240 Seiten
Format 17 x 24 cm
ISBN 978-3-7822-1561-9
Preis 22,00 Euro
Bestellnummer 15619

DIE AUTOREN
Barbara und Hans Otzen sind Verfasser zahlreicher Sachbücher und Reiseführer

VON DER KIRCHENGLOCKE ZUM SCHLACHTSCHIFF

Zwei Brüder auf Erfolgskurs

Der Ingenieur Tom und der Manager Albert Vickers ergänzten sich ideal – und stiegen als Neu-Industrielle auch in den Schiffbau ein: Schiffssteven und Schiffspropellern folgten Panzerplatten, Geschütze, schließlich ganze Schiffe und die weltweite Expansion

Von Prof. Dr. Michael Epkenhans

Das lange 19. Jahrhundert war das Zeitalter der Industrialisierung und technischer Innovationen. Mit atemberaubender Geschwindigkeit entstanden überall in Europa und bald auch in den USA neue Industriezentren: riesige Stahlwerke, Maschinenbaufirmen und Werften, Textilfabriken und Chemiekonzerne sowie die Fördertürme der Kohlezechen, die die Rohstoffe zum Betrieb der gewaltigen Dampfanlagen und Hochöfen, Kohle und Eisenerz, lieferten, verwandelten idyllische Landschaften in moderne Industrieregionen. Einst kleine Dörfer, entwickelten sie sich innerhalb weniger Jahrzehnte zu Millionenstädten, da immer mehr Menschen vom Land in die Stadt wanderten, um Arbeit zu finden, ihre Familien zu ernähren und jenseits der verkrusteten ländlichen Strukturen ihr Glück zu machen. So hart die Arbeit und so trostlos das Leben in der Stadt auch waren. Eisenbahnen, bald das Auto, ersetzten das Pferd, Dampfschiffe die Segler.

Große Unternehmer, die mit ihrem Mut und ihrem Erfindergeist, ihrer Hartnäckigkeit und ihrem Kapital sowie ihrem Glauben an den Fortschritt diese Entwicklung vorantrieben, waren ein wichtiger, vielleicht sogar unverzichtbarer Teil der Geschichte.

Friedrich, Alfred und Friedrich Alfred Krupp, die Gebrüder Siemens oder August Borsig repräsentieren die deutschen Unternehmer dieser Epoche, Andrew Carnegie steht für die US-Stahlhersteller, Eugène Schneider für die französischen, Nikolai Iwanowitsch Putilow für die russischen Stahlunternehmer. Großbritannien, das Mutterland der Industrialisierung, hat viele Namen zu bieten. Zu den erfolgreichsten, in Deutschland wenig bekannten Unternehmern gehören die Mitglieder der Familie Vickers.

Hohe Investitionen

Eigentlich war Edward Vickers (1804–1897) ein Müller. Wie viele Industriepioniere der Zeit behielt er sein Geld nicht für sich. Er investierte es vielmehr zunächst in den bald blühenden Eisenbahnbau, einen der Leitsektoren der Industrialisierung, bald aber auch in die Gießerei seines Schwiegervaters in Sheffield, einem der großen Zentren der Stahlerzeugung aufgrund der dortigen Kohlezechen.

In den 1850er-Jahren zog Edward Vickers sich zunehmend aus dem aktiven Betrieb zurück: Als Stadtrat, bald auch als Bürgermeister von Sheffield und Vorsitzender der örtlichen Handelskammer flankierte er die Tätigkeit seines Unternehmens, das inzwischen zu den drei größten vor Ort gehörte, nun in der lokalen Politik und Wirtschaft.

Die Geschäfte der Unternehmen führten seit 1854 nun seine Söhne, Thomas (1833–1915) und Albert (1838–1919). Wie viele Angehörige der zweiten Generation großer Unternehmer waren diese immer noch Selfmademen. Beide hatten aber ver-

Die japanische *Mikasa*, hier im Trockendock in Portsmouth zur Endausrüstung, wurde 1899/1900 bei Vickers gebaut
Foto: picture-alliance/United Archives

Die Barrow Shipbulding Company war das Herzstück des Vickers-Schiffbau, Foto um 1890
Foto: The Naval Construction and Armament Company

sucht, durch Aufenthalte in englischen und deutschen Firmen ihr Wissen zu vergrößern, so jung sie auch waren. Tom absolvierte eine Lehre in Neuwied, einem frühen Zentrum der Stahlherstellung am Rhein. Dort hatte ein englischer Unternehmer ein Stahl- und Walzwerk gegründet. Aus Neuwied brachte Tom neue Verfahren zur Stahlerzeugung mit – das Riepe-Verfahren. Auch Kontakte zum Bochumer Verein sollten sich als nützlich erweisen.

Stahlerzeugung, so hatte die Entwicklung gezeigt, war eine Wissenschaft. Je systematischer Gussstahl hergestellt wurde, umso besser waren die daraus gefertigten Produkte. Doch so gut der hergestellte Stahl auch sein mochte, ohne geschicktes Management und das Gespür für neue Märkte und neue Produkte war langfristiger Erfolg kaum möglich. Und dieses Gespür und Geschick zeichnete Albert Vickers aus. In Boston und anderen industriellen Zentren der USA hatte er um 1860 schnell gelernt, wie unberechenbar Märkte waren und wie wichtig es war, sich auf die Bedürfnisse der Kunden einzustellen und diesen neue Produkte anzubieten.

Tom, der Ingenieur, der als Tüftler Zeit seines Lebens Tage und Nächte in seinem Büro und in den Laboratorien seiner Unternehmen verbrachte, um die eigenen Produkte zu verbessern, statt das Leben auf dem repräsentativen Landsitz Bolsover Hill oberhalb von Sheffield zu genießen, und Albert, der Manager, der mit Feingefühl, unternehmerischer Weitsicht und unleugbarer Risikobereitschaft die Geschäfte führte: Beide ergänzten sich insofern in idealer Weise. Während Tom für die Qualität der Produkte bürgte, sicherte Albert den unternehmerischen Erfolg des Unternehmens.

Expansion und Innovation

Es war diese Mischung aus technischer Expertise, der Herstellung qualitativ hochwertiger Produkte und dem Geschick, rechtzeitig auf Veränderungen zu reagieren, die den Weltruhm der Firma – anfänglich nur eine unter vielen im industriellen Herzen Englands, den Midlands – begründete. Zu den bekanntesten Produkten gehörten anfänglich Kirchenglocken. Tom kopierte hier die Geschäfte des Bochumer Vereins, den er während seines Aufenthalts in Neuwied kennengelernt hatte und der erfolgreich Glocken aus Stahl und nicht aus teurer Bronze verkaufte. Über 1.000 verkaufte Glocken zeigen, dass dieses Feld auch für Vickers ertragreich war.

Vor allem aber zeigte Vickers damit, dass das Unternehmen in der Lage war, hochwertige Produkte herzustellen: Die Glocken mussten großen Temperatur-Schwankungen standhalten und weithin zu hören sein. Auch wenn ihr Klang eher mäßig war, läuteten sie sprichwörtlich den Erfolg des Unternehmens ein – vergleichbar mit der Erfindung und dem Guss des nahtlosen Eisenbahnradreifens bei Vickers' größtem Konkurrenten aus Deutschland, dem Krupp-Konzern in Essen. Damit einher ging die Produktion von Material für Eisenbahnen und den Eisenbahnbau.

Voraussetzung für weiteren Erfolg war jedoch, dass die Firma sich dynamisch wandelnden Verhältnissen in der Wirtschaft im Allgemeinen und auf dem Stahlmarkt im Besonderen anpasste: So bauten die Brüder Vickers 1863 ein vollständig neues Werk am River Don in Sheffield. 1867, nunmehr als Vickers, Sons & Company, expandierten sie weiter horizontal und vertikal. Um die erste große Weltwirtschaftskrise der 1860er-Jahre zu bewältigen, verließ sich die Firma nicht mehr allein auf ihr bisheriges Geschäft, die Lieferung von Kirchenglocken sowie von hochwertigem Werkzeugstahl und gewalzten Stahlblechen. Nun begann sie, auch schwere Produkte für den neuen Leitsektor der Volkswirtschaft herzustellen, den Schiffbau. Der Umstieg von Holz auf Eisen, von Segel auf Dampf eröffnete hier völlig neue Chancen für innovative, risikobereite und leistungsfähige Unternehmen. Schiffssteven und Schiffspropeller sowie andere Schiffbauteile wurden nun in neuen und größeren Werkhallen in Sheffield gebaut.

Albert Vickers (Foto) war der Manager der Firma, sein Bruder Ingenieur und kreativer Kopf

Foto: picture-alliance/Heritage Images

Mittel zur Krisenbewältigung

So wie in den 1860er-Jahren eine wirtschaftliche Krise Auslöser für den Einstieg in die Herstellung von Schiffbaumaterialien war, so war die große und lang anhaltende Weltwirtschaftskrise der 1880er-Jahre der Beginn von Vickers Aufstieg zu einem mächtigen und international florierenden Rüstungskonzern. Die Chancen, hier erfolgreich zu sein, erschienen günstig: Seit Beginn des Jahrzehnts kämpften immer mehr Mächte um Einfluss in allen Teilen der Welt. Damit einher gingen vielfältige Krisen und Kriege – sei es zwischen den europäischen Großmächten, sei es gegen jene, die sich wie Buren, Chinesen oder eigentlich alle afrikanischen Völker gegen ihre Unterwerfung wehrten.

Drohende Kriege mit Russland, vor allem aber mit Frankreich, hatten eine gewaltiges Aufrüstungsprogramm der Royal Navy zur Folge. Der Naval Defence Act von 1889 sah ein gewaltiges Aufrüstungsprogramm vor, das Gegner abschrecken sollte. Es sollte aber auch der eigenen Wirtschaft nutzen, die unter der andauernden Krise litt. Ein festes Bauprogramm gab Unternehmen, die sich am Rüstungsgeschäft beteiligten oder beteiligen wollten, Sicherheit für ihre Investitionen. Zudem

Schlachtschiff *HMS Vanguard* nach dem Stapellauf am 22. Februar 1909
Foto: NH 52620

verbreitete die Royal Navy damit ihre industrielle Basis, da die bisherigen staatlichen und privaten Unternehmen nicht leistungsfähig genug waren, um das zu liefern, was die Royal Navy brauchte.

Kriegsschiffe, ...

Albert erkannte diese Chance, ohne die Risiken zu übersehen, die der Einstieg in das Rüstungsgeschäft beinhaltete. Denn so schnell der Staat Aufträge vergab, so schnell konnte er diese in Zeiten knapper Kassen oder abflauender Krisen auch wieder entziehen. Doch dieses Risiko schien aus Sicht der Brüder Vickers kalkulierbar. Schwache Binnennachfrage konnte durch Aufträge aus dem Ausland ausgeglichen werden. Und hier war die englische Regierung allein aus wirtschaftlichen und politischen Gründen großzügig.

Seit Ende der 1880er-Jahre lieferte Vickers der Royal Navy und der Britischen Armee die notwendige „Hardware": 1888 stellte Vickers die erste Panzerplatte für Linienschiffe und Kreuzer der Royal Navy her, 1890 das erste eigene Geschütz. Um alles aus einer Hand liefern und damit zugleich die eigenen Gewinne steigern zu können, kaufte Vickers 1897 eine Werft in Barrow. Diese baute zahlreiche moderne Kriegsschiffe für die Royal Navy und andere Marinen: *HMS Vanguard* (1908), *HMS Revenge* (1913), *HMS Emperor of India* (1912), *Mikasa* (1898) und *Kongo* (1911) für die japanische Marine, *Libertad* (1903) für die chilenische Marine, *Reşadiye* (1911) für die osmanische Marine. Hinzu kamen seit 1902 zahlreiche U-Boote. Alle Schiffe sollten in den Seekriegen nach der Jahrhundertwende eine große Rolle spielen.

Um die Firma zu stärken, übernahm Vickers im gleichen Jahr auch den größten

Hersteller von Maschinengewehren und leichten Geschützen, die amerikanische Maxim Nordenfelt Guns & Ammunition Company. 1902 erwarb Vickers eine größere Beteiligung an einem Konkurrenten, William Beardmore & Co, der ebenfalls Panzerplatten und Schiffe herstellte. 1906 folgten Beteiligungen an dem Torpedohersteller Whitehead & Co in Weymouth und Fiume. Kontrolle von Konkurrenten erschien wichtig für die Sicherung der eigenen Stellung auf dem Rüstungsmarkt bzw. zur Sicherung der eigenen finanziellen Basis.

... Autos und Flugzeuge

Kennzeichen der Expansion, aber auch der Innovation, war zudem der frühe Einstieg in die Herstellung von Autos und Flugzeugen. Eine Tochterfirma baute die nach ihrem Gründer benannten berühmten „Austin"-Autos, andere die erfolgreiche Vickers Viscount und Luftschiffe.

Zur Stärkung der eigenen Position auf dem internationalen Markt gründete oder beteiligte Vickers sich vor dem Ersten Weltkrieg am Ausbau einer Kriegsschiffwerft in Nikolaew am Schwarzen Meer und einer Geschützfabrik in Tsaritzyn (Wolgograd), einer großen Werft in Spanien sowie einer Rüstungsfabrik in Italien, einer Werft in Japan sowie einer Werft in Izmit im Osmanischen Reich.

Als Tom, aufgrund einer seiner wenigen Leidenschaften jenseits der eigenen Firmen, der Tätigkeit in der Army, 1915 und Albert 1919 starben, hinterließen sie ein Unternehmen, das weltweit erfolgreich war. Und seinen größten Konkurrenten – Armstrong in England und Krupp in Deutschland – überlegen.

Großer Anteil am Sieg

Auch wenn sie, nicht zuletzt aufgrund der Skrupellosigkeit, mit der sich das Unternehmen auf dem nationalen und internationalen bewegte, als „Händler des Todes" verschrien waren, so lieferten sie für England all das Material, das das Land brauchte, um den Ersten Weltkrieg siegreich zu beenden. Für die Rüstungswettläufe wie auch die Entscheidungen, die zum Krieg führten, waren nicht sie, sondern Politiker und Generale vieler Länder verantwortlich.

Mag ihr Geschäft auch anrüchig gewesen sein: Die Brüder Vickers waren in erster Linie und nüchtern betrachtet einfach nur erfolg- und erfindungsreiche Unternehmer, die ein Gespür für neue Entwicklungen und Chancen hatten, ungeachtet aller Risiken, die sie dabei eingingen.

DER AUTOR
Prof. Dr. Michael Epkenhans ist apl. Professor für Neue Geschichte an der Universität Hamburg

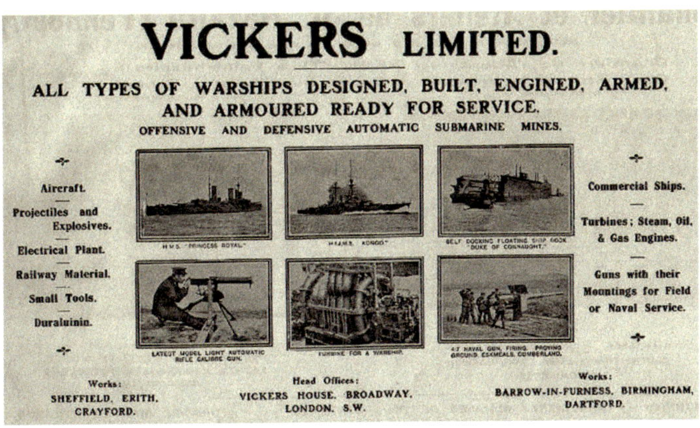

Vielfältiges Angebot: Firmenanzeige in „Jane's Fighting Ships" von 1914
Foto: wikipedia/gemeinfrei

So präsentiert sich seit 1984 *Wilhelm Bauer*, ex U 2540 und letzter Vertreter der Reihe XXI, im Museumshafen von Bremerhaven

Alle Fotos: Matthias Schultz

DEUTSCHLANDS LEGENDÄRER U-BOOT-TYP XXI

Wirkungslose Wunderwaffe

Als Wunderwaffe angepriesen, konnten sie die Niederlage des „Dritten Reiches“ nicht mehr abwenden – als technische Innovation die Entwicklung nachfolgender U-Boote der Siegermächte aber beeinflussen. Zahlreiche Einheiten des U-Boot-Typs XXI fuhren nach 1945 jahrelang unter fremder Flagge. Mit ex U 2540 *Wilhelm Bauer* ist in Bremerhaven ein Exemplar als Museumsboot erhalten

Von Matthias Schultz

Der auch als Elektro-U-Boot oder schlicht Elektroboot bezeichnete Typ XXI war das modernste Unterseeboot am Ende des Zweiten Weltkriegs. Aufgrund der großen Akkukapazität konnte das 76,68 Meter lange, 7,60 Meter breite, 7,70 Meter hohe (mit Turm 11,30) sowie im aufgetauchten Zustand umgerechnet 1.621 bzw. im getauchten knapp 1.819 Tonnen verdrängende Fahrzeug sehr viel länger als alle anderen zeitgenössischen U-Boote unter Wasser operieren. Zwei Doppel-E-Motoren SSW GU365/30 mit 5.000 PS (3.700 kW) bzw. für Schleichfahrt zwei E-Motoren SSW GV232/28 mit 226 PS (166 kW) und eine in der Außenhülle günstige Formgebung ließen es unter Wasser mit maximalen 17,5 Knoten (rund 32 km/h) eine höhere Geschwindigkeit als über Wasser erreichen.

Für diese kamen zwei hoch aufgeladene MAN M6V40/46KBB 6-Zylinder-Antriebsdiesel mit insgesamt 4.000 PS (2.900 kW) zum Einsatz und beschleunigten dort das Boot etwas weniger, nämlich nur auf 15,5 kn oder 29 km/h. Die Geschwindigkeit der Unterwasser-Schleichfahrt betrug mit E-Motor 6,1 kn (11,3 km/h) bzw. 10,42 kn (19,3 km/h) bei Dieselmotoren- und Schnorcheleinsatz. Durchgängig mit einem Be- und Entlüftungsrohr ausgerüstet, war die Neuentwicklung darauf ausgelegt, wie moderne Unterseeboote nahezu ständig unter Wasser zu bleiben. Die XXI-Klasse lässt sich daher als das erste, „echte“ U-Boot bezeichnen, alle bisherigen Konstruktionen waren bis dahin lediglich tauchfähige Torpedoboote.

Durch das erste wie auch alle folgenden kreisrunden Schotten kann man nur mit einiger Fitness gelangen

Frühe U-Boote

Diese Entwicklung war allerdings auch dem Umstand geschuldet, dass die völkerrechtlichen Doktrinen des Handelskrieges mit U-Booten im Ersten Weltkrieg forderten, Handelsschiffe aufgetaucht zu stoppen und erst zu durchsuchen, bevor das gegnerische Schiffe versenkt oder als Prise genommen werden durfte. Die Tauchfähigkeit der Boote stand daher in der vor dem Zweiten Weltkrieg liegenden Entwicklungsphase klar im Hintergrund. Es wurden vor allem Tauchboote gefertigt, die mit Dieselmaschinen ausgestattet über Wasser die meisten Handelsschiffe einholen und sich nur beim Erscheinen stärkerer sowie schnellerer Überwasser-Kriegs-

Schmale Gänge, enge Räume: Ein U-Boot ist bis zum Rand vollgestopft mit Technik, da kommt keine Kreuzfahrtromantik auf

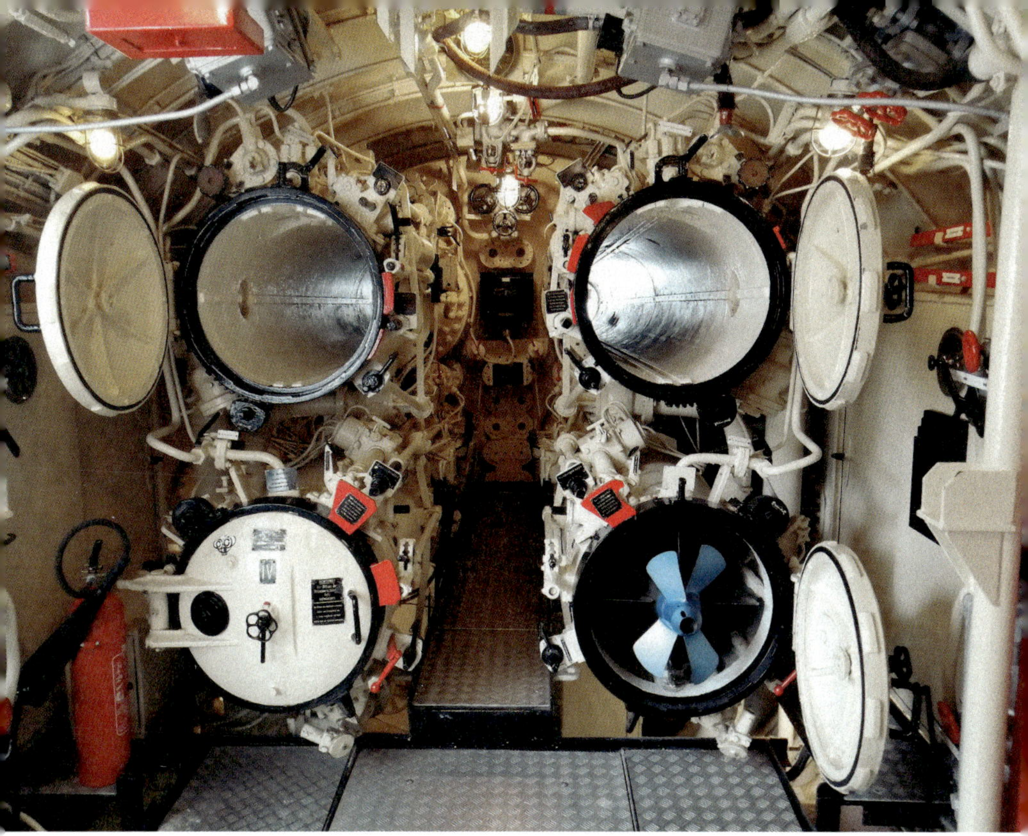

Blick auf die von insgesamt einmal sechs, jetzt vier übrig gebliebenen Torpedorohre im Bugbereich des Bootes

schiffe durch Wegtauchen in Sicherheit bringen konnten.

Bis Anfang der 1940er-Jahre bestimmte also ein stärkerer Antrieb für die Über- als für die Unterwasserfahrt die Konstruktion der vorherrschenden U-Boot-Varianten sämtlicher Nationen. Außerdem wurde durch das Vorhandensein einer offenen Brücke für die Beobachtung des Seeraums, neben der stets vorhandenen starken Torpedobewaffnung, großer Wert auf Geschütze an Deck gelegt. Der Zweite Weltkrieg bewies die hohe Wirksamkeit generell von U-Booten als Waffensystem, führte aber darüber hinaus zu grundlegenden Änderungen in Technik sowie den Militärdoktrinen.

Zu langes Festhalten am Bewährten

Da in den ersten Kriegsjahren die konventionellen Tauchboote der Kriegsmarine noch große Erfolge erzielten, sahen die verantwortlichen Stellen zunächst mehrheitlich keine Notwendigkeit für die Entwicklung eines neunen Bootstyps. Dennoch gab es bereits Anfang der 1940er-Jahre Bestrebungen, einen neuen, außenluftunabhängigen Antriebstyp zu entwickeln. Die ablehnende Haltung des Oberkommandos änderte sich erst Ende 1942, als Vizeadmiral Karl Dönitz mit einem Vortrag in der Reichskanzlei Hitler von der Notwendigkeit des Primats einer hohen Unterwasser-Geschwindigkeit vor den Überwasser-Eigenschaften eines U-Bootes überzeugen konnte.

Anfang 1943 gab es einen Entwurf für den U-Boot-Typ XXI mit herkömmlichem dieselelektrischen Antrieb. Durch die vergrößerten Dimensionen stand genügend Platz zur Verfügung, um mit einer konven-

Eine Plexiglasscheibe gewährt einen tieferen Einblick in die Stromversorgung des Bootes

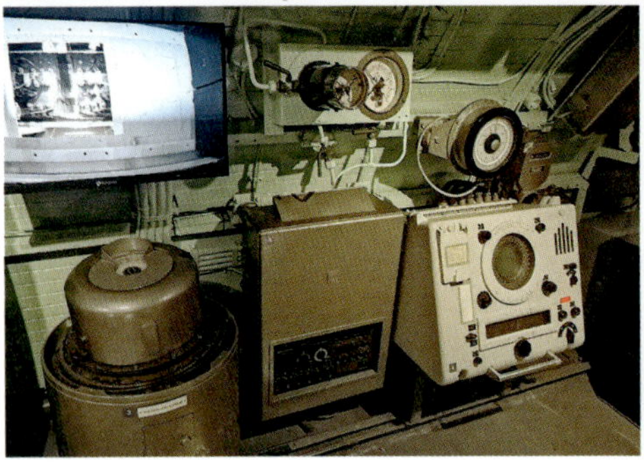

Was nach zwölf Jahren auf dem Meeresgrund wieder funktionsfähig gemacht werden konnte, ist erhalten; der Rest, wie der Sichtfunkpeiler rechts im Bild, wurde ersetzt

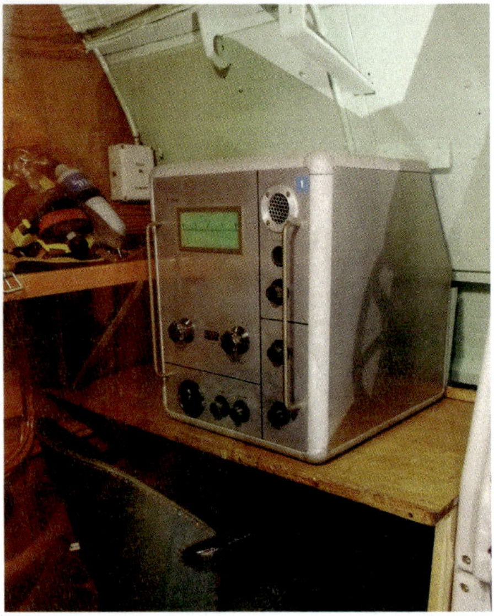

Die technische Ausstattung des Bootes stammt nicht mehr aus seiner Bauzeit, sondern aus der Zeit der Außerdienststellung um 1980

tionellen Maschinenanlage die Unterwasser-Eigenschaften erheblich zu verbessern. Für die äußere Formgebung griff man wiederum zurück auf Entwürfe des von Ingenieur Hellmuth Walter entwickelten Versuchs-U-Boot-Typs V 80, das auf Erkenntnissen aus Luftfahrt und Windkanälen basierte, sowie die geschleppte Rumpfform des bereits geplanten, großen Hochsee-U-Boot-Typs XVIII mit speziellem Walter-Antrieb. Dieser arbeitete mithilfe eines Katalysators und verwandelte Wasserstoffperoxid in Heißdampf, der anschließend über eine Turbine Strom erzeugte.

Ruhen und Arbeiten in einem Raum ist bei den beengten Platzverhältnissen an Bord eines U-Bootes üblich

Immer unter Strom: Selbst neben dem winzig kleinen Schreibtisch sind Akkumulatoren angebracht

Da dieser innovative Antrieb jedoch nicht schnell genug serienreif war, außerdem Schwierigkeiten bei der Versorgung mit Wasserstoffperoxid bestanden, setzte man zunächst auf eine konventionelle Lösung. Die dafür erheblich vergrößerte Akkumulatoren-Anlage des Typs XXI machte es jedoch notwendig, den Querschnitt des Bootes im Bereich des mittleren Druckkörper-Drittels achtförmig, also mittig mit einer kleineren Ausbuchtung, nach unten zu erweitern. Diese Konstruktion war allerdings mit gravierenden Nachteilen verbunden: geringere Festigkeit und Tauchtiefe, größere Ortungs- und Angriffsfläche, höherer Strömungswiderstand und dadurch verursacht geringere Geschwindigkeit und Reichweite.

Diese lag beim Typ XXI aufgetaucht bei 15.700 Seemeilen (rund 29.000 km) bei neun Knoten (19 km/h) Fahrt, im getauchten Zustand bei 340 Seemeilen (630 km) bei fünf Knoten (9,3 km/h) mit Schleichmotorenfahrt oder bei 120 Seemeilen bei acht Knoten (knapp 15 km/h) mit E-Maschinen-Einsatz.

Außerdem wirkten bei dieser Konstruktion geringere Auf- und Abtriebskräfte auf die Tiefensteuerung; sie erforderte wegen des größeren Tiefgangs im aufgetauchten Zustand (Konstruktion: 5,77 Meter, maximal: 6,86 Meter) eine deutliche Vertiefung der Hafenanlagen. Doch erlaubte genau diese Formgebung eben auch die Verwendung eines damals gebräuchlichen Akkutyps. Hinzu kam, dass eine Vergrößerung des Druckkörper-Durchmessers, um die weitaus vorteilhaftere O-Form des Querschnitts bei gleichem Platzangebot zu erhalten, zu größeren Blechstärken und damit verbunden zu Fertigungsschwierigkeiten geführt hätte. Die im Verlauf des Krieges verheerende Lage für die veralteten deutschen U-Booten machte zudem eine „Sofortlösung“ mit Typ XXI notwendig. Bis Sommer 1945 sollten 250 Einheiten des neuen U-Boot-Typs zur Verfügung stehen, später dann von besseren Booten mit Walter-Antrieb sowie vorteilhafterem O-förmigem Querschnitt ersetzt werden. Auch die zahlreichen vom Typ XXI abgeleiteten Nachkriegsbauten der Siegermächte hatten wieder einen kreisförmigen Druckkörper-Querschnitt.

Keine Konstruktionsabstimmung

Bei der Entwicklung des neuen Bootstyps durften sich wegen höchster Geheimhaltung die Konstrukteure in den Details nicht untereinander abstimmen. Dies führte dazu, dass sich einige Komponenten als wartungsintensiv und reparaturanfällig erwiesen, viele Entwürfe als unzweckmäßig oder unbrauchbar noch geändert werden mussten. Die Ruderanlage war zum Beispiel zunächst noch eine völlige Fehlplanung, die ersten fertiggestellten Einheiten ließen sich nicht zufriedenstellend steuern. Andererseits schützte genau jenes konspirative Vorgehen das Gesamtprojekt lange vor feindlichen Luftangriffen auf kritische Fertigungsstätten.

Von Betten mit Standardmaßen kann der Matrose auf einem U-Boot nur träumen ...

In der engen Offiziersmesse muss jeder seine Beine bei sich behalten. Werden die Rückbänke hochgeklappt, hat man weiteren Platz für vier Schläfer

Nach nur drei Monaten stand die Konstruktion, Anfang Dezember 1943 vermeldete das zentrale Konstruktionsbüro in Blankenburg im Harz den Abschluss der Konstruktions- und Fertigungszeichnungen. Weil zur zusätzlichen Zeitersparnis auf den Bau eines Prototyps komplett verzichtet wurde, konnte sofort mit der Serienfertigung begonnen werden. Später auftretende Probleme sollten dann nach Ablieferung der ersten U-Boote behoben werden. Für den Stahlbau waren statt wie vorher üblich fünf nur noch zwei Monate veranschlagt, für den Sektionsbau vier statt zehn Monate. Die neun Einzelteile wurden auf Montagewerften schließlich wie am Fließband im Taktverfahren mit Maschinen und Einbauten versehen und zusammengeschweißt.

Die Ausrichtung der Sektionen erfolgte über die schiffbau-waffentechnische Hauptachse mit Sektion fünf, auf der Zentrale und Turm platziert waren, sowie über die Antriebshauptachse mit Sektion zwei, in der sich der E-Motoren-Raum befand. Für die präzise Ausrichtung aller Sektionen wurden kleine Löcher in die das Boot in fünf wasserdichte Abteile trennenden Schotten gebohrt, durch die Bug- und Hecklichter in der Zentrale zu sehen waren. Nach der Ausrichtung wurden die Druckkörper der Sektionen von je vier Arbeitern diametral mit sieben Nähten in einem Arbeitsgang und ohne Unterbrechung in acht Stunden verschweißt.

Da dennoch die Genauigkeit zu wünschen übrig ließ, waren zahlreiche Mängel bei den abgelieferten U-Booten die Folge, umfangreiche Änderungen und Nacharbeiten wurden erforderlich.

Immenser Zeitdruck

Die geplante Gesamtbauzeit der ersten 170 bei DeSchiMAG, AG Weser und Bremer Vulkan, Blohm & Voss in Hamburg, Germaniawerft in Kiel sowie den Schichau-Werken in Danzig georderten Einheiten vom Typ XXI umfasste nur noch neun statt früher mindestens 22 Monate bei einem später angestrebten maximalen monatlichen Ausstoß von 30 Einheiten. Um dieses Ziel zu erreichen, wurde einerseits die wöchentliche Arbeitszeit auf 72 Stunden und mehr erhöht, andererseits, im Vergleich zu alten U-Boot-Typen wie dem VII C/42, die Anzahl der Baustunden von 280 auf 205 und ab Dezember 1944 sogar nur noch 164 Stunden je Tonne abgesenkt.

Weil aber die für die Produktion wichtigen Werften in der Endphase des Krieges schon längst das Ziel alliierter Luftangriffe waren, konnten für das Projekt weder Baukapazitäten noch Fertigungssicherheit garantiert werden. Trotzdem stieg 1944 die U-Boot-Tonnage noch auf etwa 175.000 Tonnen an. Das erste, auch „Führergeburtstagsboot“ genannte Exemplar lief am 19. April 1944 bei der Schichau-Werft in Danzig vom Stapel. U 3501 war allerdings wegen des vorgezogenen Termins nur provisorisch schwimmfähig hergerichtet, statt funktionierender Armaturen waren vielfach Attrappen eingebaut. Die anderen Werften hatten sich hingegen geweigert, unfertige Boote ins Wasser zu lassen.

Im Dezember 1944 erreichte die Anzahl der monatlich gelieferten Boote mit 28 Einheiten ihren Höhepunkt, bis Ende des Jahres waren insgesamt 61 Boote vom Typ XXI fertig, doch sämtliche mit Mängeln behaftet und daher nicht einsatzbereit. Anfang 1945 fiel die Produktion dann wieder ab, da wichtige Zulieferer besetzt und Verbindungswege unterbrochen oder zerstört waren, die massiven Bombenangriffe der Alliierten im März und Anfang April 1945 führten dann zur kompletten Einstellung der Neuproduktion.

Als letztes Boot lief U 3051 am 20. April 1945, also tatsächlich an Hitlers letztem Geburtstag, bei der AG Weser in Bremen vom Stapel, sieben Tage vor der britischen Besetzung. Der amerikanische Autor Howard Grier stellte im Nachhinein fest, man hätte mit dem Stahl für diese 170 neuen, aber zu spät entwickelten und daher für

Tiefenmesser und Tiefenrudersteuerung im Museumsboot *Wilhelm Bauer* befinden sich im Kontrollraum

Drangvolle Enge überall: Im Maschinenraum muss man zudem immer auf seinen Kopf aufpassen

das Deutsche Reich völlig nutzlosen Boote auch 5.100 damals viel dringender benötigte Panzer bauen können.

Nie im Kampfeinsatz

Das heutige U-Boot *Wilhelm Bauer* entstand als U 2540 auf der Werft von Blohm & Voss in Hamburg. Baubeginn war der 29. Oktober 1944, Stapellauf der 13. Januar 1945, Indienststellung als Teil der 31. U-Flottille der 24. Februar 1945. Im April ging das Boot zur Frontausbildung nach Rønne auf Bornholm, wegen Treibstoffmangels wurde aber dort der Schulbetrieb eingestellt, U 2540 verlegte nach Swinemünde und am 30. April zurück in den Westen. Für den 3. Mai 1945 war die Selbstversenkung geplant. Bei einem alliierten Luftangriff kamen acht Besatzungsmitglieder außerhalb des Bootes ums Leben, während dieses fast unbeschädigt blieb. Einen Tag später fuhr U 2540 über Rødbyhavn in Dänemark nach Kiel und schließlich nach Flensburg, wo es am 4. Mai 1945 in der Flensburger Förde am Vormittag gegen 10 Uhr von der Besatzung versenkt wurde.

Erst im Juni 1957 wurde U 2540 durch die Hamburger Bergungsreederei Bugsier gehoben, schwimmfähig gemacht und zu den Kieler Howaldtswerken geschleppt. Dort ist das Boot, zwischenzeitlich auf den Namen *Wal* getauft, für die neue Bundesmarine instand gesetzt worden. Auch wenn die Bundesmarine kleinere U-Boote bauen wollte, war U 2540 wegen seiner Geschwindigkeit unter Wasser und der hohen Tauchzeit dennoch das ideale Erprobungsboot. Die neu eingebaute, doppelte dieselelektrische Antriebsanlage, mit nur einer Antriebswelle ausgestattet, erwies sich allerdings als ungeeignet, da mehrere Stunden Vorwärmzeit nötig waren.

Heute verfügt das Boot über eine Maschinenanlage mit zwei jeweils 590 PS (440 kW) starke Antriebsdiesel, zwei Ladegeneratoren mit 543 PS (405 kW) so-

Eine Infotafel in der Kombüse erklärt ausführlich, was wann wo und wie mit welchem Desinfektionsmittel zu reinigen ist

wie zwei 1.234 PS (920 kW) starke Propellermotoren. Die Gesamtleistung der Maschinen betrug zuletzt 1.196 PS oder 880 kW, die der Generatoren 1.101 PS (810 kW). Ab 1960 nach dem 1822 geborenen deutschen U-Boot-Pionier Wilhelm Bauer benannt, diente das einstige U 2540 als Erprobungsboot der Klasse 241 bis August 1968. Während dieser Zeit hatte der Turm eine verglaste Brücke. Ab 1970 mit ziviler Besatzung unterwegs, nutzte das Bundesamt für Wehrtechnik und Beschaffung das Boot zur Erprobung technischer Neuerungen der Klasse 206. Dafür wurde die ohnehin nach Hebung veränderte Turmverkleidung zur Aufnahme eines „See-Elefant"-Schnorchels sowie einer Sonaranlage nochmals umgebaut.

Außerdienststellung

Eine Unterwasser-Kollision mit dem Zerstörer Z 3 der Fletcher-Klasse am 6. Mai 1980 führte schließlich dazu, dass *Wilhelm Bauer* am 18. November 1980 in Eckernförde verabschiedet und am 15. März 1982 endgültig außer Dienst gestellt wurde.

1983 vom Kuratorium zur Förderung des Deutschen Schiffahrtsmuseums e.V. übernommen und nach Überführung ab

Schlingerleisten am Tisch und Sicherung des Geschirrs sind auf einem U-Boot offenbar nicht nötig

U-BOOT-BUNKER VALENTIN

Gigantisches Bauwerk

In Bremen-Farge an der Unterweser entstand zwischen Frühjahr 1943 und März 1945 unter Leitung der „Organisation Todt" für die Endmontage von U-Boot-Typ XXI der U-Boot-Bunker Valentin. Das gigantische Bauwerk ist mit einer Grundfläche von 35.375 Quadratmetern – das entspricht rund fünf Fußballfeldern – der größte freistehende Bunker Deutschlands und nach der U-Boot-Reparaturwerft Brest in Frankreich der zweitgrößte in ganz Europa.
Als umfangreichstes Rüstungsprojekt der Kriegsmarine wurde er mithilfe zahlloser Zwangsarbeiter zwar fast fertiggestellt, die Produktion ist jedoch nicht mehr aufgenommen worden. Verbaut wurden eine Million Tonnen Kies und Sand, 132.000 Tonnen Zement und 20.000 Tonnen Stahl. Ein Teil des Bunkers wurde bis Ende 2010 von der Bundeswehr als Teildepot des Wilhelmshavener Marinematerialdepots 2 genutzt. Heute ist dieser Abschnitt Gedenkstätte, der durch Bombenangriffe 1945 zerstörte Teil über einen Schacht lediglich einsehbar, der Rest der Ruine gesperrt.

Blick in den hinteren Teil des Motorenraums, oben der Eingang zur Kampfschwimmer-Schleuse

August 1983 von der Seebeck-Werft für die Nutzung als Museum hergerichtet, befindet sich dieser letzte Vertreter seiner Klasse seit 1984 im Museumshafen vor dem Deutschen Schifffahrtmuseum in Bremerhaven in einem weitgehend rekonstruierten Zustand als U 2540.

Gang durch das heutige Boot

Durch den Ausbau der Akkumulatoren liegt der Rumpf der *Wilhelm Bauer* höher im Wasser, die Turmverkleidung ist nur eine Attrappe, eine Bewaffnung mit zwei 30-mm-Flugabwehr-Zwillingslafetten lediglich angedeutet. Von den ursprünglich sechs Bugtorpedorohren mit einem jewei-

Alle Schaltvorgänge konnten am Steuerstand mit einem einzigen großen Handrad, dem sogenannten Fahrstufenregler, über Schaltnocken ausgeführt werden

ligen Durchmesser von 53,3 Zentimetern und 23 Torpedos sind aus der Zeit als Erprobungsboot für die Klasse 241 noch vier Rohre übrig.

Diese sehen Besucher als Erstes, wenn sie das Boot vorne über eine aus der Bordwand geschnittene Tür betreten und zunächst in den vordersten Bootsteil (Bugtorpedoraum) gelangen. Hier gibt es genügend Platz für einige Informationen auf Stelltafeln zur U-Boot-Entwicklung allgemein, der U-Boot-Reihe XXI generell und U 2540 im Speziellen.

Es folgt durch eine kreisrunde Luke im ersten Schott der Bereich Offizierswohn- und Batterieräume. Die Einrichtung entspricht allerdings nicht mehr dem Kriegszustand, sondern wurde in der Nachkriegszeit erheblich verändert. Es schließt sich die Zentrale mit dem Sehrohr Typ ASC 17 A2 und der darüber befindliche, allerdings für die Besucher nicht zugängliche Turm sowie der darunter positionierte Hilfsmaschinenraum an. Dahinter folgen Unteroffiziers- und wieder Batterieräume, zum Schluss kommen Diesel- und Elektromotorenraum.

Von den beiden E-Maschinen oder Fahrmotoren ist nur noch die Steuerbordmaschine vorhanden. Diese hat die Firma Siemens aufgrund der Erfahrungen mit großen Bahnmotoren unter dem Kennwort „Herta“, dem Vornamen der Sekretärin des Direktors, neu entwickelt. Es handelt es sich um eine zehnpolige fremderregte Nebenschlussmaschine mit Hilfsreihenschluss, Wendepol- und Kompensationswicklung. Das Gewicht der Maschinen beträgt etwa zehn Tonnen, darauf befinden sich zwei Lüfter, die mit Luftkühlern in der Bilge in Verbindung stehen und einst für die Abführung der entstandenen Wärme gesorgt haben.

Hier befinden sich auch die originalen Fahrstände der beiden Elektromotoren, darunter das Getriebe für die Untersetzung der Fahrmotoren-Drehzahl sowie die Hauptschalttafel zur Überwachung der Generatoren. Alle Schaltvorgänge konnten hier mit einem einzigen großen Handrad, dem sogenannten Fahrstufenregler, über Schaltnocken ausgeführt werden.

Außerdem befindet sich hier die Kampfschwimmerschleuse zum Verlassen des Bootes bis zu einer Wassertiefe von 20 Metern. Eine Wechselsprechanlage ermöglichte die Kommunikation zwischen Kampfschwimmer und der 57 Mann starken Besatzung. Den Abschluss des Rumpfes und auch des „Rundgangs“ bildet der Heckraum. Hier verlassen die Besucher das Boot durch eine zweite in den Stahlrumpf geschweißte Tür.

Heute liegt U 2540 festgeschweißt weitaus höher im Wasser als zu seiner aktiven Zeit, da die schweren Akkumulatoren zum Großteil ausgebaut wurden

INFO

Technikmuseum U-Boot Wilhelm Bauer e.V.
Museumshafen der Seestadt Bremerhaven
www.u-boot-wilhelm-bauer.de

Öffnungszeiten: 15. März bis 10. November
täglich von 10 bis 18 Uhr
Eintritt: Erwachsene: 4 Euro,
Kinder bis fünf Jahre: frei
Jugendliche 6 bis 17 Jahre sowie Schüler
und Studenten: 3 Euro

DER AUTOR
Matthias Schultz ist Experte für Boote, Segel- und Kreuzfahrtschiffe

ZEHN JAHRE *CAP-SAN*-FAHRER

„Schönste Zeit meines Lebens“

Unter den rund 40 Besatzungsmitgliedern des Stückgutfrachters *Cap San Diego* war auch ein ehemaliger KZ-Häftling. Der Bäcker Moritz Tuch fuhr zwölf Reisen auf dem Schiff und später auf den Schwesterschiffen – insgesamt zehn Jahre auf *Cap San*-Schiffen. Hier ist seine Geschichte

Von Kurt Flechsenhar

Moritz Tuch wurde 1928 in dem nahe der deutschen Grenze gelegenen polnischen Städtchen Wielun geboren und verbrachte seine Kindheit dort. Wie viele der Mitbürger war die Familie jüdischen Glaubens, in dem er und drei Schwestern erzogen wurden.

Sein Vater war Schlosser und Kunstschmied. Der Junge war oft in der väterlichen Werkstatt, half seinem Vater und eignete sich die nötigen Fertigkeiten an. Manchmal bastelte er dort als Kind selbstständig.

Am 1. September 1939 früh morgens war die Kindheit des elfjährigen Moritz Tuch jäh zu Ende. Als erste Kriegshandlung des Überfalls auf Polen bombardierte die Deutsche Luftwaffe das Städtchen Wielun und tötete etwa 1.200 Bewohner.

Moritz erzählt: „Ersten September 1939, halb vier morgens ist die erste Bombe gefallen bei uns in der Stadt, wo ich geboren bin. Und in einem Park habe ich sämtliche Militärleute gesehen, die am Abend vor dem Donnerstag freibekommen haben, in die Stadt zu gehen. Waren sie alle mit'm geschnittenen Bauch offen. Alle tot! Wenn ich aus dem Haus rausgegangen bin, habe ich meine Schulkameraden auf der Straße alle tot gesehen, das erste Mal richtig den Tod vor den Augen gesehen.“

Moritz wurde wie die anderen jüdischen Kinder im Herbst 1939 deportiert. Beim Abtransport aus seiner Heimatstadt sah er Mutter, Vater und Schwestern zum letzten Mal im Leben. Eine sechsjährige Odyssee durch mehrere KZ begann. Obwohl erst elf Jahre alt, musste er wie ein Erwachsener arbeiten. Der Junge erlebte Grausamkeit, Demütigung, Hunger, Mangelernährung und unzureichende Kleidung bei Schwerstarbeit.

„Und Weihnachten '39 war ich schon in Posen im KZ. Hat sich Arbeitslager genannt, nicht KZ. Und als ich da angekommen bin, war noch nicht mal Stacheldraht am Zaun. Mussten wir, sind wir angekommen, abends hat's geregnet, so richtig Herbstabend, gefroren wie Schneider ... Wir mussten den Stacheldraht ziehen, die Baracken aufbauen ... Und so habe ich durchgemacht acht Lager in Posen. Immer nach fünfzehn Kilometer war ein Lager. Wir sollten bauen die Autobahn. Die sollte von Berlin bis Stalingrad gehen ...“

Nachdem er bereits mehrere Arbeitslager durchlaufen hatte, kam er im August 1943 in das Todeslager Auschwitz und erlebte seine erste Selektion. Unmittelbar an der Rampe stand der Lagerarzt Dr. Fischer und dirigierte durch eine Handbewegung die ankommenden KZ-Häftlinge.

In der Kombüse: „Die See hat mich schon immer gereizt", sagt Moritz Tuch
Alle Fotos: Archiv CSD

„Rechts war zum Tod, links zum Leben! Er hat nichts gesagt, nur so gestanden, mit der Hand so im Jackett, in der SS-Uniform. Rechts zum Tod, links zum Leben. Da war ein Tscheche, den habe ich auch nicht mehr gesehen in meinem Leben, hat mich rüber gezogen nach links."

Moritz kam in ein Außenlager und musste im Kohlebergwerk arbeiten, wo er sich als Schlossergehilfe ausgegeben und die Aufgabe hatte, die Loren zu schmieren sowie Rohre für die Sauerstoffzufuhr und Schienen für das Transportsystem zu verlegen.

„Und ich habe meistens als Schlosser gearbeitet. Ich habe den Beruf nicht gelernt, habe aber bei meinem Vater in der Werkstatt gelernt, habe heimlich Schlüssel gestohlen von der Werkstatt von meinem Vater, habe da rumgebastelt als Kind. Da konnte ich mit Werkzeug umgehen, und das hat mir viel geholfen, muss ich sagen. Und so habe ich das durchgemacht in mehreren Lagern."

Anfang 1945 marschierte er mit Hunderten anderer Mithäftlinge sechs Wochen von Auschwitz nach Bergen-Belsen. Von 3.200 Menschen kamen nach sechs Wochen Marsch etwa 300 an. Von Bergen-Belsen aus ging es im Februar in offenen

Cap San Diego in Santos, Brasilien, zu Beginn der 1970er-Jahre. Moritz Tuch begann 1971 seine Laufbahn auf der *Cap San Diego*

Güterwaggons nach Leitmeritz in der Tschechei.

„Sie haben uns in Waggons, offene Waggons, 120 Personen in jeden Waggon reingesteckt. Das war Ende Februar. Sind vier Tage und vier Nächte gefahren ... Die Leute, die gestorben waren, wurden rausgeschmissen wie Kartoffelsäcke. Um den 1. Mai haben sie uns ... zu Fuß nach Theresienstadt gebracht.“

Hier wurde er am 9. Mai 1945, an seinem 17. Geburtstag, von der Roten Armee befreit. Nach seiner Befreiung merkte er, dass er ganz alleine dastand in der Welt. Seine Familie war dem Nazi-Terror zum Opfer gefallen. Er hörte von antisemitischer Stimmung in Polen und wollte nicht mehr nach Wielun zurück.

Im Rahmen eines Hilfsprojekts für jugendliche Holocaustopfer kam er zunächst für einige Monate in ein Waisenhaus in Windermere in Nordwestengland. Dort erfuhren mehrere Hundert jugendliche KZ-Überlebende Schutz und Pflege und wurden medizinisch untersucht. Die KZ-Haft und die während dieser Zeit geleistete Zwangsarbeit waren nicht ohne Folgen für seine Gesundheit geblieben. Die Ärzte diagnostizierten bei Moritz schwere Schäden an Herz, Lunge und Knochen.

Danach blieb er zunächst in England und arbeitete als Schlosser. 1947 folgte er schließlich der Einladung eines in Montevideo lebenden Onkels und übersiedelte nach Uruguay. In der neuen Heimat, wo er ebenfalls zunächst auch als Schlosser tätig war, nannte er sich Mauricio. Dort versuchte er nachzuholen, was er in den Jahren zuvor vermisst hatte und ihm unmöglich war.

„Ich habe gelebt wie der liebe Gott in Paris. Habe viel gesehen von dem Land, habe gute Bekanntschaft gehabt, alles Uruguayer. Und ich habe mich gut ernährt. Habe nicht gegessen, habe gefressen. 1953 war ich doch schon acht Jahre befreit. Da habe ich mich gewogen, habe ich 63 Kilo gewogen, acht Jahre nach der Befreiung."

1952 heiratete er die Tochter einer schon 1933 ausgewanderten jüdischen Familie aus Deutschland. Die betrieben eine Bäckerei, und Moritz eignete sich die Fertigkeiten des Bäckerhandwerks an. Die Ehe lief jedoch nicht gut. Moritz litt unter dem Trauma der sechsjährigen KZ-Lagerhaft, seine Frau wollte aber nichts davon hören.

Die Bäckerei lief schlecht, die Schulden häuften sich. Moritz überlegte, wie er genügend Geld verdienen könnte, um seine Familie zu versorgen. Auch suchte er Abstand zu seiner Frau, ohne sie jedoch im Stich zu lassen.

Er beschloss, zur See zu fahren, und ging Anfang Mai 1971 an Bord der gerade im Hafen von Montevideo liegenden *Cap San Diego*. Mit diesem Schiff fuhr er als Überarbeiter ohne Heuer nach Hamburg. Da er sich an Bord bewährte, wurde er für die folgende Reise, die am 1. Juni 1971 in Hamburg begann, ins Heuerverhältnis übernommen und als Kochsmaat (Hilfskraft) gemustert, wobei er von Anfang an als Bäcker tätig war. Er wurde zunächst nur als Kochsmaat gemustert, weil er keine offizielle Berufsqualifikation nachweisen konnte, er hatte sich das Bäckerhandwerk nur angeeignet. Später wurde er als Bäcker umgemustert und erhielt mehr Heuer.

Die *Cap San Diego* lag alle acht Wochen für einige Tage in Montevideo, und Moritz konnte jedes Mal seine Familie besuchen, schwer bepackt mit Geschenken. Von seiner Heuer schickte er jeden Monat den größten Teil nach Hause.

Moritz gefiel die neue Arbeit. Während zu Hause schon vor drei Uhr nachts der Wecker klingelte, wurde er an Bord erst Viertel vor fünf geweckt. Außerdem konnte er ein zweistündiges Mittagsschläfchen machen. Wahrscheinlich konnte er hin und wieder sogar seine Frau und ein Kind für einen Teil der Reise von Montevideo bis zum nächsten Hafen mitnehmen. Er war nicht strenggläubig, trug keine Kippa, arbeitete am Sabbath und erwartete kein koscheres Essen.

Sein Verhältnis zu den Bordkameraden war zweigeteilt. Er fühlte sich wohl auf dem Schiff und galt als umgänglicher und freundlicher Kollege. Seine eintätowierte Nummer auf dem Unterarm verriet die jüdische Herkunft und den ehemaligen KZ-Insassen.

„Die See hat mich schon immer gereizt, obwohl ich nicht schwimmen kann. Und auf See war gute Arbeit. Aber leicht habe ich es nicht gehabt. Wenn sie meine Nummer sahen, wussten sie genau, wer ich bin. Und du kannst doch nicht immer mit langen Ärmeln in den Tropen gehen. Das geht doch nicht."

Er war bei vielen an Bord beliebt, galt wegen seiner heiteren, offenen und extrovertierten Art auf dem Palaverdeck als gern gesehener Gesprächspartner. Aufgrund der eintätowierten Nummer auf seinem Unterarm wusste jeder, was mit ihm los war. Darüber gesprochen wurde

BUCHTIPP
Kurt Flechsenhar,
Ann-Kathrin Cornelius
CAP SAN DIEGO – Museumsschiff für Hamburg
240 Seiten
Format 24 x 28 cm
ISBN 978-3-7822-1358-5
Preis 29,95 Euro
Bestellnummer 13585

6249

Laufende Nr.*	Dienststellung / Zu- und Vorname / Unterschrift des Angemusterten	Befähigungszeugnis / Geburtsort und -tag / Fester oder letzter Wohnsitz	Heuer / Dienstantritt	Dienstende / Abmusterndes Seemannsamt
1	2	3	4	5
7 15	Decksjunge / Hartje, Friedrich / Fr. Hartje	ab 1.6.72: Jungmann / Adensen, 23.6.55 / Adensen	lt. Tarif / 23.11.1971	7.7.72 / Seemannsamt 10 Hamburg
7 16	Decksjunge / Baumann, Michael / Michael Baumann	Weimar, 19.7.54	lt. Tarif / 22.11.1971	7.7.72 / Seemannsamt 10 Hamburg
17	1. Koch / Fieguth, Peter	Marienburg, 28.6.43 / Wedel/Holst.	lt. Tarif / 28.5.1971	20. MRZ. 1972 / Seemannsamt Hamburg
18	2. Koch / Brand, Karl / Brand Karl	Bad Kissingen, 15.11.40 / Altheim	lt. Tarif / 27.5.1971	20. MRZ. 1972 / Seemannsamt Hamburg
19	Kochsmaat/Bäcker / Tuch-Lopes, Mauricio	ab 20.3.72 (N.) - Bäcker / Wielun/Polen, 9.5.28 / Montevideo/Uruguay	lt. Tarif / 1.6.1971	10.7.72 / Seemannsamt 10 Hamburg
20	1. Steward / Heins, Egon / Heins	Hamburg, 18.4.20 / Hamburg 13	lt. Tarif / 4.10.1971	15. MAI 1972 / Seemannsamt Hamburg
21	Steward / Nagel, Siegfried / S. Nagel	Seefeld/Tirol, 9.3.45 / Trins/Österreich	lt. Tarif / 26.7.1971	28. AUG. 1972 / Seemannsamt Hamburg

* Bei Jugendlichen ist vom Seemannsamt vor der laufenden Nummer ein »J« einzutragen. Vollendet das Besatzungsmitglied das 18. Lebensjahr, so ist der Zusatz zu streichen.

Musterrolle – Einlagebogen — Johs. Ibbeken, Schleswig 1071

Alles registriert: Die Musterrolle der *Cap San Diego*

aber nie, dieses Thema blieb außen vor. In seinem Inneren fühlte er sich einsam und verletzt, die gezeigte Heiterkeit war nur aufgesetzt.

Hinzu kam, dass einige der im selben Mannschaftsgang wohnenden Nachbarn eine offen antisemitische Haltung an den Tag legten. Bereits auf seiner ersten Fahrt kam es zu einem Zwischenfall.

„Wir waren schon über den Äquator weg, bei den Kanarischen Inseln waren wir, da haben von den Maschinenleuten welche gefeiert den Abend. Da haben sie richtig gesungen, nachher gegen Mitternacht, richtig nationalsozialistische Lieder und aufgefordert zu Krach und so weiter. Ich habe meine Kammer zugeschlossen, mich hingelegt und fertig. Konnte nicht schlafen. Nächsten Morgen komme ich rauf in die Kombüse, sage zu dem Chefkoch: ‚Ich werde heute nicht arbeiten. Ich muss erstmal mit dem Ersten Offizier sprechen.' Bin ich raufgegangen und erzählte, was am Abend passiert war. Er sagte: ‚Wer war es?' Ich: ‚Die Leute von der Maschine, sechs Mann waren es.' Er meinte: ‚Herr Tuch, machen Sie sich keine Sorgen. Die steigen in Rotterdam aus.'"

Er fuhr bis August 1973 auf der *Cap San Diego*, machte einen längeren Urlaub in Montevideo und heuerte dann auf den Schwesterschiffen *Cap San Antonio* und *Cap San Augustin* wieder an, die dieselbe Linie fuhren.

Er fuhr noch weitere acht Jahre auf diesen Schiffen, bis er 1981 in Hamburg krankheitshalber abmusterte, weil er starke Schmerzen in der Hüfte hatte. Er wurde operiert und bekam ein neues Hüftgelenk. Mit der Seefahrt war Schluss. Später erzählte er: „Die Zeit bei der Seefahrt war die schönste Zeit in meinem Leben!"

Fortan lebte er von einer kleinen Rente unter bescheidenen Verhältnissen in einer kleinen Dachwohnung in Winsen an der Luhe. Sein karges Einkommen besserte er sich durch Zeitungaustragen auf. 1986 reiste er nach Polen und besuchte Auschwitz.

„Ich wollte als freier Mensch mal sehen, wie ich mich benehme, wie ich reagiere. Ich habe gedacht, das war mein Gedächtnis, da fall ich um, kipp um und tot bin ich ... Wir sind vorbeigefahren an den Kohlegruben, wo ich gearbeitet habe. Erst habe ich gearbeitet auf 300 Meter unter Spiegelmeer, nachher habe ich gearbeitet auf 620 ... Die Erinnerung werde ich nie vergessen, das kann man nicht ... Was du auf deinen Leib, in deine Seele Prügel bekommen hast oder Wunden, die vergisst du nie. Die heilen wohl, aber vergessen kannst du sie nicht."

Seit 1985 sprach er gelegentlich vor Schulklassen oder im Rahmen von Veranstaltungen einer KZ-Gedenkstätte. Sein polnischer Dialekt und die ungelenke Ausdrucksweise machten es ihm schwer, bei seinen Zuhörern gut anzukommen. Es lag ihm nicht, fremden Menschen über seine erfahrenen Demütigungen zu berichten.

In dem Städtchen Winsen war er als fröhlicher Zeitgenosse bekannt. In seinem Innern aber fühlte er sich ausgegrenzt, verletzt und traumatisiert. Das Lager lief ihm hinterher.

Die in Kindheit und Jugend erlittenen gesundheitlichen Schäden ließen eine längere Lebenserwartung nicht zu. Moritz Tuch starb 1989 im Alter von 61 Jahren in Winsen.

Dort steht in der St. Jakobus Kirche auf dem Altartisch ein handgeschmiedeter siebenarmiger Leuchter, versehen mit dem Hinweis: „Entworfen und gestiftet von Moritz Tuch, einem jüdischen Mitbürger, der Auschwitz und die Verfolgung durch das NS-Regime überlebte und lange Jahre bis zu seinem Tode 1989 in Winsen gelebt hat."

DER AUTOR
Kurt Flechsenhar ist langjähriger Autor bei „Köhlers FlottenKalender" und lebt in Hamburg

AUF WILLIAM SHAKESPEARES SPUREN

Ab auf die Insel

Inchcolm im Firth of Forth ist malerisch und zugleich strategisch günstig gelegen. Das wussten auch die Engländer, die sie 1547 besetzten und im Ersten und Zweiten Weltkrieg zur befestigten Stellung ausbauten

Von Christian König

In der gymnasialen Oberstufe ist „Macbeth“ von William Shakespeare ein beliebtes Werk. Es führt Schüler in die Dramenanalyse und die Interpretation von literarischen Texten ein. Und bietet mit den komplexen Zusammenhängen von Macht, Mord und Hexerei gute Ansätze zur Analyse und Interpretation sprachlicher Besonderheiten im Elisabethanischen Zeitalter. Die Tragödie erscheint als Spiegelbild abgrundtiefer menschlicher Verhaltensweisen und gesellschaftlicher Verhältnisse. Ein zeitloses Thema.

In der zweiten Szene des ersten Aktes berichtet Ross dem König Duncan vom Sieg gegen Norwegen und dem anschließenden Friedensvertrag. Sweno, der König von Norwegen, muss der schottischen Krone zehntausend (schottische) Dollar zahlen, um seine toten Soldaten begraben zu dürfen. Im Original formulierte William Shakespeare das so: „Till he disbursed at Saint Colme’s Inch, Ten thousand dollars to our general use.“ Warum, fragte ich mich als Pennäler, musste ein König viel Geld bezahlen, um die Bestattung von To-

Feuerleitstand aus dem Ersten Weltkrieg zur U-Boot-Abwehr im Westteil der Insel Inchcolm
Alle Fotos: Christian König

ten zu ermöglichen? Und was hatte es mit Saint Colme's Inch wohl auf sich? Auf diese Fragen fanden sich ein paar Jahrzehnte später Antworten.

Erste Spuren im Jahre 567

Shakespeares Worte bezogen sich auf die heutige Insel Inchcolm im Firth of Forth nördlich von Edinburgh. Inchcolm leitet sich vom schottisch-gälischen „Innis Choluim“ ab, was grob übersetzt „Insel von Columba“ bedeutet. Es wird angenommen, dass der irische Mönch Columba die Insel im Jahr 567 besuchte. Der Legende nach wurde die Insel dann irgendwann im 12. Jahrhundert ihm zu Ehren Columba's Island genannt. Die etwa 6,4 Kilometer östlich der alten Forth Bridge gelegene Insel ist nur rund 700 Meter lang und 200 Meter breit – je nach Wasserstand. Lange Zeit galt sie als eine der schönsten in der Mündung des Firth of Forth. Und diente im Mittelalter als Begräbnisstätte der Oberschicht.

Die *Maid of the Forth* fährt mehrfach täglich vom Hawes Pier an der Newhalls Road in South Queensferry zur Insel Inchcolm

Die Wohlhabenden zogen es vor, ihre Toten auf den schottischen Inseln zu begraben. Nicht ganz freiwillig. Auf dem Festland bereicherten sich nicht nur humane Grabräuber an verblichenen Zeitgenossen. Auch herumstreunende wilde Hunde und Wölfe störten gern die Grabruhe, buddelten die sterblichen Überreste wieder aus und fraßen sie. Lichtscheues Gesindel oder wilde Tiere gab es auf Inchcolm nicht. Hier ruhten die Toten ungestört.

Routinearbeit: Festmachen der *Maid of the Forth* im Hafen von Inchcolm

Die Ruine der mittelalterlichen Augustiner-Abtei auf Inchcolm ist ein Besuchermagnet

Der Haufen Steine, der bis zu 34 Meter hoch aus dem Firth of Forth ragt, ist leicht hügelig und mit dichtem Gras bewachsen. Kleine Hecken und Büsche sowie einige Bäume wiegen sich im Wind. Ein traumhaft schöner Anblick, der unwillkürlich an die Insel Iona vor der Westküste Schottlands erinnert. Das dachten sich auch andere und gaben dem kleinen Eiland den anerkennenden Spitznamen „Iona des Ostens".

Vom Priorat zur Abtei

Architektonischer Mittelpunkt von Inchcolm ist die Ruine einer alten Abtei. Nachdem es auf der Insel schon seit Jahrhunderten eine kleine Kapelle gegeben hatte, begründete Alexander I. im Jahre 1123 ein Priorat an einer geschützten Bucht. Das Priorat wurde 1235 zur Abtei erhoben. Aus dieser Zeit stammt ein heute noch komplett erhaltenes Gebäude mit einem Steindach, vermutlich ehedem eine Gebetsstätte. Neben einem windgeschützten Klostergarten war vor allem der Friedhof eine wichtige Einrichtung. In den Ruinen der Abtei fand man einen selten gut erhaltenen Hogback-Stein, eine Art Grabstein aus dem 10. Jahrhundert.

Die Engländer kommen

Im 16. Jahrhundert fand sich unweit des Hogback Stone Aufzeichnungen zufolge ein frühchristliches Kreuz. Die scheinbare Abgeschiedenheit sicherte den Bestand der Anlage, auch wenn Inchcolm in den Schottischen Unabhängigkeitskriegen mehrfach besetzt wurde. Aus heutiger

Blick von der Bäckerei der ehemaligen Abtei auf Inchcolm zur Insel Inchmickery, dahinter ist der Berg Arthur’s Seat und die Skyline von Edinburgh zu sehen

Fliegeraufnahme der militärischen Anlagen auf Inchcolm im Oktober 1941

Sicht wenig verwunderlich: Inchcolm liegt nur wenig mehr als 900 Meter von der Küste zwischen Aberdour und Dalgety Bay im Norden des Firth of Forth entfernt. 1547 kamen die Engländer als Eroberer. Und raubten, was immer sich rauben ließ. Im Zuge der 1560 vom schottischen Parlament beschlossenen Abkehr vom Katholizismus und dem Verbot der heiligen Messe entstand unter John Knox eine reformierte schottische Nationalkirche. Sie läutete das Ende der Abtei ein.

Ideale Waffen-Plattform

In den 1880er-Jahren erkannte man die strategische Bedeutung der Insel. Bereits vor dem Ersten Weltkrieg wurden 14 QF 12-Pounder 12-cwt bzw. 18-cwt-Kanonen im Kaliber 76,2 mm auf der Insel vorgesehen. Im Krieg selbst stattete man eine Batterie auf der westlichen Seite der Insel mit zwei 76,2-mm-Geschützen, die Batterie auf der östlichen Seite mit sechs derartigen Waffen aus. Um den Firth of Forth für Unterseeboote unbefahrbar zu machen, spannte man zwischen dem Festland nördlich von Inchcolm und zwischen Inchcolm und Inchmickery U-Boot-Netze, die mittels elektrischen Kraftwinden bewegt werden konnten. Zudem überwachte ein Unterwasser-Horchposten die Gewässer.

Um die Artilleriemunition vom Hafen aus zu den Batterien zu bringen, verlegte man sogar Schmalspurgleise. Überwiegend Pferde, teilweise Winden zogen Munitionsloren auf den Gleisen, die man im Ostteil der Insel 1917 sogar vertunnelte.

In der zweiten Hälfte des Konflikts erhöhte man schrittweise die Anzahl der Geschütze, ergänzte QF 4 Inch MkV Guns (101,6 mm), baute einen Signalturm, in dem auch die Feuerleit-Einrichtungen untergebracht werden konnten. Der Monument Act, der die historischen Gebäude auf Inchcolm schützte, wurde während des Ersten Weltkriegs weitgehend außer Kraft gesetzt, schützte aber die Bausubstanz der Abtei. Zwischen 1918 und 1932 baute man vieles zurück.

Lost Place: Verlassene Unterkunftsbaracke aus dem Zweiten Weltkrieg

Erinnerungsort

Im Zweiten Weltkrieg errichtete man neue Geschützstellungen im östlichen Teil der Insel, nutzte zwei Sechspfünder-Zwillingskanonen und einen Zwölfpfünder zur Bekämpfung deutscher U-Boote. Im Sinne des Monument Act wurden Teile der Befestigungen nach dem Zweiten Weltkrieg wieder gesprengt, vieles beließ man indes vor Ort. Noch heute erinnern teilweise überwucherte Geschützstellungen und Unterstände an diese kriegerischen Zeiten. Die Kopfzahl schnellte im Zweiten Weltkrieg steil nach oben, ging indes nach dessen Ende genauso schnell wieder zurück. Zur Jahrtausendwende lebten auf dem Inselchen nur im Sommer zwei Custodians als Inselverwalter. Sie begrüßten anreisende Gäste und kümmerten sich darum, dass die zahlreich auf Inchcolm vorhandenen Eiderenten, Möwen und Papageitaucher im Westen der Insel während der Brutzeit ungestört blieben.

SCHICKSAL DES DÄNISCHEN LINIENSCHIFFES *CHRISTIAN VIII.*

Victoria! Victoria!

Am 5. April 1849 explodiert in der Eckernförder Bucht das dänische Linienschiff *Christian VIII.* nach Beschuss durch Strandbatterien. Die Dänen kapitulieren. Was bleibt von dem stolzen Schiff nach über 175 Jahren?

Von Elmar Klemm

Entscheidungsjahr 1848 – die Deutsche Revolution ist in vollem Gange. Ein Streitpunkt in der Frankfurter Nationalversammlung ist unter anderem der Vertrag von Malmö, in dem sich die Königreiche Dänemark und Preußen auf das vorläufige Einstellen ihrer kriegerischen Territorialkonflikte einigen sollen. Doch Dänemark denkt gar nicht daran, seine südlichen Gebiete im Zuge der Schleswig-Holsteinischen Erhebung an den Deutschen Bund abzutreten. Und so rüstet König Friedrich VII. kurz nach Ende des vereinbarten Waffenstillstands eine Flotte aus und schickt an Ostern 1849 seine Soldaten nach Eckernförde.

Am Abend des 4. April geht die dänische Flotte, bestehend aus dem Linienschiff *Christian VIII.* (84 Kanonen), der Fregatte *Gefion* (48 Kanonen), den Raddampfern *Hekla* (sieben Kanonen) und *Gejser* (acht Kanonen) sowie dreiYachten, mit Landungstruppen vor Aschau in der Eckernförder Bucht vor Anker. Der Befehl lautet, bei Eckernförde einen Landungsversuch zu unternehmen, um auf diesem Wege eigene Soldaten hinter die Linien der schleswig-holsteinischen Truppen zu bringen.

Der dänische Kapitän Frederik August Paludan schildert dem Marineministerium seinen Auftrag: „Den 4. April Morgens, als ich vor Mummark auf Alsen vor Anker lag, brachte mir der *Hekla* die Ordre des Kommandeurs Garde, die Anker so zeitig zu lichten, daß ich selbigen Tages vor der Eckernförder Föhrde sein könne, wo unter meinem Befehl zugleich die Dampfschiffe *Hekla* und *Geyser* (mit einer Compagnie Soldaten auf 3 Yachten im Schlepptau) in der Dämmerung einlaufen sollten, um den Feind zu alarmieren, auf verschiedenen Stellen Landung zu bewerkstelligen, die Strandbatterien anzugreifen, sie womöglich zu nehmen oder zu zerstören und uns zu Herren von Eckernförde zu machen."

David gegen Goliath

Ein fatales Manöver, wie sich bald herausstellen soll. Zwar beginnen die Dänen wie geplant am Morgen des 5. April mit dem Beschuss der EckernförderVerteidigungsschanzen – eine südlich der Stadt auf Höhe

Das 1840 vom Stapel gelaufene Linienschiff *Christian VIII.*, 56,96 Meter lang und 14,67 Meter breit, hatte ca. 665 Mann Besatzung, Modell von Peter Rinke

Foto: Museum Eckernförde

Die Explosion des Flaggschiffs *Christian VIII.* (Mitte) besiegelt die Niederlage Dänemarks im Gefecht bei Eckernförde 1849

Foto: Museum Eckernförde

des heutigen Kurparks, eine gegenüber in Louisenberg, wo sich mittlerweile der Marinestützpunkt befindet. Doch die beherzte Gegenwehr dürfte selbst die seefahrterprobten Skandinavier überrascht haben.

Mit einer Übermacht von 1.300 Mann und 148 Kanonen wähnt man sich siegessicher. Aber die Soldaten der 5. Festungsbatterie unter dem Kommando von Leutnant Eduard Jungmann geben alles und können die Norderschanze erfolgreich verteidigen. Das Wetter spielt ihnen in die Karten. Starker auflandiger Ostwind treibt das Geschwader unter Segeln immer dichter in die flache Bucht. Direkt in die Mündungsfeuer der von Unteroffizier Theodor Preußer befehligten Süderschanze. Da aber weder das schwere Linienschiff noch die Fregatte so schnell gegen den Wind kreuzen können, ist es unmöglich, eine überlegene Gefechtsposition einzunehmen.

Auch die Versuche, sich von den begleitenden Dampfschleppern stabilisieren zu lassen, schlagen fehl, da sich diese selbst vor den glühenden Kugeln der Landverteidigung in Sicherheit bringen müssen. So geraten beide Schiffe immer weiter unter Land und liegen bald so dicht vor dem Ufer, dass sie ein leichtes Ziel für die Kanonenabwehr sind. Während die *Gefion* schon bald kampfunfähig ist, verstärken die Eckernförder Soldaten sogar ihre Stellung noch mit zusätzlichen Kanonen.

Der Angriff ist für die Dänen aussichtslos, ihnen bleibt nur die Kapitulation. Gegen 13 Uhr hissen sie die weiße Fahne. Dennoch droht Kapitän Paludan, die Stadt zu beschießen, sollte den Schiffen kein freier Abzug gewährt werden. Die Über-

Im Duett: *Christian VIII.* und *Gefion* beschießen die Strandbatterien von Eckernförde
Foto: Museum Eckernförde

mittlung der Nachricht nimmt Stunden in Anspruch. Daher und auch weil die Marinezeichen falsch gedeutet werden, dauern die Gefechte weiter an, bis auch das Linienschiff mit zerschossenen Segeln manövrierunfähig ist und auf Grund läuft. Erst als Kapitän Paludan als Zeichen der Niederlage seinen Säbel übergeben will, stellt der Kommandant der Süderschanze das Feuer ein. Anschließend setzt Preußer selbst zu dem eroberten Schiff über. Eine fatale Entscheidung. Etwa eine Stunde später erreicht ein mutmaßlicher Schwelbrand die Pulverkammer: Das 60-Meter-Linienschiff *Christian VIII.* fliegt mit lautem Getöse in die Luft.

Schlachten-Kult

Zahlreiche Zeitungen des Landes berichten über das Ereignis. Die Meldung geht bis nach Berlin, einige Illustrationen des Ereignisses werden sogar mit mehrsprachigen Bildunterschriften versehen. Von überall her strömen Neugierige, die das explodierte Wrack in der Bucht sehen wollen. Die ebenfalls eroberte Fregatte *Gefion* wird konfisziert und hat unter dem neuen Namen *Eckernförde* den Grundstein einer eigenen schleswig-holsteinischen Flotte gelegt.

Militärisch und historisch bleibt diese Episode unbedeutend. Nicht jedoch für den Lokalpatriotismus. Hier wird der „Tag von Eckernförde“ zum Mythos verklärt. Schon kurz nach dem Ereignis haben zahlreiche Künstler und Literaten die Schlachtszene in Schriften, Grafiken und Gemälden festgehalten und bis heute im lokalen Gedächtnis konserviert. Wrackteile und ein Großteil der Kanonen werden mit einer Taucherglocke geborgen. Darunter befindet sich auch die imposante Galionsfigur des Kriegsschiffes. Sie wird geborgen, 1853 von Herzog Ernst II. erworben und auf der Veste Coburg ausgestellt.

Erst 1958 gelangt die Figur durch einen Tausch zurück nach Schleswig-Holstein und schmückt heute das Museum für Archäologie Schloss Gottorf. Die Bugfigur der *Gefion* wird dagegen in der Bürgerhalle des Eckernförder Rathauses aufgestellt. Das Wrack des Linienschiffes wird gesprengt und der Schiffsboden an Land zur neuen Verarbeitung zerlegt.

So entwickelt sich in der Folgezeit ein schwunghafter Handel mit Devotionalien. Aus dem Holz der *Christian VIII.* werden

Das drei Meter große Galion des Linienschiffes ist erhalten und schmückt heute das Landesmuseum Schloss Gottorf

Foto: Elmar Klemm

Im Museum Eckernförde ist die Schlacht eingehend dokumentiert ...

Foto: Museum Eckernförde/Elmar Klemm

... und mit wertvollen Fundstücken belegt

Foto: Museum Eckernförde

unter anderem Möbel, Schmuck- und Gebrauchsgegenstände gefertigt, aus den Kupferbolzen Gedenkmünzen geprägt. Einige dieser erhaltenen Souvenirs können im Museum Eckernförde besichtigt werden, bis heute wird der große Tag im lokalen Bewusstsein lebendig gehalten. Am Ort der einstigen Süderschanze erinnert ein Denkmal samt historischer Kanone an die Schlacht. Im angrenzenden Kurpark an der „Preußerstraße" posiert Major Jungmann mit Kanone in Sandstein, und man gedenkt der gefallenen dänischen Matrosen. Und an der östlichen Wand des Kirchenschiffes der St. Nicolai-Kirche ist sogar ein Warpanker der *Christian VIII.* eingelassen.

Zum Wrack abgetaucht

Ich gebe zu, als passionierter Taucher mit archäologischen Ambitionen fesselt mich diese Geschichte vom ersten Moment an. So ein mächtiges Schiff, das direkt am Strand sein Ende fand. Unweit der Untergangsstelle tauche ich seit 15 Jahren regelmäßig. Und ich habe bereits rund 100 Wracks in der Ostsee betaucht, weiß daher, dass es sehr gut möglich ist, dass bis heute Reste der *Christian VIII.* in der Bucht ruhen. Also mache ich mich an eine

Der „Tag von Eckernförde“ ist aus dem lokalen Gedächtnis nicht wegzudenken
Fotos: Elmar Klemm

Standortbestimmung. Dazu werte ich alle mir zur Verfügung stehenden Informationen aus und bestimme per Google Earth ein Suchareal. Als ehrenamtlicher Bodendenkmalpfleger darf ich in Absprache mit den Ämtern solche Maßnahmen durchführen.

An einem sonnigen Apriltag stehe ich in voller Tauchausrüstung am Strand, direkt vor dem Denkmal. Kurs Ost, ich muss eigentlich nur gerade raus. Nach etwa acht Minuten stoße ich auf einige Anhäufungen mit Algen auf dem ansonsten hellen Sandgrund. Das sind möglicherweise bereits Wrackausläufer. Ein sichtbar gebrannter Ziegel stützt den Verdacht. Nach elf Minuten drehe ich um, da kommt nichts mehr. In einer der nächsten Ansammlungen liegt ein betongefüllter Reifen. Davon habe ich gelesen. Also montiere ich eine Suchleine und schwimme einen großen Kreis. Schon bald bemerke ich in den Algenbüscheln Hölzer, die offensichtlich sehr alt sind. Viele sind stark verkohlt. Hier muss es gebrannt haben.

Einige Hölzer weisen Bearbeitungsspuren wie Bohrungen oder Kerben auf. Einige Rundhölzer mit etwa 15 Zentimeter Durchmesser zeigen ebenfalls Brandspu-

Das zeitgenössische Aquarell zeigt die verbliebene Rumpfschale des stolzen Seglers. „So viel Wrack" ist heute natürlich nicht mehr vorhanden
Foto: Museum Eckernförde/J.F.T. Baasch

Immer wieder werden einzelne Bauteile der *Christian VIII.* freigelegt Foto: Elmar Klemm

Die mächtige Eisenkette schlängelt sich rund 30 Meter lang über den hellen Ostseegrund
Foto: Elmar Klemm

ren. Es könnten Reste von Rahen sein. An mehreren Stellen befinden sich dunkle Oxidationsspuren im Sand. Eine ist kugelförmig. Hat hier vielleicht eine Kanonenkugel gelegen? Die Größe könnte passen. An anderen Stellen ragen Taureste aus dem Grund. Ich bin am Wrack. An der *Christian VIII.*, die vor 177 Jahren hier explodiert ist. Das Feld erstreckt sich geschätzt über etwa 40 mal 20 Meter. Die Tiefe liegt bei rund sieben Metern. Auf dem Rückweg stoße ich auf eine große Ankerkette. Sie besteht aus dicken Eisengliedern, die deutliche Korrosionsspuren aufweisen. Die Glieder ragen etwa zwei Drittel aus dem Sand und liegen zum Teil komplett frei. Die Länge des Elements beträgt gut zehn Meter. Daneben liegt erneut ein massives Rundholz mit Brandspuren. Etwas weiter südlich setzt sich die Kette in mehreren Elementen fort.

Wieder einmal wird mir bewusst, welch wertvolles Privileg wir Taucher genießen. Ich denke an die vielen ahnungslosen Passanten am Ufer. Wenn die wüssten ... Gerade nach Stürmen werden immer wieder Überbleibsel freigespült: Ankerteile, Kanonenkugeln und sogar ein Traubhagelgeschoss. Geschichte hinterlässt Spuren. Man muss sie nur lesen können.

DER AUTOR
Elmar Klemm ist Unterwasser-Archäologe und langjähriger Autor bei „Köhlers FlottenKalender"

Im Jahr 1925 trat die Planungskommission der Königlich Schwedischen Marine zusammen, um den Bedarf an Schiffsneubauten zu ermitteln. Der Forderungskatalog sah vor, einen Flugzeugkreuzer („Flygplanskryssar") zu bauen, der mit zwölf Flugzeugen, sechs 152 mm-Geschützen sowie Torpedorohren ausgerüstet sein müsse und außerdem Minen legen könne. Das Ergebnis konnte nur ein Kompromiss sein – und eigentlich ein fauler: Das Flugdeck achtern konnte zwar zum Start der Flugzeuge genutzt werden, aber nicht zur Landung. Die Flugzeuge hätten also nach jedem Einsatz eine Basis an Land ansteuern müssen, was kaum Sinn ergibt.

Der im Januar 1927 vorgestellte Entwurf sah ein Schiff mit der Größe von 5.100 Tonnen vor, im Mai genehmigte aber der schwedische Reichstag ein Budget von nur 16,5 Millionen schwedischen Kro-

VOM FLUGZEUGKREUZER ZUM FLAKKREUZER

Schwedens Stolz

Innovative schwedische Marine: Die Karriere der 1933 vom Stapel gelaufenen *Gotland* ist bemerkenswert, auch wenn sie nicht immer unter einem guten Stern stand. Für einen Moment rückte das Schiff sogar in das Rampenlicht der Weltgeschichte

Von Hagen Seehase

nen, und das reichte nicht. Nicht nur die flache Ostsee führte zu einer Begrenzung der Schiffe in Anzahl und Tonnage, sondern auch das geringe Rüstungsbudget. Die Größe des Schiffes wurde folglich auf 4.750 Tonnen reduziert, der zweite Doppelturm für 152-mm-Geschütze entfiel, dafür wurden zwei dieser Geschütze in Kasematten beiderseits des Aufbaus untergebracht (ähnlich wie bei den Kreuzern der amerikanischen *Omaha*-Klasse). Die Panzerung war (angesichts der Tonnagebegrenzung nachvollziehbar) eher leicht, um 25 Millimeter.

Wegen der Größenreduktion gab es Kompromisse bei der Aufteilung. So lag das Munitionsmagazin für den achteren 152-mm-Turm zwischen dem achteren Kesselraum und dem Maschinenraum.

Baubeginn war 1930 bei den Götaverken in Göteborg, der Stapellauf am 14. September 1933. Nach Seeversuchen, die eine Höchstgeschwindigkeit von 27,5 Knoten erbrachten, wurde das Schiff am 14. Dezember 1934 bei der Küstenflotte (Kustflottan) in Dienst gestellt. Die *Gotland* wurde auch zur Ausbildung von Kadetten genutzt, die erste Aubildungsfahrt ging nach Deutschland, Spanien, Portugal, Großbritannien und in die Niederlande. Es folgten weitere Fahrten, auch in amerikanische und afrikanische Gewässer. Die *Gotland* war das Flaggschiff des Aufklärungsgeschwaders der Küstenflotte, und dafür war sie durch ihre Flugzeugausstattung auch prädestiniert.

Als „Flugzeugkreuzer"

Man hat von dem ursprünglichen Plan der Ausstattung mit Flugzeugen mit Räderfahrwerk Abstand genommen und in Großbritannien Wasserflugzeuge gekauft, sechs Hawker Osprey mit in Schweden (in Lizenz) gebauten Sternmotoren. Anno 1934 hatte man vier, 1936 dann zwei weitere der zweisitzigen Aufklärer angeschafft.

Herausgeputzt: Flottenbesuch in Rotterdam 1949
Foto: Averink Anefo

Flugzeugkreuzer *Gotland* mit S 9-Flugzeugen auf dem Flugdeck
Foto: Sjöhistoriska museet

Hawker Osprey wird von der *Gotland* aufgenommen Foto: DigitaltMuseum

Die Flugzeuge wurden in der schwedischen Marine als S 9 bezeichnet und hatten beiklappbare Tragflächen.

Das Schiff bot an Deck Platz für bis zu acht Hawker Osprey und man versuchte, zwei weitere Exemplare anzukaufen, was jedoch erfolglos blieb, da die Produktion dieses Typs schon 1935 eingestellt worden war. Das Schiff sollte ursprünglich bei Bedarf sogar drei weitere an Bord nehmen können. In solchen Fällen konnte das Startkatapult jedoch nicht mehr eingesetzt werden. Das Katapult startete die Flugzeuge mit Druckluft, was sie auf eine Geschwindigkeit von 100 km/h brachte.

Am anderen Ende des Flugdecks befand sich ein zusammenlegbarer Hebekran von den Heinkel-Flugzeugwerken, mit dem die Flugzeuge nach der Landung auf dem Wasser wieder an Bord gehoben wurden. In der Praxis stellte sich heraus, dass die Osprey-Flugzeuge bei rauem Wetter unter den Auswirkungen von hohem Wellengang litten.

Die 152-mm-Geschütze M/30 in den Doppeltürmen konnten bis zu 60 Grad erhöht werden, schossen dann über 24.000 Meter weit und waren begrenzt zur Flugabwehr befähigt. Die Geschütze in den Kasematten konnten nur bis maximal 30 Grad erhöht werden und schossen 20.000 Meter weit.

Vier 75-mm-Flak von Bofors bildeten den Kern der Flugabwehr, zwei in einem achteren Doppelturm, zwei in Einzelaufstellung. Dazu kamen noch vier leichte Bofors-M/32-Flak im Kaliber 25 mm (in Einzelaufstellung) und vier Maschinengewehre. Zwei Dreiersätze Torpedorohre beiderseits des hinteren Schornsteins und eine Minenlegekapazität von 80 bis 100 Seeminen komplettierten die Bewaffnung.

1937 wurden zwei zusätzliche Bofors-M/32-Flak in Zwillingslafette auf dem vor-

Die Maschinen sind gewartet und einsatzklar
Foto: Marinmuseum

HAWKER OSPREY
Bewährt und robust

Die Hawker Osprey war die Marineversion der Hawker Hart. Das zweisitzige Kampfflugzeug gab es mit Räderfahrwerk für den Einsatz auf Flugzeugträgern und mit Schwimmern für den Einsatz als Katapultflugzeug. Die Bewaffnung bestand aus zwei Maschinengewehren, die Höchstgeschwindigkeit betrug 270 km/h. Der Erstflug war 1928.
Rund 130 Hawker Ospreys wurden von den britischen Streitkräften (ausschließlich beim Fleet Air Arm, den Marinefliegern) verwendet, die sie als schnellen zweisitzigen Aufklärer einsetzten, der in Zweitfunktion auch als Jagdflugzeug dienen und einsitzige Jagdflugzeuge führen konnte.
Die Trägerflugzeuge wurden bis Mai 1939 durch modernere Muster ersetzt, die Katapultflugzeuge schon bis Juni 1938. Danach dienten sie bis 1944 für sekundäre Aufgaben.
Die schwedischen Ospreys hatten einen 600 PS Bristol-Mercury-Sternmotor, der in Schweden in Lizenz produziert wurde. Nach dem Umbau der *Gotland* zum Flakkreuzer wurden drei der schwedischen Ospreys zu Schleppflugzeugen für Luftziele umgebaut. Neben Schweden waren Portugal (zwei Exemplare) und Spanien (ein Exemplar) die einzigen Exportkunden.

deren Panzerturm installiert. Die Besatzung bestand aus 527 Mann, darunter 60 Mann Personal für den Flugdienst (inklusive der Techniker).

Während das „Unternehmen Seelöwe“ zur geplanten deutschen Invasion in Großbritannien im April 1940 anlief, befand sich die *Gotland* zur Überholung in der Werft in Stockholm.

Schicksalhafte Begegnung

Rund ein Jahr später trat sie aber in den Fokus der Weltgeschichte. Am 20. Mai 1941 war die *Gotland* unter dem Kommando von Kapitän Knut G. Ågren zu einer Übung westlich der Insel Vinga im Kattegat. Um 12 Uhr sichteten S 9 der *Gotland* einen deutschen Flottenverband, es waren das Schlachtschiff *Bismarck* und der Schwere Kreuzer *Prinz Eugen*. Die Sichtung wurde per Funk weitergemeldet.

Um 13 Uhr kam es zum Sichtkontakt zwischen der *Gotland* und der *Bismarck*, beide Schiffe liefen noch zwei Stunden lang auf Parallelkurs Richtung Nordwesten, Kapitän Ågren gab seine Beobachtungen an das schwedische Marinekommando durch, das den schwedischen Geheimdienst informierte. Dessen Chef,

Oberstleutnant Carl Petersén, gab die Information von der Sichtung der *Bismarck* über einen Mittelsmann an den norwegischen Militärattaché Alfred Roscher Lund weiter. Der wiederum informierte den britischen Marineattaché Captain Henry Denham, der sofort die Admiralität in London kontaktierte und die brisanten Nachrichten weitergab. Die Jagd auf die *Bismarck* war eröffnet.

Ob die Meldung der *Gotland* und ihre Weitergabe an die Briten von wirklich entscheidender Bedeutung waren, ist sehr umstritten, schließlich konnten britische Stationen den deutschen Funkverkehr abhören, und Spezialisten in Bletchley Park waren zu dieser Zeit bereits in der Lage, ihn zu dechiffrieren.

Marschformation der Küstenflotte bei einem Besuch in London 1951
Foto: Sjöhistoriska museet

Mittlerweile hatten landgestützte Kampfflugzeuge eine solche Reichweite, dass sie im ganzen Ostseeraum operieren konnten. Die alten Ospreys der *Gotland* hätten im Zweifel keine Chance gehabt. Schon ab 1938 hatte man die Möglichkeit untersucht, diese durch andere Flugzeugtypen zu ersetzen.

Es bestand Interesse am Kauf italienischer Ro.43 oder an der Verwendung bereits bei den schwedischen Streitkräften eingeführter Typen wie der S 12 (= Heinkel He 114), P 7 (= SAAB S17BS) oder J 8 (= Gloster Gladiator). Im Rahmen einer Generalüberholung im Winter 1943/44 wurde daher geprüft, ob es sinnvoll wäre, die S 9 durch modernere Flugzeuge zu ersetzen. Die S 12 war ein Schwimmerflugzeug, das seit 1941 mit zwölf Exemplaren in schwedischen Diensten stand. Es stellte sich jedoch heraus, dass hierfür der Einbau eines neuen Katapults erforderlich gewesen wäre, was unter den während des Krieges herrschenden Bedingungen nicht möglich war. So wurde der Umbau zum Flakkreuzer beschlossen.

Umbau zum Flakkreuzer

Flugzeuge, Katapult und alle zum Flugbetrieb notwendigen Einrichtungen verschwanden. Die Flak wurde erheblich verstärkt. Achtern wurden acht Bofors-L/60 Flak aufgebaut: sechs der 40-mm-Maschinenkanonen in drei maschinengesteuerten, kreiselstabilisierten Zwillingslafetten desselben Typs, wie sie zuvor auf den Panzerschiffen der *Sverige*-Klasse verbaut worden waren. Achtern davon befanden sich zwei weitere 40-mm-Maschinenkanonen in einer Zwillingslafette, die manuell ausgerichtet werden konnte. Die 25-mm-Flak in Einzellafette entfielen, dafür kamen zwei Zwillingslafetten mit diesen Waffen (hinter dem 75-mm-Doppelturm) an Bord. Drei 20-mm-Flak in Einzellafetten traten noch hinzu.

Damit war die Flugabwehrbewaffnung in der Tat formidabel. Die *Gotland* wurde zum Flugabwehrkreuzer („Luftvärnskryssare"). Inzwischen hatte die schwedische Marine umgedacht. Die Flotte wurde vollständig in zwei von einem Kreuzer geführten Zerstörergeschwader umstrukturiert. Die Strategie unterschied sich von dem in Friedenszeiten üblichen Verteidigungssystem mit langsameren Küstenverteidigungsschiffen und Torpedobooten. *HMS Gotland* war für die neue Strategie zu langsam. Letzter Kapitän des Kreuzers während der Kriegszeit war Moje Östberg.

Nach Ende des Zweiten Weltkriegs wurde die *Gotland* im Sommer als Flaggschiff der Marineakademie eingesetzt und unternahm im Winter erneut lange Reisen. Nach dem Krieg wurden zehn solcher Reisen unternommen, 1951 führte eine nach Marokko. 1953 musste die *Gotland* erneut umgebaut werden: Das Schiff erhielt ein Radar- und Gefechtsleitsystem aus britischer Produktion, das es befähigte, die Führung von Luftstreitkräften zu übernehmen. Um das Gewicht der neuen Ausrüstung auszugleichen, kamen die beiden 152-mm-Kanonen in den Kasematten in Wegfall, ebenso sämtliche 75-mm-Rohre und die beiden achtern befindlichen Lafetten für 25-mm-Geschütze. Stattdessen: vier 40-mm-Automatikkanonen vom neuen Typ L/70.

Nach dem Umbau zu einem Jägerleitschiff absolvierte die *Gotland* nur noch eine Auslandsreise, die vom 13. Dezember 1955 bis zum 14. März 1956 dauerte und nach Spanien, Portugiesisch-Angola, Frankreich und Großbritannien führte. Letzter Kapitän war Magnus Hammer.

Einige Monate später wurde das Schiff in den Reservestatus versetzt, am 1. Juli 1960 aus der Liste der Marineschiffe gestrichen und nach dem Verkauf am 1. April 1962 im Folgejahr in Ystad abgewrackt.

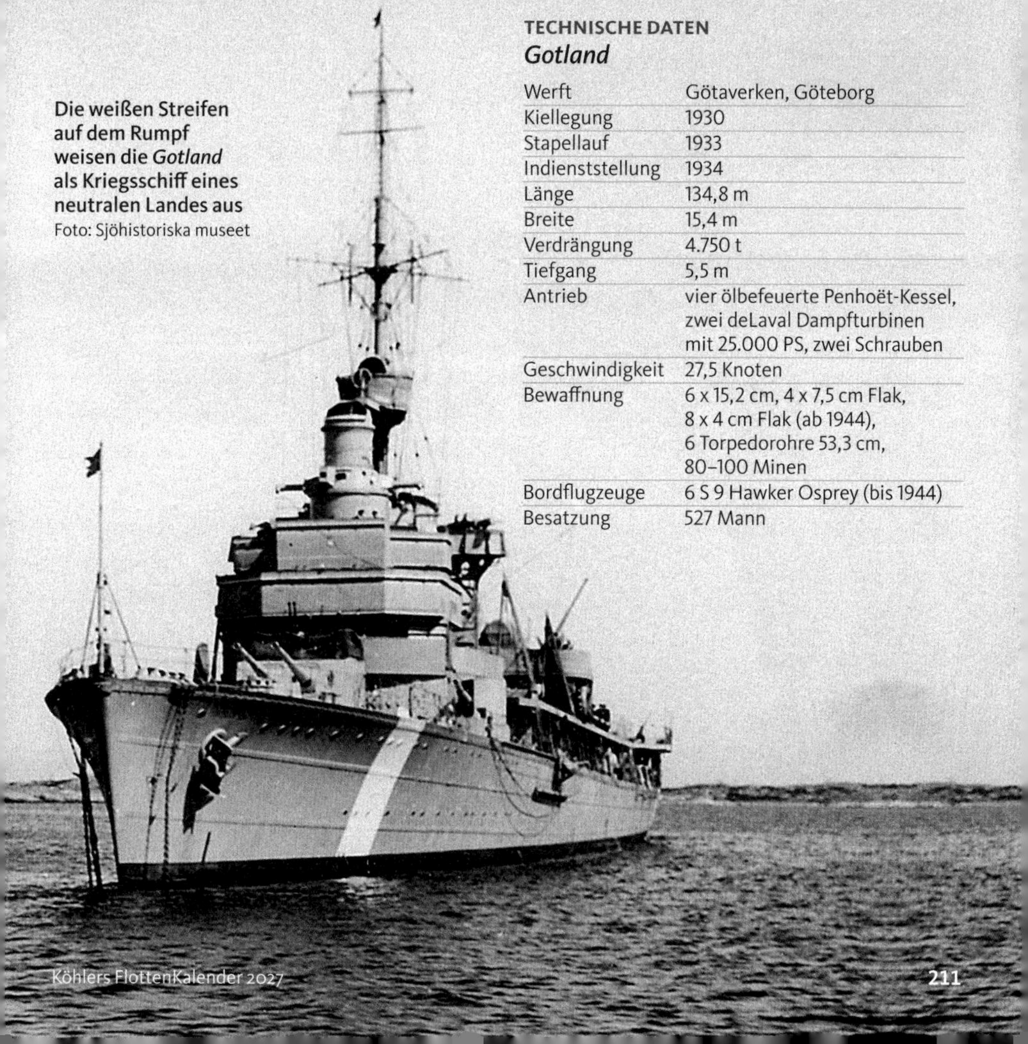

Die weißen Streifen auf dem Rumpf weisen die *Gotland* als Kriegsschiff eines neutralen Landes aus
Foto: Sjöhistoriska museet

TECHNISCHE DATEN
Gotland

Werft	Götaverken, Göteborg
Kiellegung	1930
Stapellauf	1933
Indienststellung	1934
Länge	134,8 m
Breite	15,4 m
Verdrängung	4.750 t
Tiefgang	5,5 m
Antrieb	vier ölbefeuerte Penhoët-Kessel, zwei deLaval Dampfturbinen mit 25.000 PS, zwei Schrauben
Geschwindigkeit	27,5 Knoten
Bewaffnung	6 x 15,2 cm, 4 x 7,5 cm Flak, 8 x 4 cm Flak (ab 1944), 6 Torpedorohre 53,3 cm, 80–100 Minen
Bordflugzeuge	6 S 9 Hawker Osprey (bis 1944)
Besatzung	527 Mann

Kaiserlicher Besuch: ***SMY Hohenzollern*** **I, später** ***Kaiseradler*****, 1888 in Kronstadt. Mit diesem Schiff unternahm Wilhelm II. ab 1889 seine Nordlandfahrten**
Foto: picture alliance/Heritage Images/Fine Art Images

KAISER WILHELMS GEPLANTE HOCHSEEYACHT

Glücklos und unfertig

Wie fast alle großen Mächte leistete sich auch das kaiserliche Deutschland den Luxus einer Staatsyacht für das jeweilige Staatsoberhaupt. Dafür wurden vier Schiffe gebaut: *Grille* und nacheinander drei *Hohenzollern*. Wir nehmen besonders die letzte Yacht in den Blick: *Hohenzollern* III

Von Wilhelm D. Donko

Beginnend mit der *Grille* wurden Staatsyachten offiziell als Aviso geführt, später vor allem auch deshalb, um als klassifizierte Kriegsschiffe dieses Typs die parlamentarische Genehmigung zum Bau leichter zu erhalten.

Die ersten beiden Schiffe mit Namen *Hohenzollern* haben einen sehr hohen Bekanntheitsgrad, sogar über die maritime Fachwelt hinaus. Ganz besonders betrifft dies natürlich das 1892 vom Stapel gelaufene und von „Reisekaiser" Wilhelm II. intensiv genutzte zweite Schiff mit diesem Namen. Aber selbst eingefleischten Shiplovern ist kaum bekannt, dass eine dritte, brandneue Yacht mit dem provisorischen Namen „Hohenzollern" gebaut wur-de und noch 1914 vom Stapel lief.

Die neue *Hohenzollern* hätte moderner, eleganter und größer als ihre Vorgänger werden sollen. Sie sollte die schönste Staatsyacht der Welt werden, denn mit weniger gab sich Kaiser Wilhelm II. nicht zufrieden, der sich im Detail in die schiffbaulichen Entwürfe einbrachte und immer wieder Änderungen der Pläne verlangte. Gerade dieses nie fertiggestellte Schiff, von dem nur sehr wenige Fotos erhalten sind, soll hier historisch und fotografisch etwas genauer dokumentiert

werden, da es kaum Informationen darüber in der Fachliteratur gibt.

In Frankreich gebaut

Bei der Gründung des Deutschen Reichs 1871 war der Aviso *Grille* als Staatsyacht für das Preußische Königshaus im Einsatz und wurde zur ersten kaiserlichen Staatsyacht des Deutschen Reiches. Das Schiff war im Ausland bestellt und gebaut worden, denn preußische Werften hatten damals noch recht wenig Erfahrung im modernen Kriegsschiffbau. Am 9. September 1857 lief das Schiff auf der Werft Augustin Normand in Le Havre in Frankreich vom

Nicht immer zuverlässig: Der Radantrieb bereitete zuweilen Schwierigkeiten, da das Steuern mit dem Ruder bei Radantrieb nicht möglich war
Foto: picture-alliance/WZ-Bilddienst

Stapel, die Indienststellung erfolgte im Juni 1858.

Die technischen Hauptdaten des Dreimastschoners mit Dampfmaschine waren durchaus bescheiden: Maximalverdrängung 491 Tonnen (Konstruktion 350 Tonnen), Länge über alles 56,9 Meter, Breite 7,4 Meter, Tiefgang 3,2 Meter, 13,2 Knoten Geschwindigkeit und ca. 75 Mann Besatzung; die Segelfläche umfasste 436 Quadratmeter. Aufgrund der recht geringen Größe und wegen mangelnder Seetüchtigkeit war das Schiff für kaiserliche Repräsentationszwecke des erstarkenden Reiches bald nicht mehr wirklich geeignet.

Es diente später u.a. als Schulschiff, zeitweise als Admiralitätsyacht und wurde erst 1920 in Hamburg abgewrackt. In den 1870er-Jahren wurde in Kiel eine neue, wesentlich größere Staatsyacht gebaut, die am 5. Juli 1876 bei der Norddeutschen Schiffbau A.G. vom Stapel lief (spätere Germaniawerft) und den Namen *Hohenzollern* I erhielt; dieser kaiserliche Raddampfer ist im April 1880 in Dienst gestellt worden und war bereits deutlich größer.

Das Schiff wurde intensiv für Staatsbesuche und andere Reisen verwendet, besonders ab 1888, als der stets reisefreudige Wilhelm II. den Thron bestieg. Er fuhr damit in der Ostsee u.a. zum Besuch beim Zaren in St. Petersburg, verwendete es zu seiner ersten Nordlandreise nach Norwegen 1889, die ihn bis hinauf zum Nordkap führte, aber auch zu diversen Mittelmeerreisen, nach Korfu und zum Sultan in Konstantinopel.

Der Raddampfer galt als recht gutes Seeschiff, aber mit dem immer stärkeren Aufkommen der Schiffsschraube stellte sich zunehmend die Frage nach einem effizienteren Antrieb. Das Schiff war insgesamt technisch veraltet, nicht mehr wirklich repräsentativ und der Kaiser damit nicht mehr zufrieden. 1892 erfolgte die Umbenennung in *Kaiseradler*, als parallel eine neue Yacht auf den Namen *Hohenzollern* getauft wurde.

Als kaiserliche Reserve

Der alte Raddampfer fand aber weiterhin als quasi Reserve-Staatsyacht Verwendung, letztmals im Juni 1895. Da nahm die *Kaiseradler* an der Einweihung des Kaiser-Wilhelm-Kanals teil, aber nicht mit dem Kaiser selbst, sondern u.a. mit König Albert von Sachsen, König Wilhelm II. von Württemberg und Prinzregent Luitpold von Bayern an Bord. 1909 aus der Liste der deutschen Kriegsschiffe gestrichen, ist die *Kaiseradler* 1912 in Danzig schließlich abgebrochen worden.

Die Abkürzung „I.R." steht für „Imperator Rex", also „Kaiser und König" und wurde seit der Reichsgründung 1871 als

Steuerbordansicht der *Hohenzollern* II mit der Kaiserstandarte im Topp Foto: picture-alliance/WZ-Bilddienst

üblicher Namenszusatz der deutschen Kaiser verwendet. Nein, „I.R." stehe für „Immer Reisefertig", lästerten die deutschen Untertanen über ihren Kaiser Wilhelm II., die den populären Monarchen aber durchaus verehrten. In den 1880er-Jahren drängte er immer nachhaltiger auf ein moderneres und repräsentativeres Schiff als Staatsyacht. Nach einigem hin und her und politischen Querelen um die Finanzierung wurden die Mittel vom Reichstag aus dem Etat 1889/90 genehmigt; de facto als Kriegsschiff, d.h., weil es im Mobilmachungsfall bewaffnet und als Aviso verwendet werden sollte, was aber so nie ganz glaubhaft war.

1893 in Dienst gestellt

Besonders beachtenswert ist der aus der Zeit gefallene Rammbug, der wohl zu einem guten Teil Admiral Tegetthoffs Sieg (unter erfolgreicher Einbeziehung der Rammtaktik) in der Schlacht von Lissa 1866 geschuldet war und den noch bis zum Ersten Weltkrieg viele Kriegsschiffe führten.

FAMILIE *HOHENZOLLERN*

Technische Daten im Vergleich

***Hohenzollern* I**
Maximalverdrängung 1.962 t
(Konstruktion 1.707 t), Länge über alles 90,65 m,
Breite 10,36 m, Tiefgang 4,66 m,
zweizylindrige Dampfmaschine
mit 3.000 PS für 15,7 kn Geschwindigkeit,
ca. 150 Mann Besatzung, Segelfläche 356 m²

***Hohenzollern* II**
Maximalverdrängung 4.460 t
(Konstruktion 4.180 t), Länge über alles 122 m,
Breite 14 m, Tiefgang 6,2 m,
zwei stehende Dreizylinder-Verbunddampfmaschinen mit 9.588 PS, zwei Wellen,
Geschwindigkeit 21,5 kn,
ca. 350 Mann Besatzung, 12 Offiziere

***Hohenzollern* III**
Maximalverdrängung 8.094 t
(Konstruktion 7.324 t), Länge über alles 137,4 m,
Breite 19 m, Tiefgang 6,4 m,
Turbinenantrieb (drei AEG-Dampfturbinen
mit ca. 30.000 PS, gemischte Feuerung
über acht Kohle-Marinekessel und zwei
Öl-Marinedoppelkessel), ausgelegt für 21 kn
Geschwindigkeit (nach anderen Quellen
bis zu 24 Knoten), drei Wellen,
ca. 450 Mann Besatzung, 15 Offiziere

Im Sognefjord: Hier hielt sich Kaiser Wilhelm besonders gern auf. Hinter der Yacht das Depeschenboot *Sleipner*, das in der Regel an der Seite der *Hohenzollern* blieb. Gemalt hat das Bild der bekannte Marinemaler Hans Bohrdt (1857–1945). Der Titel des Bildes lautet: „Balholm 17.7.1911, Kaiserreise“
Foto: Privatbesitz des Autors

Kaiser Wilhelm II. mit Offizieren an Bord der *S.M.Y. Hohenzollern* während der Nordlandreise 1912. Von links nach rechts: Marine-Oberingenieur Bube, Kapitänleutnant Schwertfeger, Kaiser Wilhelm II., Korvettenkapitän Raeder (1935–1943 Oberbefehlshaber der Kriegsmarine), Kapitänleutnant Mann
Foto: picture-alliance/WZ-Bilddienst

Gebaut wurde der Aviso bei Vulcan in Stettin, am 27. Juni 1892 erfolgte der Stapellauf, der Name war wieder *Hohenzollern*; Taufpatin war die Kaiserin, Auguste Viktoria. Der gleichnamige Raddampfer, also die alte Kaiseryacht, erhielt an diesem Tag den Namen *Kaiseradler*, ein erst kürzlich unter diesem Namen vom Stapel gelaufener Kreuzer der Kaiserlichen Marine wurde in *Seeadler* umbenannt. Am 8. April 1893 ist die *Hohenzollern* II in Dienst gestellt worden.

Dieses Schiff gelangte aufgrund seiner intensiven Nutzung durch Wilhelm II. zu erheblicher, ja sogar weltweiter Berühmtheit. Der Anstrich der kaiserlichen Yacht war weiß, wie er üblicherweise auch für deutsche Auslandskreuzer verwendet wurde, Schornsteine gelb, leichte Bewaffnung war vorhanden: ursprünglich acht Schnellfeuergeschütze Kaliber 5,0 cm L/40, später reduziert auf zwei Salutgeschütze 5,2 cm L/55, aber mit entsprechenden Plänen zur Steigerung im Fall der Verwendung als Kriegsschiff bei Mobilmachung. Vorgesehen waren drei Geschütze im Kaliber 10,5 cm L/35 plus weitere leichte Artillerie. Als Begleitschiff der Yacht diente ab 1900 das Depeschenboot *Sleipner* (ex Torpedoboot S 97).

Reisen und Regieren

Viele Monarchen der Welt hatten und haben ihre eigenen Yachten, aber niemand lebte und regierte bis dahin so von seinem Schiff aus wie Wilhelm II. War schon der Raddampfer *Hohenzollern* in häufiger Verwendung gewesen, so war die Reisetätigkeit mit der neuen Staatsyacht wohl einzigartig. Wilhelm „begriff Reisen und Regieren gleichsam als festgefügte Einheit“, wie Birgit Marschall in ihrer Disser-

Herrscher an Bord: Der Kaiser auf seiner Nordlandreise 1913 in gelöster Stimmung
Foto: picture-alliance/Ullsteinbild/Haeckel Archiv

tation über Wilhelms Nordlandfahrten schrieb.

Kaiser Wilhelm II. hat insgesamt ca. viereinhalb Jahre seines Lebens (!) auf und mit dem Schiff verbracht, etwa 1.600 Tage hat es die Kaiserstandarte im Topp geführt. Die Fahrtgebiete für die Reisen lagen durchwegs in Europa und im Mittelmeer: Ostsee, Nordsee, jährliche Nordlandreisen (26!) und häufige Mittelmeerreisen. Überseereisen waren aber nicht dabei. Nur im Jahr 1902 unternahm das Schiff eine Reise nach Übersee, nämlich nach New York, allerdings mit Prinz Heinrich, dem jüngeren Bruder des Kaisers und Protektor des Deutschen Flottenvereins, der den Dienstrang eines Großadmirals führte.

Die *Hohenzollern* II wird allgemein als nicht sonderlich gutes Seeschiff beschrieben, es begann bei Seegang bereits recht früh und stark zu schlingern. Nach Kriegsausbruch 1914 unterblieb eine Verwendung zu Kriegszwecken, der militärische Wert war gering, eine aufwendig installierte Bewaffnung erschien nicht sinnvoll. 1920 wurde es als Kriegsschiff offiziell ausgemustert und das einst im In- und Ausland so berühmte Schiff dann im Jahr 1923 abgewrackt.

Planung für Ersatz

Kaiser Wilhelm drängte im ersten Jahrzehnt des 20. Jahrhunderts zunehmend auf einen Neubau seines Schiffes. Im Jahr 1911wurde die Planung für einen Ersatzbau der kaiserlichen Yacht *Hohenzollern* II begonnen, der Projektname für das neue Schiff im Amtsentwurf 1912/13 lautete „Ersatz Hohenzollern“, intern wurde es auch häufig als *Hohenzollern* Nr. III. bezeichnet.

Den Bauauftrag erhielt (offiziell erst im letzten Friedensjahr 1913) erneut die Stettiner Werft AG Vulcan, die schon die *Hohenzollern* II gebaut hatte. Wilhelm II. brachte sich immer wieder in die Entwür-

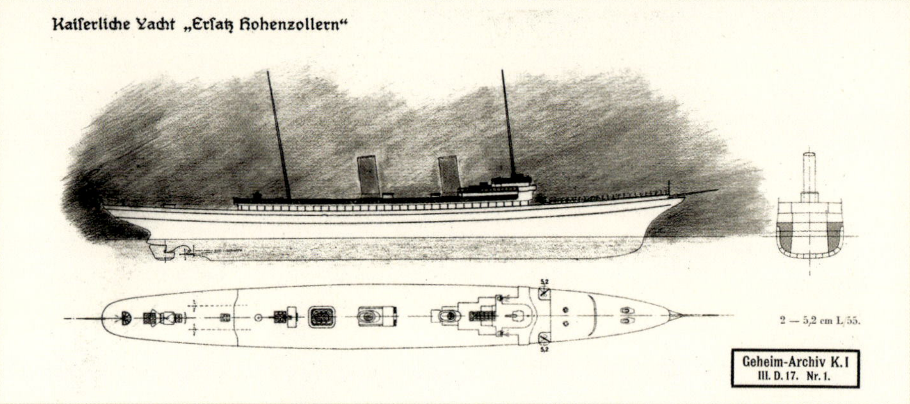

Amtliche Skizze der kaiserlichen Yacht „Ersatz Hohenzollern“, als *Hohenzollern* III bezeichnet Foto: Sammlung Reinhard Kramer

fe ein und forderte zahlreiche Änderungen, so soll allein die Form des Stevens auf sein Verlangen hin 27-mal geändert worden sein. Das Schiff war deutlich größer geplant als sein Vorgänger.

Potenzielles Kriegsschiff

Die parlamentarische Genehmigung (im Etatjahr 1913) war wieder mit der potenziellen Verwendung als Kriegsschiff verknüpft. Es waren deshalb im Mobilmachungsfall vier Geschütze im Kaliber 10,5 cm L/45 plus weitere leichte Artillerie vorgesehen, friedensmäßig nur zwei kleine 5,2 cm L/50 als Salutgeschütze. Die Kiellegung erfolgte im Frühjahr 1913, bei Kriegsbeginn 1914 stand das Schiff baulich ca. acht Monate vor der Fertigstellung. Für den 1. Dezember 1914 war die erste Probefahrt geplant. Der schiffs- und technikbegeisterte Wilhelm hätte es sich mit Sicherheit nicht nehmen lassen, sein neues Prestigeobjekt und maritimes „Spielzeug“ bei dieser Gelegenheit persönlich der Öffentlichkeit vorzustellen.

Der Bau der repräsentativen Yacht stand aber zeitlich unter keinem guten Stern. Am 28. Juni wurde Österreichs Thronfolger Erzherzog Franz Ferdinand in Sarajevo ermordet, Europa schlitterte aufgrund des bestehenden Bündnissys-

Stapellauf der „Ersatz Hohenzollern“ am 29. September 1914 bei Vulcan in Stettin, ohne Anwesenheit des Kaisers bzw. ohne Feierlichkeiten; nur drei überdimensional große Reichskriegsflaggen zeugen von einem „bedeutsamen“ Ereignis, am Bug die Gösch für Kriegsschiffe
Foto: Sammlung Reinhard Kramer

tems in den Ersten Weltkrieg. Der für den 3. August 1914 geplante Stapellauf verzögerte sich, u.a. durch Streiks hervorgerufen, und fand erst am 29. September 1914 statt, also bereits mitten im Krieg. Dabei fanden keinerlei Feierlichkeiten statt, es waren lediglich einige überdimensional große Reichskriegsflaggen an Bord gehisst worden.

Da es beim Stapellauf keine Taufe auf die *Hohenzollern* gab, wurde somit auch noch keine Umbenennung der alten Yacht notwendig. Auch der erwartete bzw. weithin kolportiere Schiffsname *Hohenzollern* III bleibt damit Spekulation, denn er wurde nie offiziell vergeben.

1918 wieder in Stettin

Der Weiterbau musste kriegsbedingt unterbrochen bzw. aufgegeben werden, aber entgegen zahlreicher Angaben in der Fachliteratur kam der Baustopp nicht sofort. Einige der wenigen erhaltenen Fotos zeigen beispielsweise, dass das Schiff 1914 ohne Schornsteine vom Stapel lief, diese aber später doch noch aufgesetzt wurden. Auch am Rumpf wurde ganz offensichtlich zeitweise im Krieg weitergearbeitet, wie diverse Baugestelle belegen.

Beim Baustopp waren ca. 4.000 Tonnen Material im Schiffsinneren verbaut, die Turbinen jedoch noch nicht installiert. Die unfertige Yacht wurde ca. 1916 in einen Nebenarm der Oder geschleppt, um den kriegswichtigen Werftplatz in Stettin nicht weiter zu blockieren.

Im März 1918 verlegte das Schiff zum Union Bollwerk am Oderufer in Stettin, wo es das Kriegsende erlebte. Am 17. November 1919 als Kriegsschiff offiziell aus der Schiffsliste gestrichen, ist es dann zur kommerziellen Veräußerung freigegeben worden.

Im Jahr 1920 wurde die unfertige Kaiseryacht nach Kiel geschleppt. Versuche des Verkaufs bzw. der gewinnbringenden Nutzung des Schiffes nach dem Krieg scheiterten aber trotz mehrerer Anläufe. Das gesamte Design war auf eine repräsentative Staatsyacht ausgelegt und für eine zivile Verwendung zu spezifisch. Auch ungewöhnliche Ideen, wie die mögliche Verwendung als Ausstellungsschiff für internationale Veranstaltungen, erwiesen sich als nicht umsetzbar und finanziell zu aufwendig.

Die vermeintlich künftige Kaiserliche Yacht in den Vulcanwerken Stettin, Dezember 1915. Entgegen anderslautenden Aussagen schritt der Bau im Krieg voran, wie die beiden aufgesetzten Schornsteine und diverse Baugestelle am Bug und am seitlichen Rumpf belegen Foto: Sammlung Reinhard Kramer

Modell der eleganten und schnittigen Kaiserlichen Yacht, deren Indienststellung Anfang 1915 hätte erfolgen sollen
Foto: Sammlung Reinhard Kramer

1923 kam dann schließlich ein wenig ertragreicher Verkauf durch die Reichs-Treuhand-Gesellschaft zustande, allerdings nur noch zum Schrottpreis. Noch im gleichen Jahr erfolgte bei den Deutschen Werken in Kiel der Abbruch der letzten, glücklosen und unfertig gebliebenen kaiserlichen Staatsyacht.

DER AUTOR
Wilhelm M. Donko war österreichischer Botschafter in Thailand und ist Autor zahlreicher Standardwerke zur k.u.k Marine

LEGENDE DER DDR-HANDELSFLOTTE

Drama um *MS Georg Büchner*

Obwohl das Schiff als *Charlesville* bereits 1950 vom Stapel lief, fungierte die *MS Georg Büchner* als Fracht- und Ausbildungsschiff der Deutschen Seereederei erst ab 1967. Ein Blick in die bewegende Geschichte bis zu ihrem Untergang 2013 und die Berufsausbildung an Bord

Von Dieter Flohr

Da braut sich was zusammen: Graue Wolken über der *Georg Büchner* im Stadthafen von Rostock, Mai 2013
Foto: picture-alliance/ZB/Bernd Wüstneck

Es war ein schwarzer Tag für die Handelsschifffahrt im Osten Deutschlands, jener 28. Mai 2013. Gegen Mittag wurden die Festmacherleinen des Lehr- und Ausbildungsschiffes *Georg Büchner* im Rostocker Stadthafen losgeworfen, und unter Anteilnahme zahlreicher trauriger Seeleute, und unter dem Geheul der Typhoons und Sirenen vieler Schiffe verließ der polnische Schlepper *Ajaks* mit der legendären schwimmenden Lehrbasis der Deutschen Seereederei Rostock die Warnow und nahm Kurs auf Klaipeda.

Nach vielen gescheiterten Rettungsversuchen war das Schiff aus der Rostocker Denkmalliste gestrichen und zum Verschrotten verkauft worden. So manches tränenumflorte Auge schaute ihm von der Warnemünder Mole hinterher.

Neue Wege nach dem Krieg

Dann trifft am 30. Mai die Schocknachricht in Rostock ein: Die stolze *Georg Büchner* ist auf Höhe der Halbinsel Hela auf mysteriöse Weise gesunken. Damit geht eine in der Welt der Handelsschifffahrt einmalige Art und Weise der Ausbildung von Seeleuten an Bord von im Dienst stehenden Frachtlehrschiffen und vor allem dem landgebundenen Lehrschiff *Georg Büchner* abrupt zu Ende.

Um die Not der Bevölkerung im deutschen Osten nach dem verheerenden Krieg einigermaßen zu lindern, war es unabdingbar, Hochseefischerei und Handel über See für die gerade gegründete DDR wieder in Gang zu setzen. Doch es fand sich nur ein einziger übrig gebliebener seegehender Dampfer mit der 1903 gebauten und nun desolaten *Grete Cords* (917 BRT). Alle anderen Schiffe waren vor der heranrückenden Roten Armee in den Westen Deutschlands entflohen.

Wieder fahrbereit gemacht, lief das Schiff, nun als Dampfer *Vorwärts* unter dem Kommando des alten Kapitäns Beykirch wieder aus. An Bord 28 Mann Besatzung und auch schon 18 Matrosenlehrlinge. Andere Lehrlinge wurden in verschiedenen Betrieben, die über Arbeitsschiffe verfügten, wie bei der Bergungsfirma Stralsund, dem Seehydrographischen Dienst und der im Aufbau befindlichen Hochseefischerei ausgebildet. Die Sonderheit in Ostdeutschland war, dass das Bildungsministerium der jungen DDR am 1. Oktober 1950 bereits verfügt hatte, dass es künftig für Seeleute eine regelrechte Berufsausbildung geben müsse, die mit dem Facharbeiterbrief als Vollmatrose endet.

So schlossen 1954/55 aber erst 18 Prüflinge ihre Ausbildung erfolgreich ab. Auch im Westen Deutschlands wollte man den Seemannsberuf neu ordnen und änderte die alte deutsche Schiffsbesetzungsordnung, die sich für die damalige Situation als nicht mehr zeitgemäß erwies. Man wollte für die neu und modern aufzubauende Handelsflotte zeitgemäß ausgebildetes Personal haben.

Heckansicht der *Büchner*, rechts das DDR-Traditionsschiff *Frieden*, das erste des Motorschiffstyps IV, deswegen auch *Typ Frieden* genannt
Foto: Sammlung Flohr

Die Schiffsbesetzungsordnung vom 24. März 1952 legte den neuen Berufsweg des Deckspersonals fest und führte für Matrosen den Lehrberuf mit Prüfung und Matrosenbrief ein. Der Weg führte nun über die Schiffsjungenschulen, die für alle Newcomer verbindlich war. Die Matrosenprüfung war gleichsam die Lehrabschlussprüfung vor einer Prüfungskommission der Ausbildungsinspektion für die Han-

Fracht- und Lehrschiff: Nach 1977 als stationäres Ausbildungsschiff für Matrosenlehrlinge genutzt

Foto: Seeleute e.V.

Matrosenlehrlinge auf dem Weg zum Liegeplatz der *Georg Büchner*; im Hintergrund das Traditionsschiff *Typ Frieden*

Foto: Jürgen Sindermann

delsschifffahrt. Die Befähigung zum „Matrosen in der Seeschifffahrt" wurde damit offiziell zuerkannt, und mit dem Zeugnis der abgelegten Prüfung bekam man vom Seemannsamt den Matrosenbrief. Damit war auch im Westen der „Gemeine Decksmann als angelernter Transportarbeiter ohne besonderen Berufschulsabschluss" überwunden.

Vier Schiffe der See-Reederei

Im Osten Deutschlands schlug man einen anderen Weg ein. Die 1952 in der DDR gegründete Deutsche Seereederei wuchs nach Außerdienststellung des Dampfers *Vorwärts* mit den auf der Rostocker Neptunwerft gebauten Dampfern *Wismar* und *Rostock* sowie *MS Stralsund* zügig auf und nahm dann ab 1956 die Berufsausbildung in eigene Regie, ohne dass es außer Notbehelfen in Baracken jemals eine landgestütztes und würdiges Ausbildungsgebäude für Matrosen gab.

Als dann jedoch der Ankauf von Alttonnageschiffen beschlossen wurde, schwor der damalige Leiter der Berufsschule das Bildungsministerium in Berlin, etwas Grundlegendes für seine Jungs zu tun, und schlug vor, nunmehr Lehrfrachtschiffe für die Ausbildung zu nutzen. Tatsächlich kamen dann nacheinander vier solcher Schiffe beim VEB Deutsche Seereederei zum Einsatz: 1958 die *Heinrich Heine* (ex *Mar del Plata*) mit 100 Lehrlin-

KAPITÄN AUF GROSSER FAHRT (PATENT A6)

Lothar Borbe erinnert sich

„Für eine Ostasienreise mit *MS Berlin*, einem der legendären Typ-IV-Schiffe der Friedenklasse, wurde ich als Ausbildungsoffizier eingesetzt. Zu den jüngsten Musterungen an Bord gehörten auch acht Lehrlinge. Sie hatten ihr landseitiges erstes Lehrjahr an der Betriebsschule Flotte und auf der *Georg Büchner* am Warnowufer vorfristig beendet und fieberten nun ihrer ersten Seereise entgegen.
Vorerst galt es für sie, ‚ihr' Schiff kennenzulernen. Die wichtigsten Daten: Motorschiff *Berlin*, Heimathafen Rostock, Rufzeichen DAVL, Registernummer 2319, Bauwerft Warnow Werft Warnemünde. (...)
Dann der obligatorische Schiffsrundgang, Kennenlernen der Rettungsboote und Einweisung in die Schiffssicherheitsrolle. Für die Lehrlinge war es vorerst nur wichtig, welche Stellplätze bei den verschiedenen Sicherheitsmanövern einzunehmen waren und wie sie diese auf schnellstem Wege erreichen konnten. Dann ein Blick in den gewaltigen Maschinenraum, dem künftigen Arbeitsplatz für die Maschinenlehrlinge. Das alles sollten sie in relativ kurzer Zeit beherrschen lernen. ‚Das schaff' ich nie!' stöhnte der Lehrling Roberto Schulz. Er sprach nur das aus, was auch die anderen dachten.
Die Lehrlinge aber waren nicht einfach nur Lehrlinge. Ihre exakte Dienststellung lautete: Vollmatrosenlehrling Spezialisierung Deck bzw. Spezialisierung Maschine. Wir hatten auf der *Berlin* Lehrlinge beider Spezialisierungsrichtungen an Bord. Die Reise führte sie dann über Mittelmeer, Suezkanal, Rotes Meer, Singapore, Haiphong, Hongkongs und Schanghai und sollte sieben Monate dauern!"

Das Erklimmen der Jakobsleiter war für alle Lehrlinge eine Mutprobe
Foto: Seeleute e.V.

gen, 59 Praxisplätzen und zwei Klassenräumen, *Theodor Körner* (ex *Copacabana*) und 1962 die *Johann Gottlieb Fichte* (ex *Claude Bernard*), die schon 170 Lehrlinge an Bord nahm und über vier Klassenräume verfügte.

Ihr folgte 1967 das in Antwerpen erworbene ehemalige Fracht- und Passagierschiff (Kongoschiff) *Charlesville* (11.060 BRT), das unter dem Namen *Georg Büchner* in den Liniendienst „Cubalco" nach Kuba und Mexiko ging. Sie konnte 190 Lehrlinge und 20 Ausbilder an Bord nehmen, hatte 50 Mann Stammbesatzung und konnte maximal 17,5 kn erreichen. Die Lehrlinge wurden unmittelbar nach Abschluss der 10. Klasse eingestellt und legten nach zweijähriger Lehrzeit ihre Seemannsprüfung ab. Bei allen Vorteilen, die diese Bordausbildung im Liniendienst mit sich brachte, stellte sich heraus, dass eine Reihe von notwendigen seemännischen Handhabungen kaum geübt werden konnte.

So ließen sich der Lade- und Löschbetrieb, die verschiedenen Decksmaschinen im laufenden Seebetrieb schwerlich für Trainings nutzen, und auch im Maschinenbetrieb ließ sich kaum an den im Einsatz befindlichen Haupt- und Hilfsmaschinen übungsweise „schrauben". Da jedoch die DDR-Schiffe aufgrund der internationalen Nichtanerkennung ihres Heimatlandes stets darauf angewiesen waren, eventuell erforderliche Reparaturen mit bordeigenen Mitteln und ohne weltweite Werfthilfe zu beheben, wurde der Beschluss gefasst, die *Georg Büchner* außer Dienst zustellen, umzubauen und schließlich ab 5. November 1977 als stationäres Lehr- und Ausbildungsschiff an einem neuen Liegeplatz in Rostock-Schmarl gleich neben dem Traditionsschiff *Frieden* (ex *Dresden*) zu vertäuen. Dies bot nun viel bessere Möglichkeiten, sodass die Lehrlinge alle erforderlichen Fähigkeiten erwerben konnten, die sie für ihren späteren Einsatz auf den über 200 DDR-Frachtschiffen benötigten.

Georg Büchner als Ausbildungsschiff

Jahr für Jahr absolvierten von nun an 500 bis 700 Lehrlinge die Betriebsschule der DSR. Darunter befanden sich auch zehn Prozent Berufsschüler, die zugleich zum

Abitur geführt wurden, was die Möglichkeit einschloss, nach der Ausbildungszeit auch zur Fach- und Hochschulausbildung zu wechseln und zum Seeoffizier bzw. zum Schiffsingenieur qualifiziert zu werden und die dazu notwendigen Patente zu erwerben. Pro Jahr standen 1.100 Lehrlinge in der Ausbildung. Langjähriger und anerkannter Leiter dieser schwimmenden Seefahrtsschule war der legendäre Kapitän Schickedanz, der vor allem auf strikte Disziplin und Ordnung an Bord großen Wert legte.

Von 1952 bis 1989 wurden 13.800 Vollmatrosen an der Betriebsschule Flotte, wie sie schließlich genannt wurde, ausgebildet. Ab 1988 gab es dann nach zweieinhalb Jahren Lehrzeit sogar das Berufsbild „Matrose der Handelsschifffahrt" und zwar untergliedert in Decksbetriebstechnik, Elektrotechnik und Elektronik, Maschinenbetriebstechnik und auch Technische Flotte und Hochseefischerei.

Routine an Bord: Morgenappell auf dem Fracht- und Lehrschiff *Johann Gottlieb Fichte*, die Schüler noch mit „Wäsche außen"

Foto: Slg. Harry Wenzel

Moderne Einrichtung

Zu diesem Zweck war die *Georg Büchner* in der Stettiner Werft umfangreich umgebaut worden. Vor allem musste der herkömmliche Vormast weichen, der ursprünglich das alte Ladegeschirr trug. Nun bekam das Schiff dafür einen starken Kran mit moderner Umschlagtechnik, wodurch die Ausbildung der Decksmänner verbessert wurde. Für die Lehrlinge und Ausbilder sowie für die Stammbesatzung waren Einzel- und Mehrmannkammern vorhanden. In den vier klimatisierten Schulungsräumen konnte auch in tropischer Hitze der theoretische Unterricht stattfinden.

Eine Besonderheit war die Hauptmaschine mit 9.250 PS. Sie galt als eine Rarität, weil von diesem doppelt wirkenden Zweitakt-Gegenkolben-Diesel mit Aufladung nur wenige Exemplare existierten. Hergestellt wurde dieser Motor in Lizenz von Burmeister & Wain in Kopenhagen. Eine weitere Besonderheit war die im Original erhaltene Kammer des belgischen Königs, in der er während seiner Ausbildung auf dem Kongoschiff gewohnt hatte. Gerade deshalb gab es in Belgien das Interesse eines Traditionsvereins, das Schiff heimzuholen, was aber am Geldmangel scheiterte.

Der Untergang

Schon beim Ablegen des Schleppverbands im Rostocker Stadthafen am 28. Mai 2013 konnten die zahlreichen Augenzeugen bemerken, dass die *Georg Büchner* leichte Schlagseite nach Steuerbord hatte. Das Schiff war allerdings von mehreren Experten als „seetüchtig" erklärt worden. Merkwürdig aber war, dass der Schlepperkapitän bereits am Vormittag des 30. Mai meldete, dass die *Büchner* weit nach Steuerbord krängte. Es vergin-

TECHNISCHE DATEN

Georg Büchner (ex *Charlesville*)

Bauwerft	J. Cockerill S.A. Hoboken
Stapellauf	12. August 1950
Länge	153,66 m
Breite	19,6 m
Tiefgang	8,4 m
Verdrängung	10.901 t / 11.090,091 BRT
Besatzung	140
Maschine	1 x doppeltwirkender Achtzylinder-Zweitakt-Diesel, Burmeister & Wain-Cockerill
Leistung	9.250 PS
Geschwindigkeit	17,5 kn
Ausbildungsplätze	190 (entspr. Passagiere als Truppentransporter)

gen noch fast zehn Stunden, bis das Schiff kenterte und auf Grund ging.

Was geschah in jenen Stunden, und was wurde unterlassen? Der aufgezeichnete Kurs des Schleppverbands zeigt in dieser Zeit einen unerklärbaren Zickzackkurs und einen Drehkreis. Das ließ andererseits darauf schließen, dass versucht wurde, das Schiff aufzurichten oder auch die Schlagseite zu verstärken, um das Sinken zu beschleunigen. Auch wurde vermutet, dass es sich dabei um ein klassisches Mann-über-Bord-Manöver handelte. Wurden also Personen aus dem Meer gefischt?

Als dann die Nachricht vom Untergang des Schiffes an der polnischen Küste eintraf, überschlugen sich die Spekulationen von zahlreichen „Besserwissern" geradezu. Es wurde vermutet, dass Nieten im Unterwasserbereich durchgerostet sein konnten, dass die Öffnungen für das Kühlwassersystem der Maschine wohl kaum richtig dicht gewesen seien und vor allem dass die für den Wohnbereich der Lehrlinge nachträglich eingebrannten Bullaugen in der Wasserlinie wohl kaum mit Panzerblenden dicht geholt worden waren. Außerdem hatte man beim Auslaufen noch mindestens drei Personen an Oberdeck sehen können. Wer waren diese Personen, wo waren sie abgestiegen, und welche Aufgaben hatten sie, außer dass sie die Schleppleine wahrnehmen mussten? Das Schiff war nach jahrelanger Liegezeit am Ufer der Warnow wahrscheinlich vom festen Grund gezerrt worden, um den Korpus in den Stadthafen als Hotelschiff zu überführen. Konnte der alte Schiffsboden dem überhaupt noch standhalten?

Schnell stand der Verdacht des Versicherungsbetrugs im Raum. So wurde von einer Versicherungssumme von vier Millionen Euro gemunkelt. Ein russischer Schrotthändler soll 900.000 Euro gezahlt haben, wovon die Stadt Rostock noch 90.000 Euro bekommen haben soll. Polen, das nun ein großes Wrack in seinen Territorialgewässern vor der Haustür hatte, verbot nicht nur die Sporttaucherei am Wrack, sondern stellte auch jedwede Seegerichtsverhandlung ein. Es hieß, dass die *Büchner* nicht mehr als Seeschiff, sondern nur noch als Landeinrichtung zu betrachten sei. Der Fall bleibt also ungeklärt, und ein großartiges Stück Seefahrtsgeschichte hatte ein trauriges Ende gefunden.

Der polnische Schlepper *Ajaks* hat mit der *Georg Büchner* den freien Seeraum erreicht
Foto: Seeleute e.V.

Das Ende: Die *Georg Büchner* kentert über Steuerbord. Die Schleppleine ist bereits gekappt
Fotos: Wikipedia/Gemeinfrei

DER AUTOR
Dieter Flohr ist ehemaliger Angehöriger der Volksmarine und langjähriger Autor bei „Köhlers FlottenKalender"

Aufmarsch zur Schlacht: Dem Flottenflaggschiff *SMS Friedrich der Große* folgte das I. Geschwader mit den Schlachtschiffen der *Helgoland*- und *Nassau*-Klasse
Foto: picture-alliance/akg

VOR 110 JAHREN: KAMPF DER WELTGRÖSSTEN FLOTTEN

Inferno in der Nordsee

Am Nachmittag des 31. Mai 1916 trafen etwa 80 Seemeilen westlich der Jammerbucht vor dem Skagerrak die Spitzenschiffe der beiden stärksten Flotten der Welt aufeinander. Diese epochale Seeschlacht war und bleibt voraussichtlich die größte und letzte der Geschichte zwischen Artillerie tragenden Großkampfschiffen. Mit einem Ausgang, der die britische Seeherrschaft bestätigte

Von Dr. Guntram Schulze-Wegener

Die Nachricht verbreitete sich wie ein Lauffeuer. Auf die offizielle Verlautbarung des deutschen Admiralstabs noch am Abend des 1. Juni 1916, es habe sich „zwischen Skagerrak und Hornsriff eine Reihe schwerer für uns erfolgreicher Kämpfe“ ergeben, folgten gesellschaftsweit siegestrunkener Überschwang und Jubelstimmung.

Den in seiner Klarheit nicht zu übertreffenden Höhepunkt der Siegesmeldungen von der Skagerrak-Schlacht, die selbst den Vergleich mit Tsushima 1905 und Trafalgar 1805 nicht scheuten, setzte Kaiser Wilhelm II. bei seiner Ansprache am 5. Juni in Wilhelmshaven: „Die englische Flotte wurde geschlagen!“ In den Folgemonaten verdeutlichten zahllose schriftliche und in Gemälden, Aquarellen und Zeichnungen visualisierte glorifizierende Schlachtdarstellungen, wer der vermeintliche Sieger vor dem Skagerrak war.

Später erst und vor dem Hintergrund abwägender Analysen brach sich die ernüchternde Erkenntnis Bahn, dass die deutsche Hochseeflotte zwar tapfer gekämpft und sich als ebenbürtiger Gegner der Briten erwiesen, aber keineswegs einen Sieg gegen die Royal Navy errungen hatte. Denn deren strategisch überlegene

Position blieb trotz erheblich höherer Verluste an Menschen und Schiffen unangetastet, während die schweren deutschen Einheiten bis Kriegende kaum mehr ihre Liegeplätze verließen und so zu einer Missstimmung beitrugen, die sich katastrophal auf den inneren Zusammenhalt der Flotte auswirken sollte.

Marine im Zugzwang

Diese Entwicklung war freilich nicht vorherzusehen, als die Führung im Angesicht der schwer ringenden Landheere Anfang 1916 von der im Krieg bislang blass gebliebenen Marine lebhaftere Betätigung einforderte. Das bedeutete eine offensivere Seekriegführung mit U-Booten und Minen, durch Handelskrieg im Nordatlantik, mit den Luftschiffen und den Hochseestreitkräften.

Das Heer kämpfte bereits bis zum Äußersten, in die ab Frühjahr 1916 voll entbrannte Materialschlacht vor Verdun legten Generalstab wie Admiralstab, die vorübergehend Ansätze operativer Zusammenarbeit zeigten, daher die größten Hoffnungen. Wenn die Marine jetzt einen großen Erfolg verbuchen würde, und genau das deutete sich an, als der Kaiser dem seit 18. Januar 1916 amtierenden neuen Chef der Hochseeflotte Vizeadmiral Reinhard Scheer Handlungsfreiheit gab, könnte sich das Kriegsglück zugunsten der Mittelmächte wenden.

Zwar drängte die Zeit, da die wirtschaftliche Lage in Deutschland mehr als kritisch war und die k.u.k.-Monarchie schwächelte. Aber insgesamt stand es militärisch nicht schlecht: Bulgarien war Verbündeter und die Türkei entlastet; Russland, Serbien und Rumänien standen mehr oder weniger unter Kontrolle. Ginge Frankreich vor Verdun in die Knie, würde Großbritannien in sechs bis acht Monaten einbrechen, errechnete der Admiralstab.

Auch jetzt strebte Scheer keine Entscheidungsschlacht gegen die Navy an, sondern dachte mehr an Teilerfolge durch abermalige Vorstöße gegen die britische Ostküste, die zudem die Existenzberechti-

DIE GEGNER IM VERGLEICH

244 Rohre gegen 344 Rohre

Hochseeflotte

Stärke	16 Schlachtschiffe, 6 ältere Linienschiffe, 5 Schlachtkreuzer, 11 Kleine Kreuzer, 61 Torpedoboote
Geschütze	244 (Kaliber max. 30,5 cm), 227 Treffer
Befehlshaber	Vizeadmiral Reinhard Scheer
Führer der Aufklärungsgruppe	Vizeadmiral Franz Hipper
Verluste	Schlachtkreuzer *Lützow*, Linienschiff *Pommern*, Kleine Kreuzer *Wiesbaden*, *Frauenlob*, *Elbing*, *Rostock*, 5 Torpedoboote, 2.551 Gefallene, 507 Verwundete, 61.180 t Gesamttonage der Verluste
Munitionsverbrauch	3.597 Granaten (nur schwere Artillerie)

Grand Fleet

Stärke	28 Schlachtschiffe, 9 Schlachtkreuzer, 8 Panzerkreuzer, 26 Kleine Kreuzer, 5 Zerstörer, 73 Torpedoboote
Geschütze	344 (Kaliber max. 38,1 cm), 142 Treffer
Befehlshaber	Admiral Sir John Jellicoe
Führer der Aufklärungsgruppe	Vizeadmiral David Beatty
Verluste	Schlachtkreuzer *Invincible*, *Indefatigable*, *Queen Mary*, Panzerkreuzer *Defence*, *Warrior*, *Black Prince*, 8 Torpedoboote, 6.094 Gefallene, 674 Verwundete, 177 Gefangene, 115.025 t Gesamttonage der Verluste
Munitionsverbrauch	4.598 Granaten (nur schwere Artillerie)

Admiral Reinhard Scheer (1863–1928), von 1916 bis 1918 Chef der Hochseeflotte, befehligte vor dem Skagerrak neben anderen Einheiten 16 Schlachtschiffe, sechs Linienschiffe und fünf Schlachtkreuzer Foto: picture-alliance/AP

gung der Flotte unter Beweis stellen würden.

So nahm die „Reizstrategie" wieder Fahrt auf, als im März leichte und im April schwere Einheiten (Schlachtkreuzer *Derfflinger*, *Lützow*, *Moltke*, *Von der Tann*) britische Küstenstädte beschossen, um Teile der Grand Fleet in Gefechte zu verwickeln und abschreckende Wirkung zu erzielen. In einigem Abstand sicherten stets kampfstarke deutsche Verbände, die gegebenenfalls eingreifen sollten. Dem folgte Ende Mai das Ziel Sunderland am Tyne, in dessen Nähe britische Schlachtkreuzer lauerten. Doch das Unternehmen musste wegen schlechten Wetters, das die Luftschiffe an weiträumiger Aufklärung hinderte, abgebrochen werden.

Befehl: auslaufen!

Scheers alternative Wahl fiel nunmehr auf das Skagerrak, wo reger Handelsverkehr gemeldet wurde. „Durch das Erscheinen der Kreuzer vor und in dem Skagerrak soll der Feind zum Vorschieben von Streitkräften veranlasst werden, um dadurch unseren an der englischen Ostküste stehenden U-Booten Angriffsgelegenheiten zu bieten", hieß es im „Operationsbefehl Nr. 6" vom 18. Mai 1916.

Und die Briten? Der Befehlshaber der Grand Fleet Admiral Jellicoe hielt nach wie vor an der defensiven Strategie fest, die im Zusammenspiel mit dem Wirtschaftskrieg wirkte. Aber er spürte den Druck der Öffentlichkeit, die um jeden Preis Siege der altehrwürdigen Navy gegen den deutschen maritimen Emporkömmling sehen wollte. Das wusste Scheer nur zu genau, weswegen er, diesmal in der Gewissheit eines Aufeinandertreffens, die bisher untaugliche „Reizstrategie" wieder anwendete.

Da die Admiralty von den deutschen Absichten durch ihre Funkaufklärung („Room 40") informiert war, erhielt Jellicoe den Befehl zum Auslaufen aus Scapa Flow und Cromarty Firth (Nordschottland), während die Schlachtkreuzer unter Admiral David Beatty Rosyth (Firth of Forth) verließen. Die Royal Navy stand einige Stunden früher in See als ihre deutschen Gegner Vizeadmiral Reinhard Scheer mit der Hochseeflotte und Vizeadmiral Franz Hipper mit den Aufklärungsstreitkräften.

Wegen ungünstiger Sichtverhältnisse war weder bei den Deutschen noch bei den Engländern Luftaufklärung möglich, also rechneten weder Scheer noch Jellicoe mit der jeweiligen feindlichen Hauptmacht. Wären die Briten siegreich, könnte eine Invasion bevorstehen. Es existierten englisch-russische Pläne für eine Landung in dem von Berlin nicht weit entfernt gelegenen Swinemünde.

Klare Unterlegenheit

Am Nachmittag des 31. Mai 1916 trafen etwa 80 Seemeilen westlich der Jammerbucht vor dem Skagerrak die Spitzenschiffe der beiden größten Flotten der

Welt aufeinander. Mit 100 Einheiten und einer Besatzungsstärke von 45.000 Mann war die Hochseeflotte der Grand Fleet mit 151 Einheiten und 60.000 Mann deutlich unterlegen. Die folgende zwölfstündige Seeschlacht war und bleibt voraussichtlich die größte und letzte der Weltgeschichte zwischen Artillerie tragenden Großkampfschiffen. Dort waren 244 deutsche Geschütze mit einem Kaliber von maximal 30,5 cm und 344 britische Geschütze mit einem Höchstkaliber von 38,1 cm gegeneinander gerichtet!

Zunächst versuchte Hipper, seinen in Sonnenluv stehenden Gegner auf die hinter ihm mit Nordkurs marschierende Hochseeflotte zu ziehen. Kurze Zeit nach dem Austausch der ersten schweren Salven auf eine durchschnittliche Entfernung von 130 hm (13 km) flogen in 20-minütigem Abstand die Schlachtkreuzer *Indefatigable* und *Queen Mary* in die Luft. In Phase zwei drehten die britischen Schlachtkreuzer nach Norden ein und versuchten, sich vor ihr eigenes Gros zu setzen und die sie verfolgenden Deutschen nach Osten zu überflügeln.

Da sich die Sicht zunehmend verschlechterte, machten vor allem die deutschen Geschützführer die in Sonnenlee fahrenden Briten kaum aus. Die eigenen Schiffe aber waren als Silhouetten gegen die tiefstehende Abendsonne gut sichtbar. Diese Runde, in der die Deutschen 25 schwere Treffer erhielten und die Briten 27, ging dennoch an Jellicoe, weil der Kleine Kreuzer *Wiesbaden* so zugerichtet war, dass er später sank und dabei den deutschen Marinedichter Gorch Fock (Matrose Johann Kinau) mit in die Tiefe nahm. Hingegen konnte nur ein einziger britischer Zerstörer außer Gefecht gesetzt werden.

„Crossing the T“

Die dritte Phase, die sogenannte Flottenschlacht, bildete den Höhepunkt und begann gegen 18 Uhr. Die Navy entwickelte das berühmte „Crossing the T“ – Querformation britisch, Längsformation deutsch –, das sie in eine taktisch vorteilhafte Position brachte. Die vorn fahrenden Schiffe der deutschen Flotte waren dem zusammengefassten Breitseitenfeuer des Gegners ausgesetzt, wohingegen die Masse der dahinterstehenden Linienschiffe keinerlei Wirkung erzielen konnte. Der drohenden Einkreisung entging Scheer nur durch das gewagte Manöver der gleichzeitigen, durch einen Torpedoboot-Angriff unterstützten Kehrt-

Admiral John Rushworth Jellicoe (1859–1935) warf die Öffentlichkeit nach der Schlacht vor, zu zaghaft agiert zu haben

Foto: picture-alliance/Mary Evans

„Ran an den Feind!“ war das Signal an die Schlachtkreuzer, von links Standpunkt Torpedoboot, *Von der Tann*, *Moltke*, *Seydlitz*, *Derfflinger*, Gemälde von W. Malchin
Foto: picture-alliance/akg

wendung aller Schiffe, die dann erneut auf den Gegner zustießen. Nach einer abermaligen Gefechtskehrtwende, unter Deckung eines groß angelegten Torpedoboot-Angriffs, brach Vizeadmiral Scheer das Gefecht ab.

Führungskunst auf beiden Seiten

Bedenkt man die schlechte Sicht und die Führungsschwierigkeiten durch den zeitweisen Ausfall der Funkgeräte, dann war die taktische Leistung beider Flottenchefs in dieser dritten Phase nicht hoch genug einzuschätzen. Die Verluste beliefen sich deutscherseits auf die *Wiesbaden* und zwei Torpedoboote, außerdem war die *Lützow* so schwer beschädigt, dass sie aufgegeben werden musste. Die Briten verloren zwei ältere Panzerkreuzer und den Schlachtkreuzer *Invincible*.

Nun löste sich die Hochseeflotte vom Gegner, der die Schlacht ebenfalls nicht fortzusetzen gewillt war. In der Nacht kam es zu mehreren Feindberührungen, bei denen die Kaiserliche Marine das Linienschiff *Pommern* und die drei Kleinen Kreuzer *Elbing*, *Rostock* und *Frauenlob* verlor, die Navy den Panzerkreuzer *Black Prince* und fünf Zerstörer. Gegen vier Uhr am Morgen des 1. Juni gab Jellicoe den Befehl zum Rückmarsch, und Scheer brachte mit seiner dritten Kehrtwende mit Kurs nach Süden seine beschädigten Schiffe dem rettenden Heimathafen ein gutes Stück näher.

Taktischer Erfolg

Fazit der Schlacht: 6.094 tote britische und 2.551 tote deutsche Seeleute, 14 versenkte britische, elf versenkte deutsche Einheiten. Das bedeutete rein rechnerisch einen taktischen Erfolg der Kaiserlichen Marine, der sich auch moralisch zeigte, da er die Siegeszuversicht im vor Begeisterung überschäumenden Deutschland für kurze Zeit steigerte: Die junge, traditionslose, schlachtunerfahrene deutsche Flotte stand der ehrwürdigen, traditionsreichen, schlachterfahrenen englischen Navy in puncto Kampfgeist, Einsatzwillen, Ausbildung und Führung im Gefecht in nichts nach. Hie und da konnten sogar Vorteile verbucht werden, etwa im Hinblick auf die Standfestigkeit der Schiffe und die qualitativ höherwertigen Granaten.

„Skagerrak, mein Skagerrak, du bist der Flotte Ehr' / So mancher brave Seemann war dort die deutsche Wehr / Und starb für Kaiser, Reich und Volk / Als Held im tiefen Meer". Ähnliche Verschen gingen in der freudig erregten Nation umher und halfen mit, den Mythos von der „nicht durchgeschlagenen Schlacht" zu begründen. Die verantwortlichen Militärs aber sahen das weitaus nüchterner, kritischer. Denn strategisch – und dies erkannte Scheer schnell – blieben die Briten im Vorteil. Ihre Seeblockade konnten sie weiterhin aufrechterhalten, und das hieß, dass der Ausgang der Skagerrak-Schlacht die, wenn auch angeschlagene, britische Seeherrschaft letztlich bestätigte.

London unter Schock

Den deutschen Marineoffizieren blieb dieses epochal-traumatische Ereignis im Frühsommer 1916 in bleibender Erinnerung. Skagerrak sei „nicht durchgeschlagen" worden, wird der spätere Oberbefehlshaber der Kriegsmarine Großadmiral Erich Raeder zitiert, der an der Skagerrak-Schlacht teilgenommen hatte. Dieses Werk zu vollenden, betrachtete er später als seine Lebensaufgabe – und scheiterte an ihr.

Das alles interessierte London für den Moment nicht, denn zu tief saß der Schock einer „gefühlten" Niederlage. Demgegenüber war die deutsche Hochseeflotte fortan weitgehend neutralisiert. Sie band zwar feindliche Kräfte im Nordseebereich als „Fleet-in-beeing", sicherte die eigenen Küsten und blockierte die Ostsee. Eine Wende im Seekrieg war von ihr aber nicht mehr zu erwarten. Für Scheer steht fest: „Ein sieghaftes Ende des Krieges in absehbarer Zeit kann nur durch Niederringen des englischen Wirtschaftslebens erreicht werden, also durch Ansetzen des Unterseebootes gegen den englischen Handel."

Die seit August amtierende Dritte Oberste Heeresleitung (3. OHL) mit Generalfeldmarschall Paul von Hindenburg und Generaloberst Erich Ludendorff an der Spitze sah das genauso. Im August und Oktober lief die Flotte nochmals aus, ein letztes Mal im April 1918, und beinahe hätte sich erneut, wie 1915, ein Gefecht

Bei Erscheinen englischer Verstärkungen kam den Torpedobooten eine größere Bedeutung zu; im Hintergrund explodiert der Schlachtkreuzer *HMS Queen Mary*, Gemälde von Hans Bohrdt
Foto: picture-alliance/akg-images

BUCHTIPP
Guntram Schulze-Wegener, *Deutschland zur See, 175 Jahre Marine*
240 Seiten
Format 30,6 x 24,6 cm
ISBN 978-3-8132-1115-3
Preis 44,95 Euro
Bestellnummer 11153

an der Doggerbank gegen eine britische Übermacht ereignet.

Aber es breitete sich allmählich Lähmung auf den großen Schiffen aus in der schalen Erkenntnis, künftig nurmehr als Hilfsmittel für Minen-, Torpedo- und U-Boote zu dienen.

Für die Besatzungen der Dickschiffe musste es in der Tat niederschmetternd gewesen sein, dass die Führung dem einstigen Stolz der Nation keine größeren Aufgaben in einem operativen Rahmen zubilligte. Der Schwerpunkt der Seekriegsführung lag fortan auf den U-Booten, auf ihnen lastete die ganze Verantwortung.

DAS GRÖSSTE KRIEGSSCHIFF SEINER ZEIT

Ein König

Sie diente in drei Marinen und setzte Maßstäbe als Panzerfregatte und später als Großer Kreuzer. Über die Grenzen hinaus bekannt wurde *König Wilhelm* aber durch ein schweres Schiffsunglück im Jahre 1878, bei dem 284 Mann ihr Leben verloren

Von Olaf Rahardt

Panzerfregatte *König Wilhelm* beim Einschießen der Artillerie im Herbstmanöver 1869; links *Kronprinz*, rechts der Aviso *Grille* mit Prinz Adalbert an Bord, Gemälde Olaf Rahardt, 2007
Alle Abbildungen: Sammlung Olaf Rahardt

Mitte des 19. Jahrhunderts stand Deutschlands Marinerüstung ganz am Beginn ihrer Entwicklung. Nach dem Deutschen Bund (1815 bis 1866) und dessen zaghaften Versuchen, eine Reichsflotte zu gründen, war es Preußen, das sich dieser Aufgabe zuwandte.

Im gleichen Zeitraum führten aber wissenschaftlich-technische Neuentwicklungen zu enormen Veränderungen in Wirtschaft und Gesellschaft. Das brachte nicht zuletzt auch im Schiffbau wie auch im Schiffsantrieb völlig neue Technologien mit sich. Bei Kriegsschiffen kamen sprunghafte Modernisierungen der Artillerie dazu, die mit neuen Konzepten zur Sicherung der Rümpfe gegen Beschuss einhergingen.

Für moderne größere Kriegsschiffe, wie beispielsweise die seinerzeit aufkommenden Panzerfregatten, fehlte es den Werften an deutschen Küsten jedoch an Erfahrung und Kapazität. Da man aber in Preußen im Hinblick auf maritime Rüstung den Anschluss nicht verlieren wollte, war man gezwungen, moderne Schiffe im Ausland zu kaufen – bei den damaligen „Marktführern" in England und Frankreich.

Am 9. Januar 1866 kam es so zum Ankauf der Panzerfregatte *Friedrich Carl*, die gerade in Toulon neu gebaut wurde. Im selben Monat wurde in London ein weiteres Panzerschiff bestellt, das schon im September 1867 als *Kronprinz* in Dienst gestellt wurde. In beiden Fällen handelte es sich um Panzerfregatten mit herkömmlicher Geschützaufstellung in einem Batteriedeck. Der Erwerb dieser Schiffe, sowohl in Frankreich wie auch in England, diente nicht zuletzt zur Übernahme fremder Erfahrungen sowie der Gewinnung neuer Erkenntnisse zum Bau und Betrieb derartiger Einheiten.

Ankauf durch die Preußen

1867 ist das wohl bemerkenswerteste Schiff der Königlich Preußischen Marine angekauft worden: die seinerzeit weltweit größte und stärkste Panzerfregatte *Fatikh*, die spätere *König Wilhelm*. Im Vergleich mit dieser lagen die beiden vorher erwor-

Bauwerft an der Themse: Man kann den spitzen Rammsporn erkennen, ebenso gut die Holzbeplankung unter den Eisenplatten der Außenpanzerung, Holzschnitt um 1868

Einige Details dieser Schnittdarstellung weichen von der tatsächlichen Ausstattung der Panzerfregatte ab

benen Panzerfregatten bei recht bescheidenen Dimensionen. Die *Friedrich Carl* hatte eine Verdrängung von rund 5.900 Tonnen und die *Kronprinz* rund 5.700 Tonnen. Die angekaufte *Fatikh* stand mit 9.700 Tonnen Konstruktionsverdrängung in den Baudokumenten. Die spätere Wasserverdrängung im ausgerüsteten Zustand betrug gar 10.103 Tonnen.

Will man sich heute eine Vorstellung von den Dimensionen dieses Schiffes machen, empfiehlt sich ein Besuch der britischen *HMS Warrior* von 1861. Diese Panzerfregatte liegt als hervorragend restauriertes Museumsschiff in Portsmouth. Zwar kann man nicht von einem „Schwesterschiff" sprechen, doch es entstammt der gleichen Epoche, weist ähnliche Dimensionen auf und wurde darüber hinaus auch auf der gleichen Werft erbaut wie die *König Wilhelm*.

Bau zunächst eingestellt

Beide Schiffe wurden von dem britischen Chefkonstrukteur Edward James Reed entworfen. 1865 war die *Fatikh* im Auftrag der türkischen Regierung bei den Thames Ironworks and Shipbuilding and Engineering Company in Blackwall auf Kiel gelegt worden. In Anlehnung an den traditionellen Kriegsschiffbau sollte ein Breitseit-Panzerschiff mit 33 x 72-Pfünder-Kanonen in einem Batteriedeck entstehen. Nach dem Ausbleiben türkischer Gelder stellte die Werft den Bau vorerst ein und bot den Torso international zum Kauf an.

Unter anderem führte auch die Königlich Preußische Admiralität diesbezügliche Verhandlungen, und am 22. Dezember 1866 genehmigte der Preußische Landtag den Erwerb des Schiffes. Am 10. Januar 1867 wurde der Name *Wilhelm* I. festgelegt und am 6. Februar 1867 der Kaufvertrag geschlossen.

Für 2.702.438 Preußische Thaler ging es in preußischen Besitz über und sollte noch einmal 1.007.562 Thaler kosten, ehe es fertiggestellt war. Da schon bei Aufnahme der Verhandlungen der Bau fortgeführt wurde, konnte es am 25. April 1868 vom Stapel laufen – mit neuem Na-

Kurz nach Indienststellung: *König Wilhelm* vor Anker, vermutlich in der Kieler Förde

men, der im Dezember 1867 endgültig in *König Wilhelm* geändert worden war.

Ausrüstungsarbeiten

Die neue Panzerfregatte war ein mit Eisenplatten beplanktes Spantengerippe mit Doppelboden, aber ohne Querschotten. Die Rumpflänge betrug 112,2 Meter, dessen Breite 18,3 Meter. Weite Teile des Rumpfes waren durch schmiedeeiserne Panzerplatten geschützt. Diese waren auf einer Lage Teakholz aufgeschraubt und erstreckten sich von 2,13 Meter unter der Wasserlinie bis Höhe Batteriedeck rund ums Schiff.

Im Bereich der Geschützaufstellungen reichte der Seitenpanzer sogar bis hinauf zum Oberdeck. Die Dicke der Panzerplatten nahm zu den Schiffsenden hin ab. Die schwersten Platten wiesen eine Stärke von 305 Millimeter auf.

Das Batteriedeck hatte an beiden Schiffsenden gepanzerte Querschotten, um die Artillerie auch gegen den Beschuss in Längsrichtung, das sogenannte Enfilierfeuer, schützen zu können. Ebenso waren die Geschützstände für die 21-cm-Kanonen auf dem Oberdeck gepanzert. Die Bugbatterie umschloss der Panzerschutz an beiden Seiten und an der Vorderfront. Die beiden achteren Erkertürme waren im U-förmigen Halbrund gepanzert. Während der folgenden Ausrüstungsarbeiten wurde neben Kesseln, einer Dampfmaschine und einem vierflügeligen Propeller aus englischer Produktion

Oberdeck der Panzerfregatte, Steuerbord neben dem Großmast

auch eine mächtige Vollschiffstakelage errichtet. Am 15. Februar 1869 fanden erfolgreiche Probefahrten statt, die eine Geschwindigkeit von 14,7 Knoten brachten. Und schon am 20. Februar erfolgte die Indienststellung für die Königlich Preußische Flotte, die im November des gleichen Jahres in der Norddeutschen Bundesflotte aufging.

Geschütze von Krupp

Die Besatzung bestand etatmäßig aus 36 Offizieren und 694 Mann, die aber längst nicht vollständig an Bord war. Unter dem Kommando von Kapitän zur See Henk verließ die *König Wilhelm* am 30. April 1869 England. Am 5. Mai 1869 traf das Schiff in Kiel ein und übernahm die von Krupp gelieferte Bewaffnung. Diese bestand im Batteriedeck aus 18 x 24-cm-Ringkanonen für die Breitseiten und einer 21-cm-Ringkanone für die Heckpforte. Jedes dieser Geschütze war in einer sogenannten Rahmenlafette gebettet. Zuzüglich an Oberdeck gab es ein weiteres 21-cm-Geschütz in jedem der U-förmigen Erkertürme und zwei in der Bugbatterie. Sowohl in den Erkern als auch im Bug waren für jedes dieser Geschütze zwei Pforten vorgesehen, welche mittels eines Kreisschienensystems wahlweise bestückt wurden.

Verwendung als Flaggschiff

Mit der Endausrüstung kam auch die volle Besatzungsstärke von 720 Mann an Bord, die sich zunächst mit der umfangreichen Technik vertraut machten. Mit der folgenden Eingliederung in das Manövergeschwader diente die *König Wilhelm* dem Flottenstab häufig als Flaggschiff des Verbands.

Kollision der Panzerfregatten *Großer Kurfürst* (links) und *König Wilhelm* (rechts) am 31. Mai 1878 vor Folkestone, Gemälde Olaf Rahardt, 1998

Da die zweite Hälfte des 20. Jahrhunderts gekennzeichnet war durch einen sprunghaften Aufschwung in Wissenschaft und Technik, hielten auch im Kriegsschiffbau fortwährend grundlegende Neuerungen Einzug. Diese gingen natürlich auch an der *König Wilhelm* nicht spurlos vorüber und machten eine Reihe von Umbauten und Modernisierungen nötig. Der Anfang wurde gemacht, als 1870/71 die Takelung von 2.600 Quadratmeter Gesamtsegelfläche auf 1.100 reduziert wurde. Der Anblick war nun geprägt vom Fehlen der Bramstengen, wodurch die einst gewaltige Takelage ihre Pracht verlor.

Ramming im Kanal

Am 30. Mai 1878 kam es während einer Geschwaderfahrt im Ärmelkanal vor Folkestone zu einer folgenschweren Kollision mit dem gerade einmal 24 Tage in Dienst befindlichen Turmpanzerschiff *Großer Kurfürst*. Ausgangslage war eine gleichzeitige Kursänderung beider Schiffe im Verbandsmarsch durch den Ärmelkanal. Einem Missverständnis in der Befehlsgebung zwischen dem Wachoffizier und den Rudergängern der *König Wilhelm* geschuldet, kam es zum Kreuzen beider Kurse, wobei die *Großer Kurfürst* vor den Bug der *König Wilhelm* geriet. Deren spitzer Rammsporn brachte dabei ungewollt seine Wirksamkeit zur Geltung und riss der *Kurfürst* die Backbordseite auf. Trotz aufopferungsvollen Einsatzes seiner Besatzung ging das Schiff kurz darauf mit 269 Mann in die Tiefe.

König Wilhelm konnte schwer beschädigt Portsmouth anlaufen, um hier notdürftige Reparaturen durchführen zu lassen. Die endgültige Wiederherstellung erfolgte dann bis 1882 in der Kaiserlichen Werft Wilhelmshaven. Der einstmals spitze Rammsporn wurde hier durch einen abgerundeten ersetzt und das vor der Bugbatterie gelegene Vordeck, ehemals auf Höhe des Oberdecks und völlig frei, wurde nun zum Backdeck hin erhöht.

Zwischen 1897 und 1904 wurde aus der Panzerfregatte ein Großer Kreuzer, Gemälde von Olaf Rahardt

König Wilhelm nach dem grundlegenden Umbau zum Großen Kreuzer, Foto um 1905

Schiffsjungen beim Deckscheuern mit Sand und Steinen

1885 kamen Torpedoschutznetze an Bord. Diese wurden außen entlang des Oberdecks verstaut und mittels elf Spieren je Seite ausgebracht. Dabei handelte es sich um eine Neuentwicklung der damaligen Zeit, die der zunehmenden Bedeutung von Torpedos geschuldet war. Allerdings konnten diese Stahlnetze ohnehin nur vor Anker liegend genutzt werden, verschafften den Schiffen aber zusätzliche Last. Darüber hinaus war deren Handhabung sehr aufwendig, weshalb man diese später wieder von Bord gab. 1888 führte man in der Deutschen Flotte die sogenannten Mastwinker oder Semaphore ein als optische Signalvorrichtungen. Auch die Masttoppen der *König Wilhelm* wurden damit ausgestattet.

Werftaufenthalt

Während viele Schiffe vergleichbaren Alters mittlerweile aus dem aktiven Dienst ausgeschieden waren, stand mit der *König Wilhelm* ein grundlegender Umbau zum Kreuzer an. 1895 ging das Schiff bei Blohm & Voss in die Werft. Bis auf die Breitseitgeschütze im Batteriedeck wurde die Bewaffnung einer grundlegenden Modernisierung unterzogen. Zwar kamen im Austausch für die 21-cm-Ringkanonen nochmals gleichartige 24-cm-Geschütze in Rahmenlafette zum Einbau, zusätzlich aber auch eine 15-cm-Ringkanone. Des Weiteren wurden 18 x 8,8-cm-Schnelladekanonen an Oberdeck verteilt. Dabei handelte es sich um moderne Pivot-Lafetten, die jeweils über einen Schutzschild verfügten. Außerdem wurden 5 x 35-cm-Torpedorohre im Rumpf oberhalb der Wasserlinie eingebaut.

Der Schiffsführung standen bis dahin zwei Kommandobrücken zur Verfügung, die aber, abgesehen von einem kleinen hölzernen Kartenhäuschen, keinerlei Schutz oder Deckung boten. Nun erhielt die achtere Kommandobrücke ein Kompasspodest und anstelle des Kartenhäuschens einen gepanzerten Kommandoturm. Dieser war durch einen ebenfalls gepanzerten Schacht mit dem Batteriedeck verbunden. Über diesem neu errichteten Panzerturm erstreckte sich eine weitere Brücke über die gesamte Schiffsbreite.

Tagesgeschäft an Bord: Der Erste Offizier bei der Arbeit

1896 wieder in Dienst

Demgegenüber blieb die vordere Brücke, die sich zwischen den beiden Schornsteinen befand, vorerst unverändert. Die Zeit der Segeltakelage war endgültig vorbei. Deren Nutzung hatte sich zuletzt darauf beschränkt, dass man den hohen Brennstoffverbrauch der Dampfmaschine möglichst reduzieren wollte und andererseits auch für deren eventuellen Ausfall ein Reserveantriebsmittel an Bord behalten wollte. Im Zuge des Umbaus blieben aber nur noch der Fock- und Großuntermast erhalten. Diese trugen nunmehr zwei Gefechtsmarse, Signalrahen und eine Stenge mit den Semaphoren. Jeder Mast erhielt darüber hinaus Ladebäume zum Aussetzen der Decksboote. Weiterhin bekam der Fockmast auf halber Höhe ein Scheinwerferpodest. Ein weiteres solches Podest stand achtern anstelle des ehemaligen Besanmastes und trug zusätzlich einen kleinen Signalmast.

1896 konnte die *König Wilhelm* wieder in Dienst stellen und wurde im Jahr darauf zum Großen Kreuzer umklassifiziert.

Bevor die täglichen Rationen an die Mannschaft ausgegeben werden, prüfen Offiziere des Schiffes die Qualität

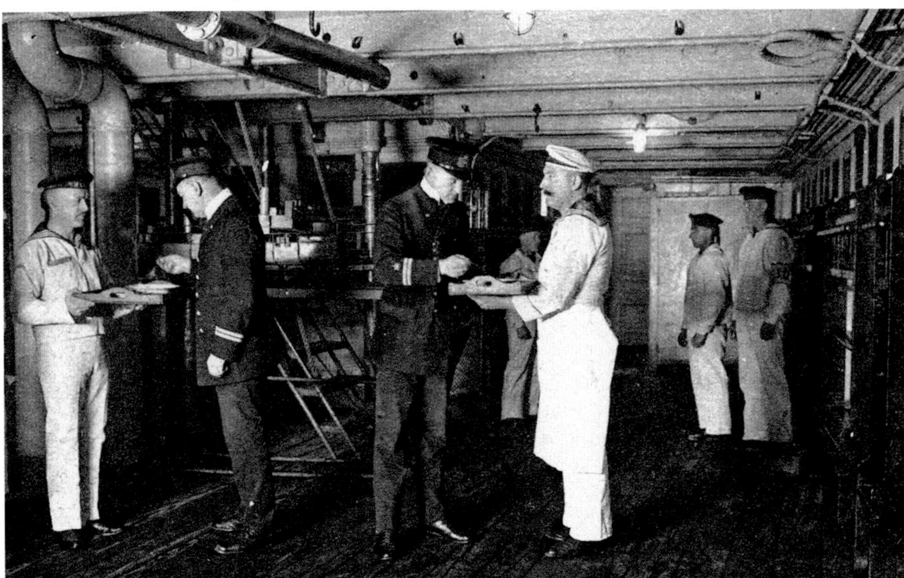

Nach einem abschließenden Umbau zum Schulschiff ging es 1907 offenbar ohne eigenen Antrieb mit Schlepperhilfe nach Kiel

Wohnort: Stationäres Schulschiff in Flensburg-Mürwik

Im gleichen Jahr kamen die Torpedonetze von Bord, und Erfahrungen im Seebetrieb führten vermutlich dazu, dass man auch die Buggeschütze nochmals umpositionierte und wiederum die Brückenausstattung erweiterte. Um 1900 hielt die Funktelegrafie Einzug in der Kaiserlichen Marine, mit der auch die *König Wilhelm* ausgestattet wurde. Die Semaphore blieben dennoch bis 1905/06 an Bord.

Vom Kreuzer zum Hafenschiff

Am 3. Mai 1904 schied der Große Kreuzer *König Wilhelm* aus dem aktiven Flottendienst aus. Es folgte eine Herabstufung der Klassifikation zum Hafenschiff. 1907 ging der Veteran nochmals in Wilhelmshaven in die Werft, um hier einem weiteren Umbau zum Schulschiff unterzogen zu werden. Mittlerweile wieder schwarzgelb gepönt, wechselte die *König Wilhelm* in die Ostsee. Ab 1. Oktober 1907 lag das Schiff als stationäres Wohn- und Exerzierschiff für Schiffsjungen in Kiel und ab 1909 in Flensburg-Mürwik unterhalb der Marineschule.

Mittlerweile gehörten 1.158 Männer zur Besatzung. Als Bewaffnung waren lediglich noch 16 der 8,8-cm-Geschütze an Bord, ab 1915 sogar nur noch vier. Nach dem Ende des Ersten Weltkriegs wurde auch das Schulschiff *König Wilhelm* endgültig außer Dienst gestellt, am 4. Januar 1921 zur Verschrottung verkauft und später in Rönnebeck abgewrackt.

Mit 52 Dienstjahren seit seiner Indienststellung 1869 war die ehemalige Panzerfregatte *König Wilhelm* eines der ältesten Schiffe der Marine.

DER AUTOR
Olaf Rahardt ist als einer der führenden Marinemaler einem breiten Publikum bekannt und regelmäßig Autor bei „Köhlers FlottenKalender"

ABS American Bureau of Shipping/Klassifikationsgesellschaft

Aframax-Tanker Tanker, die mit Tragfähigkeiten von 70.000 bis 100.000 tdw noch afrikanische Häfen anlaufen können

AGV Automated Guides Vessel – automatisch gesteuerte Flurfördergeräte auf Containerterminals

A & R Abeking & Rasmussen

AIS Automatic Identification System

AIP Air Independent Propulsion

APCM Abu Qir Ports Construction & Management Company

APL American President Lines

APMB Andhra Pradesh Maritime Board

APMT APM Terminals

ASC Arctic Security Cutter

BAAINBw Bundesamt für Ausrüstung, Informationstechnik und Nutzung der Bundeswehr

BRT Bruttoregistertonnage (alte Schiffsvermessung)

BRZ Bruttoraumzahl (Schiffsvermessung)

BSH Bundesamt für Seeschifffahrt und Hydrographie

Bulkcarrier/Bulker Massengutschiffe

Bureau Veritas Klassifikationsgesellschaft

B + V Blohm + Voss

Capsize-Bulker Massengutschiffe mit Tragfähigkeiten von 120.000 bis 200.000 tdw, die nicht mehr den Suezkanal passieren können und deshalb die Route um das Kap der Guten Hoffnung nehmen müssen

CDA Concept Design Agreement

CGT/cgt Compensated Gross Tons (anders als bei BRZ-/GT-Angaben wird bei dieser Bemessungszahl auch der notwendige Arbeitsaufwand für den Bau eines Schiffes, der je nach Typ unterschiedlich ist, berechnet)

CMA CGM Durch Fusion entstandene französische Großreederei, auch French Line

CMS Combat Management System

Con/Ro-Schiff Für Container und rollende Ladung geeignet

COSCO China Ocean Shipping Company

CSCL China Shipping Container Line

CSDC China Ship Design & Research Center

CSP COSCO Shipping Port

CSSC China State Shipbuilding Corporation

CTH Eurogate Container Terminal Hamburg

CTT Container Terminal Tollerort

DET Deutsche Energy Terminal

DGzRS Deutsche Gesellschaft zur Rettung Schiffbrüchiger

DNV Det Norske Veritas/Klassifikationsgesellschaft

DNV GL Norwegisch-deutsche Klassifikationsgesellschaft nach Fusion von DNV und GL

DPS Dynamic Positioning System, mit dem das Schiff genau auf einer bestimmten Position gehalten werden kann

dwt deadweight tons (Tragfähigkeit, auch tdw)

EWD Emder Werft und Dock GmbH

EUNAVOR European Union Naval Force

Feederschiff/-dienst Zubringerschiff/-dienst im Containerverkehr

FEU Forty Feet Unit – Containermaß 40-Fuß-Container

FSO Floating Storage and Offloading (Einheit) – schwimmender Lagertanker für offshore gefördertes Rohöl mit Übergabeeinrichtung

FPSO Floating Production, Storage and Offloading (Einheit) – wie FSO, jedoch mit eigener Fördereinrichtung

FPV Fast Patrol Vessel

FSRU Floating Storage and Regasification Unit (für LNG)

GDWS Wasserstraßen- u. Schifffahrtsverwaltung des Bundes

GL Germanischer Lloyd/Klassifikationsgesellschaft – nun DNV GL

GNYK German Naval Yards

GT Gross Tons (englisch für Vermessung, wie BRZ)

HDW Howaldtswerke Deutsche Werft

HGT Hanseatic Global Terminals

HHLA Hamburger Hafen und Logistik AG

HPA Hamburg Port Authority

HVO 100 Hydrogated Vegetable Oil

IMO International Maritime Organization – Internationale Schifffahrtsorganisation

ISM Code International Safety Management Code – Internationaler Sicherheitsmanagement-Code

ISO International Organization for Standardization – Internationale Standardisierungsorganisation

ISPS Code International Ship and Port Facility Security Code – Internationaler Code für die Gefahrenabwehr auf Schiffen und in Hafenanlagen

KMD Kriegsmarinedienststelle

KSM Kommando Spezialkräfte der Marine

Kn/kn Knoten (Geschwindigkeit)

Lash Lighter aboard ship

LEG Liquid Ethylene Gas

LNG Liquefied Natural Gas (verflüssigtes Erdgas)

LPG Liquid Petrol Gas (verflüssigtes Raffineriegas)

LR Lloyd's Register of Shipping

MARPOL International Convention for the Prevention of Pollution from Ships – Internationales Übereinkommen von 1973 zur Verhütung von Meeresverschmutzung durch Schiffe

Mio. Millionen

MISC Malaysian International Shipping Corp.

MOL Mitsui OSK Lines

Moonpool Öffnung im Schiffsboden, durch das Arbeitsgeräte und auch Taucher zum Einsatz gebracht werden können

Mrd. Milliarden

MSC Mediterranean Shipping Company

NATO North Atlantic Treaty Organization

NMK Nationale Maritime Konferenz

NOL Neptune Orient Lines

NTB North Sea Terminal Bremerhaven

NVL Naval Vessels Lürssen

NYK Nippon Yusen Kaisha

OA Offiziersanwärter

OECD Organization for Economic Cooperation and Development – Organisation für wirtschaftliche Zusammenarbeit und Entwicklung

OOCL Orient Overseas Container Line

OPV Offshore Patrol Vessel

Panamax Schiffe, die mit ihren Abmessungen (Länge, Breite) die alten Schleusen des Kanals passieren konnten

Pax Passagier

P&I-Club Protection and Indemnity-Club (Versicherungsverein auf Gegenseitigkeit)

P&O Peninsular & Oriental Shipping

PCC Pure Car Carrier (Autotransporter)

PCTC Pure Car and Truck Carrier (Pkw- u. Lkw-Transporter)

Postpanamax Schiffe, die den Panamakanal nicht mehr passieren können

PS Pferdestärke (1 PS = 0,736 kW)

PSw Wellen-PS (an der Schraubenwelle gemessen, für Turbinen)

PSe Effektive PS (bei Motoren)

PSi Indizierte PS (für Dampfkolbenmaschinen)

PUO Portepee-Unteroffizier (im Feldwebel-/Bootsmannsrang)

RCL Royal Caribbean Line

RCN Royal Canadian Navy

Ro-Ro-Schiff Roll-on-/Roll-off-Schiff

Ro/Pax-Schiff Ro-Ro-Schiff mit Passagierkapazität

SECA Sulphur Emission Control Area/Schwefel-Emissions-Kontrollgebiet

SMM Schiff, Maschine und Meerestechnik (Schiffbaumesse)

SOLAS International Convention on Safety of Life at Sea – Internationales Übereinkommen zum Schutz des menschlichen Lebens auf See

SOV Service Operation Vessel

Suezmax Tanker mit einer Tragfähigkeit von max. rund 120.000 tdw, die damit gerade noch den Suezkanal passieren können

SWATH Small Waterplane Area Twin Hull (Doppelrumpfschiff)

t bei der Marine Angabe der Wasserverdrängung

tdw tons deadweight (Tragfähigkeit, auch dwt)

TEU Twenty Foot Equivalent Unit (20-Fuß-Container) – Maßeinheit im Containerverkehr

tons siehe t

ts siehe t

TSK Teilstreitkraft

TKMS/tkMS ThyssenKrupp Marine Systems

UASC United Arab Shipping Company

UAV Unmanned Automated Vessels – Unbemannte Arbeitsgeräte für den Einsatz unter Wasser, z.B. bei Offshore-Arbeiten

ULA United Launch Alliance

ULCC Ultra Large Crudeoil Carrier (Großtanker über 300.000 tdw)

ULCV Ultra Large Container Vessel

UNCLOS United Nations Convention on the Law of the Sea

USCG United States Coast Guard (US-Küstenwache)

USMC United States Maritime Commission

VDKS Verband Deutscher Kapitäne und Schiffsoffiziere

VDMA Verband Deutscher Maschinen- und Anlagenbau

VDR Verband Deutscher Reeder

VSM Verband für Schiffbau und Meerestechnik

VLCC Very Large Crudeoil Carrier (Großtanker bis etwa 300.000 tdw)

VLCS/VSCV Very Large Container Ship bzw. Vessel

VLGC Very Large Gas Carrier (Großer LNG-Tanker)

WSA Wasserstraßen- und Schifffahrtsamt

WSD Wasserstraßen- und Schifffahrtsdirektion

WSV Generaldirektion Wasser und Schifffahrt

WTO World Trade Organization – Welthandelsorganisation

ZDS Zentralverband der Deutschen Seehafenbetriebe

Der Brauch der Bremer Eiswette geht auf Bremer Kaufleute zurück, die 1828 wetteten, ob die Weser Anfang Januar 1829 zugefroren sein würde Foto: picture-alliance/Sina Schuldt

6. Januar **Bremer Eiswette, Punkendeich, Bremen**
Am Dreikönigstag wird Schlag 12 Uhr am Osterdeich die Eiswette (plattdeutsch: Ieswett) ausgerufen

20.–21. Januar **24. Tagung: „Korrosionsschutz in der maritimen Technik“**
Ort erfragen bei info@dvvmedia.com

23.–31. Januar **boot Düsseldorf**
Die weltgrößte Yacht- und Wassersportmesse, auf der rund 200.000 Besucherinnen und Besucher erwartet werden, lässt keine Wünsche offen

Januar

1	Fr	Neujahr
2	Sa	
3	So	
4	Mo	
5	Di	
6	Mi	
7	Do	
8	Fr	
9	Sa	
10	So	
11	Mo	
12	Di	
13	Mi	
14	Do	
15	Fr	
16	Sa	
17	So	
18	Mo	*1901: Kaiser Wilhelm II. verleiht der Marine den Holländischen Ehrenmarsch als Präsentiermarsch*
19	Di	
20	Mi	
21	Do	*1896: SMS Stosch und SMS Stein treffen zum Schutz von deutschen Staatsbürgern in Havanna/Kuba ein*
22	Fr	
23	Sa	
24	So	
25	Mo	
26	Di	*1916: Ernennung von Vizeadmiral Reinhard Scheer zum Chef der Hochseeflotte*
27	Mi	
28	Do	
29	Fr	
30	Sa	
31	So	

Das Design Festival in Kitzbühel bietet erstklassig-luxuriöses Yacht-Interieur
Foto: picture alliance/Ocean Independence/Cover Images

3.–5. Februar **Superyacht Design Festival, Kitzbühel**
Das zweitägige Diskussionsforum ist ein Muss für Entscheider aus dem Luxussegment des Bootsbaus

4.–7. Februar **Kreuzfahrtwelt Hamburg**
Norddeutschlands größte Kreuzfahrt-Messe mit namhaften Reedern und Ausstellern

10.–14. Februar **Miami International Boat Show**
Yachting-Lifestyle der gehobenen Art: Im Mittelpunkt der Show stehen wieder außergewöhnliche Superyachten

23.–24. Februar **World Maritime Forum Kopenhagen**
Das World Maritime Forum im AC Bella Sky Conventions Center bringt internationale Experten der maritimen Industrie zusammen

Februar

1	Mo	
2	Di	
3	Mi	
4	Do	
5	Fr	
6	Sa	
7	So	
8	Mo	
9	Di	
10	Mi	*1916 (bis 11.2.): Gefecht von Torpedoboot-Flottillen gegen britische Seestreitkräfte vor der Doggerbank*
11	Do	
12	Fr	
13	Sa	
14	So	*1926: Der Kleine Kreuzer Hamburg läuft unter Führung von Kapitän Otto Groos zu einer Weltreise aus*
15	Mo	
16	Di	
17	Mi	
18	Do	
19	Fr	
20	Sa	
21	So	
22	Mo	
23	Di	
24	Mi	
25	Do	
26	Fr	
27	Sa	
28	So	*1864: Die Preußische Marine beendet mit Indienststellung von drei Kanonenboot-Divisionen die Mobilmachung*

Die jährliche Palm Beach International Boat Show trotzt Inflation und Krieg in Europa und im Nahen Osten Foto: picture-alliance/TNS/abaca

3.–5. März **Mediterranean Yacht & Marine Equipment Trade Fair**
Eine der führenden Events in Italien für Yachtbauer, Werften, Architekten und Designer in Fiera Milano Rho

17.–19. März **China Maritime Beijing**
Internationale Messe zu Technologien von Offshore-Anlagen, sowie zu Reparatur, Umbau und Recycling im Schiffbau

17.–21. März **Palm Beach International Boat Show**
Hersteller von Yachten, Booten und Zubehör präsentieren Neuigkeiten der Branche

März **Boot Holland Leeuwarden**
Die Messe für Boote und Wassersport ist der Heimathafen für jeden Wassersportler

März

1	Mo	*1849: König Friedrich Wilhelm IV. ernennt Prinz Adalbert zum Oberbefehlshaber der Preußischen Marine*
2	Di	
3	Mi	
4	Do	
5	Fr	
6	Sa	
7	So	
8	Mo	
9	Di	
10	Mi	
11	Do	
12	Fr	
13	Sa	
14	So	
15	Mo	*1916: Verabschiedung von Großadmiral Alfred von Tirpitz, Rücktritt als Staatssekretär des Reichsmarineamtes*
16	Di	*1889: Untergang der Kanonenboote SMS Adler und SMS Eber während eines Orkans im Hafen von Apia*
17	Mi	
18	Do	
19	Fr	
20	Sa	
21	So	
22	Mo	
23	Di	
24	Mi	
25	Do	
26	Fr	Karfreitag
27	Sa	
28	So	Ostersonntag
29	Mo	Ostermontag
30	Di	
31	Mi	

Vor wunderschöner Kulisse präsentieren sich edle Segel- und Motoryachten
Foto: picture-alliance/Zumapress.com/Clara Margais

6.–8. April **Ocean Business Southampton**
Hier diskutieren Experten für Meereswissenschaft und -technologie

24.–27. April **Singapore Yachting Festival**
Eine der weltweit führenden Messen für die maritime Industrie

April **Palma International Boat Show, Palma de Mallorca**
Die jährlich im Herzen von Palma stattfindende Internationale Bootsmesse von Palma versammelt eine Flotte fantastischer Segel- und Motoryachten

April

1	Do	
2	Fr	
3	Sa	
4	So	
5	Mo	
6	Di	
7	Mi	*1428: 260 hansische Schiffe greifen vergeblich Kopenhagen an; Seeland, Jütland und Schonen werden verwüstet*
8	Do	
9	Fr	
10	Sa	
11	So	
12	Mo	
13	Di	
14	Mi	
15	Do	
16	Fr	
17	Sa	
18	So	
19	Mo	
20	Di	
21	Mi	
22	Do	*1876: Rückkehr von SMS Gazelle von einer Reise in Übersee mit für die Wissenschaft bedeutsamen Ergebnissen*
23	Fr	*1918: Letzter Vorstoß der Hochseeflotte in die nördliche Nordsee*
24	Sa	
25	So	
26	Mo	
27	Di	
28	Mi	
29	Do	
30	Fr	

Zwei Wahrzeichen Hamburgs: *Rickmer Rickmers* und Elbphilharmonie

Foto: picture-alliance/Christian Fürst

6.–9. Mai **Hafengeburtstag Hamburg**
Im Mai verwandelt sich die Elbmetropole wieder in eine Bühne für eines der größten maritimen Feste der Welt

28.–30. Mai **ancora Yachtfestival in Neustadt**
Deutschlands größte „In-Water“ Boat Show und zugleich Saisonauftakt in der 5-Sterne ancora Marina an der Lübecker Bucht

Mai **British Motor Yacht Show**
Die British Motor Yacht Show kehrt mit einer weiteren Ausstellung luxuriöser Serienyachten zurück und verspricht in der Swanwick Marina ein verlockendes Angebot von Ausstellern der Spitzenklasse

Mai

1	Sa	Maifeiertag *1945: Generaladmiral von Friedeburg Oberbefehlshaber der Kriegsmarine*
2	So	
3	Mo	
4	Di	
5	Mi	
6	Do	Christi Himmelfahrt
7	Fr	*1189: Kaiser Friedrich I. Barbarossa erteilt Hamburg einen Freibrief für den Seehandel*
8	Sa	
9	So	
10	Mo	
11	Di	
12	Mi	
13	Do	
14	Fr	
15	Sa	
16	So	Pfingstsonntag
17	Mo	Pfingstmontag
18	Di	
19	Mi	*1872: Einweihung der evangelischen Marine-Gedächtniskirche Wilhelmshaven*
20	Do	
21	Fr	
22	Sa	
23	So	
24	Mo	
25	Di	
26	Mi	
27	Do	
28	Fr	
29	Sa	
30	So	
31	Mo	

Traditionell eröffnet der Ministerpräsident von Schleswig-Holstein, hier Daniel Günther, die Kieler Woche Foto: picture-alliance/Marcus Golejewski

3.–4. Juni **East Med Maritime Conference Athen**
Eine Konferenz, die maritime Experten, Führungskräfte und Entscheidungsträger aus dem östlichen Mittelmeerraum und der ganzen Welt zusammenbringt

7.–11. Juni **Nor-Shipping**
Ein wahrhaft unvergessliches Ereignis, das die weltweite Schifffahrtsbranche in Oslo zusammenbringt

16.–17. Juni **Wind for Goods, Saint-Nazaire**
Branchentreffen zum Thema windbetriebener Seeverkehr mit Ziel der Dekarbonisierung des Güterverkehrs auf den Weltmeeren

19.–27. Juni **Kieler Woche**
Größtes Hafenfest Europas! Und als sportliches Highlight wird die 470er Europameisterschaft direkt im Zentrum des größten Segel-Events der Welt ausgetragen

Juni

1	Di	*1677: Die Brandenburger erobern im Gefecht gegen schwedische Einheiten die Fregatte Morian*
2	Mi	
3	Do	
4	Fr	
5	Sa	
6	So	
7	Mo	
8	Di	
9	Mi	
10	Do	
11	Fr	
12	Sa	
13	So	
14	Mo	
15	Di	
16	Mi	
17	Do	
18	Fr	*1935 Deutsch-britisches Flottenabkommen, das die Gesamttonnage der Marine auf 35 Prozent der Navy festlegt*
19	Sa	
20	So	
21	Mo	
22	Di	
23	Mi	
24	Do	*1865: Die Marinestation der Ostsee wird von Danzig nach Kiel verlegt*
25	Fr	
26	Sa	
27	So	
28	Mo	
29	Di	
30	Mi	

Reges Treiben auf der Strandpromenade in Travemünde Foto: picture-alliance/Markus Scholz

13.–28. Juli **The Admiral's Cup**
Der Royal Ocean Racing Club organisiert dieses prestigeträchtige Event in Cowes, England, das als inoffizielle Weltmeisterschaft im Offshore-Teamsegeln gilt

23. Juli bis 1. August **Travemünder Woche**
Eines der weltweit wichtigsten Segel-Events mit hochkarätigen Regatten rund um ein herausragendes maritimes Volksfest

Juli **Warnemünder Woche**
Traditionelle Kombination aus hochkarätigem Segelsport und Volksfest. Mit über 800 Seglern

Juli

1	Do	*1896: Ehemalige Seeoffiziere und Reserveoffiziere führen als Handelsschiffskapitäne in der Flagge das Eiserne Kreuz*
2	Fr	
3	Sa	
4	So	
5	Mo	
6	Di	
7	Mi	
8	Do	
9	Fr	
10	Sa	
11	So	
12	Mo	
13	Di	
14	Mi	
15	Do	
16	Fr	
17	Sa	
18	So	
19	Mo	
20	Di	
21	Mi	*1661: Friedrich Wilhelm von Brandenburg schließt mit England einen Handels- und Schifffahrtsvertrag*
22	Do	
23	Fr	
24	Sa	
25	So	
26	Mo	
27	Di	
28	Mi	
29	Do	
30	Fr	*1914: Großadmiral Prinz Heinrich von Preußen übernimmt die Ostseestreitkräfte als Oberbefehlshaber*
31	Sa	

Bei der Hanse Sail Rostock segeln wahre Schätze auf der Ostsee
Foto: picture-alliance/Chromorange/Rico Ködder

4.–8. August **Husumer Hafentage**
Das größte maritime Volksfest an der schleswig-holsteinischen Nordseeküste ist bunt und munter

5.–8. August **Hanse Sail Rostock**
Das renommierte maritime Großereignis im Rostocker Stadthafen und in Warnemünde erwartet zahlreiche traditionelle Segelschiffe, Museumsschiffe und ein umfangreiches Kulturprogramm

August **Sail Bremerhaven**
Ein ganz besonderes Ereignis, denn dieses Jahr fällt die Sail zusammen mit dem Stadtjubiläum 200 Jahre Bremerhaven

August

1 So

2 Mo

3 Di

4 Mi

5 Do *1856: Das österreichische Marine-Oberkommando wird vom Heer getrennt und eine selbstständige Zentralbehörde*

6 Fr

7 Sa

8 So

9 Mo

10 Di

11 Mi *1901: Die 1. Division des I. Geschwaders trifft aus Ostasien wieder in Wilhelmshaven ein*

12 Do

13 Fr

14 Sa

15 So

16 Mo

17 Di *1936: HMS Neptune übergibt der Kriegsmarine die in Scapa Flow geborgene Schiffsglocke von SMS Hindenburg*

18 Mi

19 Do

20 Fr

21 Sa

22 So

23 Mo

24 Di

25 Mi

26 Do

27 Fr

28 Sa

29 So

30 Mo

31 Di

Die Interboot Friedrichshafen zeigt eine Vielfalt moderner Freizeit- und Sportboote in lebendiger Messe-Atmosphäre Foto: picture-alliance/Eibner-Pressefoto/Eky Eibner

13.–17. September **London International Shipping Week**
Fachveranstaltung für Entscheider aus den Branchen Logistik, Transport und Handling im internationalen Seehandel

15.–17. September **Seatrade Europe**
Die von Seatrade Cruise zusammen mit der Hamburg Messe & Congress organisierte Seatrade Europe begrüßt die gesamte Kreuzfahrtbranche zu diesem führenden europäischen Branchentreffen

17.–19. September **Hamburg Cruise Days**
Bei diesem Highlight erwartet Kreuzfahrtfans eine Parade von Kreuzfahrtschiffen, ein spezielles Lichterkonzept (Blue Port) und ein Abschlussfeuerwerk

September **Interboot Friedrichshafen**
Internationale Wassersportausstellung, die jährlich auf dem Gelände der Messe Friedrichshafen am Bodensee stattfindet

September **Monaco Yacht Show 2027**
Die weltweit führende Ausstellung für Superyachten findet 2027 wieder am Port Hercule in Monaco statt

September

1	Mi	*1939: Das Linienschiff Schleswig-Holstein beschießt die polnische Westerplatte*
2	Do	
3	Fr	
4	Sa	*1901: Untergang des Kleinen Kreuzers Wacht bei Rügen nach einem Zusammenstoß mit dem Linienschiff Sachsen*
5	So	
6	Mo	
7	Di	
8	Mi	
9	Do	
10	Fr	
11	Sa	
12	So	
13	Mo	
14	Di	
15	Mi	
16	Do	*1850: Sechs dänische Kanonenboote, ein Dampfer und sieben Transporter besetzen die Insel Föhr*
17	Fr	
18	Sa	
19	So	
20	Mo	
21	Di	
22	Mi	
23	Do	
24	Fr	
25	Sa	
26	So	
27	Mo	
28	Di	
29	Mi	
30	Do	

Im Norden gibt es nichts Schöneres als frische Krabben vom Kutter
Foto: picture-alliance/Christian Hager

Oktober **Husumer Krabbentage**
Dieses Event, das jährlich im Oktober am Husumer Hafen stattfindet, dreht sich traditionell um die Nordseekrabbe, Kulinarik und maritimes Flair

4.–6. Oktober **Maritime Cyprus**
Die führende zweijährliche Konferenz der zyprischen Schifffahrtsbranche. Seit 1989 ist Maritime Cyprus das wichtigste Treffen der globalen Schifffahrtsgemeinschaft im östlichen Mittelmeerraum

19.–22. Oktober **Korea Ocean Expo**
Die Korea Ocean Expo ist die einzige Fachmesse für Meeresfragen im Großraum Seoul

Oktober

2	Fr	*1684: Errichtung einer brandenburgischen Compagnie de marine mit Standort Emden*
3	Sa	
3	So	Tag der deutschen Einheit *1936: Stapellauf der Scharnhorst, erstes dt. Schlachtschiff nach dem Ersten Weltkrieg*
4	Mo	
5	Di	
6	Mi	
7	Do	
8	Fr	
9	Sa	
10	So	
11	Mo	
12	Di	
13	Mi	
14	Do	
15	Fr	
16	Sa	
17	So	
18	Mo	
19	Di	
20	Mi	
21	Do	
22	Fr	
23	Sa	
24	So	
25	Mo	*1909: Eröffnung einer deutsch-chinesischen Hochschule und eines wissenschaftlichen Instituts in Tsingtau*
26	Di	
27	Mi	
28	Do	
29	Fr	
30	Sa	
31	So	

Tankschiffe im Seehafen von Rotterdam Foto: picture-alliance/Jochen Tack

2.–4. November **Indo Pacific**
Die Indo Pacific ist die führende Fachmesse für zivile Schifffahrt und maritime Verteidigung in der Region. Die dreitägige Veranstaltung bringt Fachleute aus den Bereichen unbemannte Systeme, Verteidigung, Behörden, Industrie und Wissenschaft zusammen, wobei der Schwerpunkt auf maritimen Technologien und Innovationen liegt

2.–5. November **Europort Rotterdam**
Rund 1.100 Aussteller präsentieren auf der Fachmesse für maritime Technologie innovative Technologien für den Schiffbau mit dem Fokus auf Spezialschiffe

23.–25. November **Mediterranean Ports and Logistics**
In Misurata, Libyen, findet die Business-Konferenz und -Messe zum Thema Häfen und Logistik statt

November

1	Mo	*1866: Eröffnung der Marineschule Kiel als Nachfolge des Seekadetten-Instituts Berlin*
2	Di	
3	Mi	
4	Do	
5	Fr	
6	Sa	*1848: Preußische Schiffe beginnen im Jasmunder Bodden ihre erste Verbandsübung*
7	So	
8	Mo	
9	Di	
10	Mi	
11	Do	
12	Fr	
13	Sa	
14	So	*1926: Der Kleine Kreuzer Emden läuft unter Kapitän zur See Richard Foerster zu einer Weltreise aus*
15	Mo	
16	Di	
17	Mi	
18	Do	
19	Fr	
20	Sa	
21	So	
22	Mo	
23	Di	
24	Mi	
25	Do	
26	Fr	
27	Sa	
28	So	1. Advent
29	Mo	
30	Di	

Maritime Technik auf dem neuesten Stand zeigt die Marintec in Shanghai
Foto: picture alliance/Sipa USA/Imaginechina

30.11.–3. Dezember **Marintec Shanghai**

Die Marintec China gilt als ein Schlüsselevent in der internationalen maritimen Industrie. Ihr Name, „Marintec“, steht für „Maritime Technology“ und spiegelt damit ihre zentrale Ausrichtung auf technologische Innovationen im maritimen Sektor wider. Diese renommierte Veranstaltung findet alle zwei Jahre im Shanghai New International Expo Center (SNIEC) in Shanghai statt und zieht Branchenexperten der ganzen Welt an

Alle Angaben ohne Gewähr. Bitte informieren Sie sich bei den jeweiligen Veranstaltern über die konkreten Termine.

Dezember

1	Mi	
2	Do	
3	Fr	
4	Sa	
5	So	2. Advent
6	Mo	
7	Di	
8	Mi	*1938: Stapellauf des ersten und einzigen deutschen Flugzeugträgers Graf Zeppelin bei den Deutschen Werken, Kiel*
9	Do	
10	Fr	
11	Sa	
12	So	3. Advent *1859: Antrag im Bundestag auf Befestigung der Nord- und Ostseeküste*
13	Mo	
14	Di	
15	Mi	
16	Do	
17	Fr	*1958: Indienststellung des Segelschulschiffes Gorch Fock*
18	Sa	
19	So	4. Advent
20	Mo	
21	Di	
22	Mi	
23	Do	
24	Fr	Heiligabend
25	Sa	1. Weihnachtstag
26	So	2. Weihnachtstag
27	Mo	
28	Di	
29	Mi	
30	Do	
31	Fr	Silvester

IMPRESSUM

Köhlers FlottenKalender 2027
Internationales Jahrbuch der Seefahrt
Herausgeber: Dr. Guntram Schulze-Wegener
116. Jahrgang

ISBN 978-3-7822-1583-1

Stadthausbrücke 4, 20355 Hamburg
Ein Unternehmen der TAMMMEDIA
herstellung@koehler-mittler.de

Redaktion:	Dr. Guntram Schulze-Wegener
Layout:	pusch:mann:schaft Berlin
Druck und Bindung:	DZS Grafik d.o.o. Ulica Jožeta Jame 12, 1210 Ljubljana, Slowenien Gedruckt in Europa
Titelfotos:	Titelfotos: picture-alliance/Sulupress.de/Joerg Waterstraat Korvette F 262 *Erfurt* der *Braunschweig*-Klasse zum Abschluss des NATO-Manövers „Baltops" 2019 in der Kieler Förde, überflogen von einem Sea King-Hubschrauber, Frederik Erdmann (*Westerland*), picture-alliance/akg (Skagerrak), picture alliance/AA|Ocean Gate/Handout (*Titan*), Christian König (*Kommodore Johnsen*)

MIX
Papier | Fördert gute Waldnutzung
FSC
www.fsc.org
FSC® C106600